普通高等院校“十四五”规划教材

大学信息技术实践指导

程　雷◎主　编

张黎豪　黄　瑛　任晓康　张丹凤◎副主编

中国铁道出版社有限公司
CHINA RAILWAY PUBLISHING HOUSE CO., LTD.

内 容 简 介

本书结合教育部发布的《高等职业教育专科信息技术课程标准（2021 年版）》和上海市教委发布的上海市高等学校信息技术课程的改革方案，组织有教学经验的教师编写而成。本书严格依据《上海市高等学校信息技术水平（一级）＜大学信息技术＋数字媒体基础＞考试大纲（2021 年版）》的要求，侧重于文件资料管理、办公数据处理、网络与因特网的使用、数字图像和二维动画制作，以及数字媒体 Web 集成等方面的实践操作。各实践项目的设计基于学情和职业岗位的需求，围绕职业教育和课程思政的理念，努力提升学生信息素养和强化信息技术的应用能力。

本书适合作为普通高等院校和高职高专信息技术基础课程的实践指导教材，也可作为社会人员学习信息技术操作实践的培训教材或相关人员的自学用书。

图书在版编目（CIP）数据

大学信息技术实践指导/程雷主编. —北京：中国铁道出版社有限公司，2021.9（2024.7重印）
普通高等院校“十四五”规划教材
ISBN 978-7-113-28360-5

Ⅰ.①大… Ⅱ.①程… Ⅲ.①电子计算机-高等学校-教材 Ⅳ.①TP3

中国版本图书馆CIP数据核字 (2021) 第180812号

书　　名：大学信息技术实践指导
作　　者：程　雷

策　　划：曹莉群　　　　编辑部电话：（010）63549508
责任编辑：陆慧萍　许　璐
封面设计：刘　颖
责任校对：苗　丹
责任印制：樊启鹏

出版发行：中国铁道出版社有限公司（100054，北京市西城区右安门西街 8 号）
网　　址：https://www.tdpress.com/51eds/
印　　刷：三河市航远印刷有限公司
版　　次：2021 年 9 月第 1 版　2024 年 7 月第 7 次印刷
开　　本：787 mm × 1 092 mm　1/16　印张：13.5　字数：364 千
书　　号：ISBN 978-7-113-28360-5
定　　价：36.00 元

版权所有　侵权必究

凡购买铁道版图书，如有印制质量问题，请与本社教材图书营销部联系调换。电话：（010）63550836
打击盗版举报电话：（010）63549461

前　言

目前我们已经步入了信息时代，随着移动互联网、大数据、人工智能、物联网和区块链等新一代信息技术的不断涌现，信息技术的应用已渗透到人类社会生活的方方面面，极大地影响和改变着我们的学习、工作和生活。

为了提升当代大学生的信息素养、强化大学生信息技术的应用能力，尤其是高职学生的职业素养和职业技能，教育部于2021年4月正式发布了《高等职业教育专科信息技术课程标准（2021年版）》，其中强调了信息技术学科的核心素养，主要包括信息意识、计算思维、数字化创新与发展、信息社会责任四个方面。2018年，在上海市教育委员会高等教育处指导下成立了上海高校大学计算机课程改革课题组，明确了深化大学计算机课程改革，全面提升大学生信息素养的改革方向。

为了能结合当前高职高专的学情特点和职业教育的需要，并结合上海市教育委员会公布的《上海市高等学校信息技术水平考试（一级）考试大纲（2021年版）》。经过多方调研和论证，在2016年编写的《计算机应用基础实践指导（2016版）》的基础上，我们重新组织了教研室多位教学一线的老师，充分利用他们的教学实践经验，结合新的考纲和新的发展趋势进行新版教材的编写。

本书立足于新大纲，面向普通高等院校的学生，目的是让学生不仅了解相关信息技术的理论基础、实际应用和发展趋势，同时强调“理论够用、突出实用、达到会用”的原则，着力解决当前教学中存在的“内容多、学时少、理论多、应用少”等矛盾，坚持以职业为宗旨，以就业为导向，侧重于技能的培养。书中选用案例以保护环境、节约粮食、弘扬工匠精神等多方面元素，充分体现我国优秀传统文化，坚定文化自信，全面贯彻党的教育方针，落实立德树人根本任务。

本书是《大学信息技术基础》（程雷主编，中国铁道出版社有限公司出版）的配套实训与练习教材，共分为两篇：第1篇是实践技能，分别针对系统资源管理、文本信息处理、电子表格处理、演示文稿制作、网络应用、数字图像处理、二维动画制作和数字媒体Web集成等编写了8个实践项目；第2篇是应试指导，其中第1部分是基础理论练习，主要根据新版教材重新编制了基础理论知识的练习，第2部分是模拟测试练习，依据新的考试大纲，整理了3套模拟试题。最后，附录中提供了教育部颁布的《高等职业教育专科信息技术课程标准（2021年版）》、基础理论练习和模拟测试练习的答案。

本书由程雷任主编，张黎豪、黄瑛、任晓康、张丹凤任副主编，在编写过程中得到了杨欣、游婷、周丹妮、徐德新、朱希成等老师的大力支持，同时也得到了上海工商职业技术学院教务处、大唐信息技术学院相关领导的大力支持。

由于水平和经验的不足，尤其是对相关学科和行业的了解不是很全面，书中难免存在疏漏和不足之处，欢迎有关专家、同行和读者批评指正。

编　者

2023年7月

目　录

第1篇　实践技能

第2篇　应试指导

第 1 篇
实践技能

实践项目 1

系统资源管理

实训 1　操作环境的管理

一、实训目的与要求

1. 熟悉并掌握Windows 10桌面、“开始”菜单和任务栏的设置。
2. 掌握输入法的设置和字体的安装。
3. 理解快捷方式，掌握快捷方式的建立和设置。
4. 掌握各类打印机的安装和设置。

二、实训内容

1. 桌面主题和桌面图标的设置。
2. 任务栏和“开始”菜单的设置。
3. 输入法的设置和字体的安装。
4. 快捷方式的建立和设置。
5. 打印机的安装和设置。

三、实训范例

1. 设置桌面主题为“鲜花”，设置屏幕保护程序为“照片”，选用“项目1\实训1\flower”文件夹中的图片。

操作步骤：

（1）右击桌面空白处，在弹出的快捷菜单中选择“个性化”命令，打开图1-1-1所示的窗口，选择左侧的“主题”选项，然后在右侧“更改主题”中选择“鲜花”。

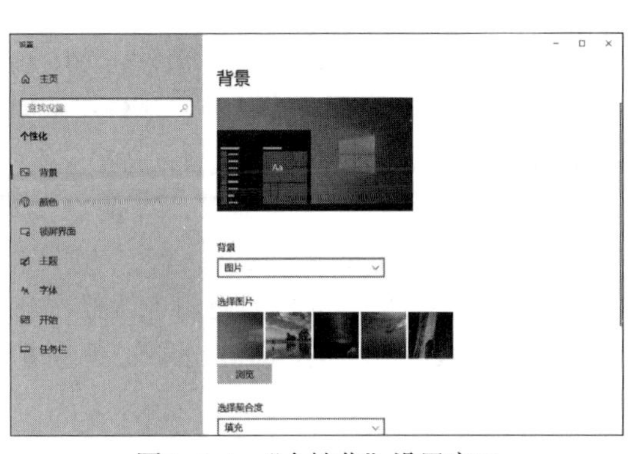

图1-1-1　“个性化”设置窗口

（2）选择左侧的“锁屏界面”选项，打开图1-1-2所示的窗口，单击下面的“屏幕保护程序设置”超链接，打开“屏幕保护程序设置”对话框，在“屏幕保护程序”下拉列表中选择“照片”选项，再单击“设置”按钮，弹出“照片屏幕保护程序设置”对话框（见图1-1-3），单击“浏览”按钮选择“flower”文件夹，单击“保存”按钮返回上一个对话框，再单击“确定”按钮。

图 1-1-2 “锁屏界面”设置

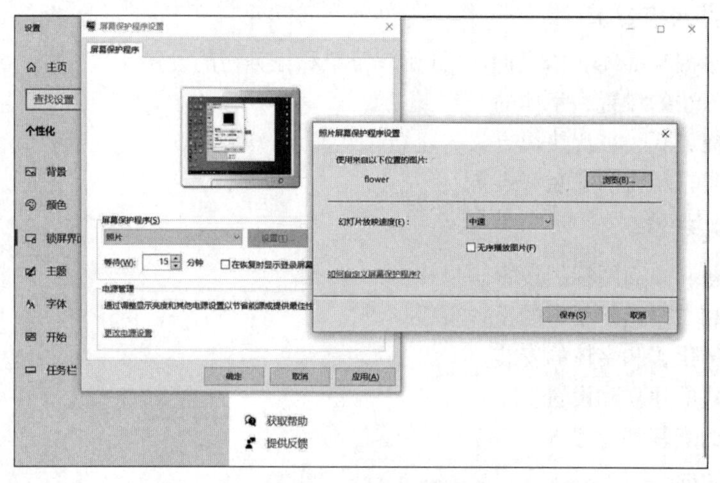

图 1-1-3 “照片屏幕保护程序设置”对话框

2. 在桌面上显示“计算机”、“回收站”和“控制面板”图标。

操作步骤：

右击桌面空白处，在弹出的快捷菜单中选择“个性化”命令，选择左侧的“主题”选项，然后在右侧的下方“相关的设置”中选择“桌面图标设置”选项，则打开图 1-1-4 所示的“桌面图标设置”对话框，勾选“计算机”、“回收站”和“控制面板”三个复选框，单击“确定”按钮。

3. 通过设置使任务栏能使用小任务栏按钮，当任务栏被占满时能合并并且隐藏通知区域的音量图标。

操作步骤：

（1）右击“任务栏”空白位置，在弹出的快捷菜单

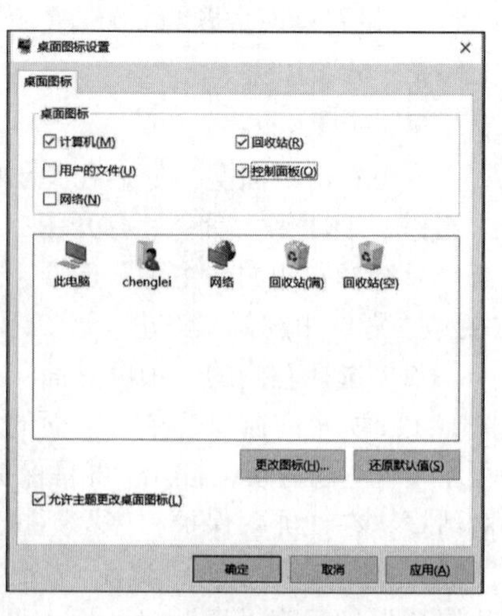

图 1-1-4 “桌面图标设置”对话框

中选择“任务栏设置”命令，或在“个性化”设置界面中选择左侧的“任务栏”选项，则显示图1-1-5所示的设置界面。打开“使用小任务栏按钮”开关、选择“合并任务栏按钮”列表中的“任务栏已满时”选项。

图1-1-5　“任务栏”设置界面

（2）单击“通知区域”栏下的“选择哪些图标显示在任务栏上”按钮，弹出图1-1-6所示的窗口，将“音量”关上即可返回。

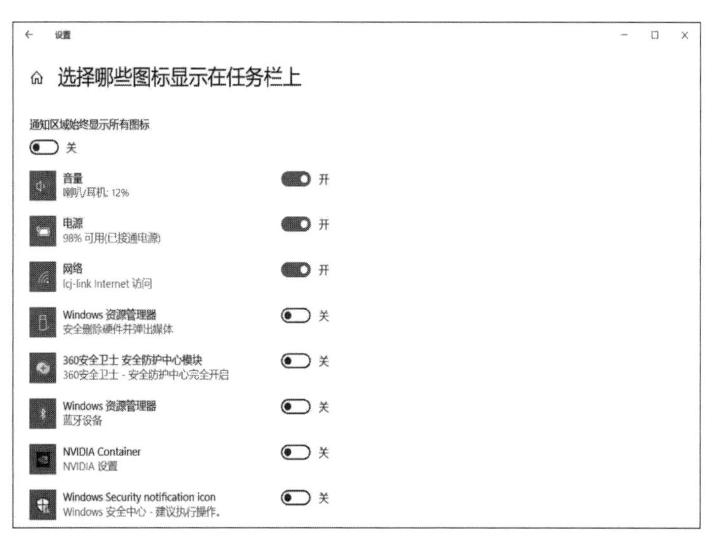

图1-1-6　“选择哪些图标显示在任务栏上”窗口

4. 在“开始”菜单中显示“应用列表”“最近添加的应用”，关闭“音乐”“图片”“视频”文件夹。

操作步骤：

（1）右击桌面空白处，在弹出的快捷菜单中选择“个性化”命令，选择左侧的“开始”选项，显示图1-1-7所示的界面，打开“在‘开始’菜单中显示应用列表”和“显示最近添加的应用”开关。

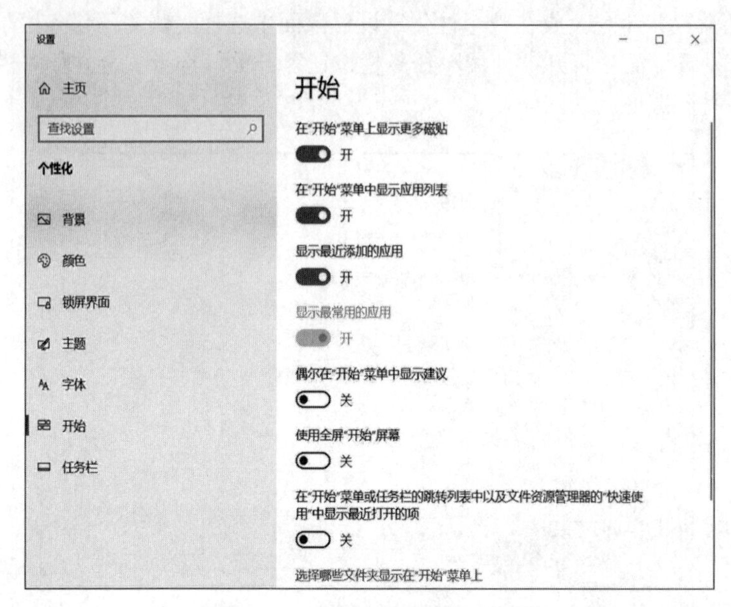

图1-1-7 “个性化/开始”界面

（2）单击下方的“选择哪些文件夹显示在‘开始’菜单上”超链接，弹出图1-1-8所示的窗口，关闭“音乐”“图片”“视频”3个文件夹的开关。

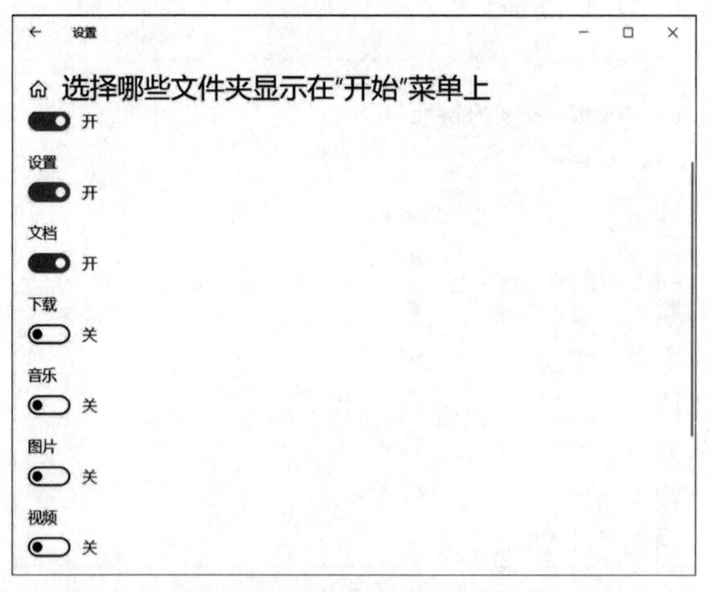

图1-1-8 “选择哪些文件夹显示在‘开始’菜单上”窗口

5. 设置输入时能“突出显示拼写错误的单词”，但不要“自动更正拼写错误的单词”，并使语言栏“悬浮于桌面上”。

操作步骤：

（1）单击“开始”菜单按钮，选择左侧列表中的“设置”命令，打开“Windows设置”窗口，单击“时间和语言”图标，在弹出的界面中选择“语言”选项，如图1-1-9所示，进行语言设置。

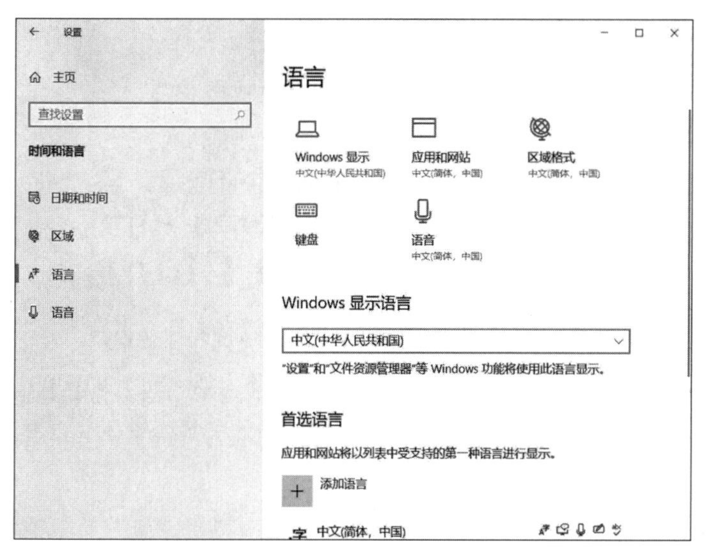

图1-1-9　“语言”设置窗口

（2）单击“键盘”图标，在弹出的窗口中选择“语言栏选项”命令，打开图1-1-10所示的“文本服务和输入语言”对话框，选中“语言栏”中的“悬浮于桌面上”单选按钮，单击“确定”按钮返回，再利用左上角的“←”按钮返回“语言”设置窗口。

（3）单击下方的“拼写、键入和键盘设置”，弹出图1-1-11所示的“输入”设置窗口，关闭“自动更正拼写错误的单词”开关，打开“突出显示拼写错误的单词”开关。

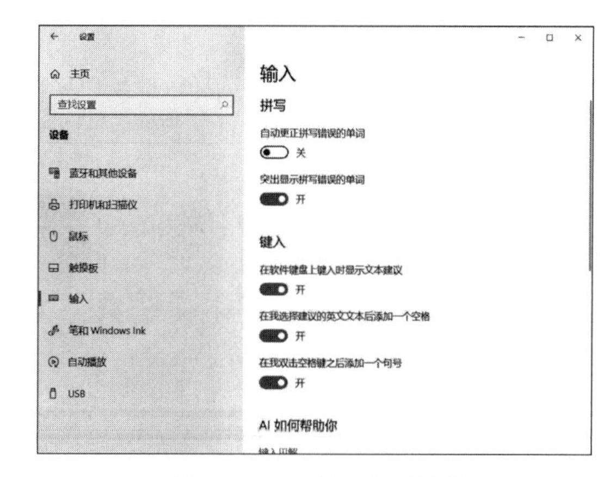

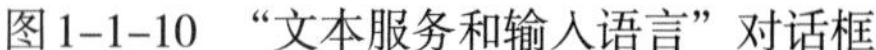

图1-1-10　“文本服务和输入语言”对话框

图1-1-11　“输入”设置窗口

6. 在Windows 10系统中安装“华康宋体W12(P)”字体。

操作步骤：

方法1：双击实训素材中的“华康宋体W12(P).TTF”文件，打开图1-1-12所示的窗口，单击左上角的“安装”按钮。

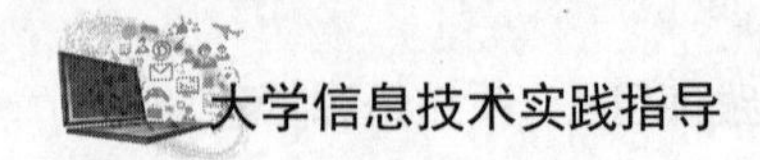

图1-1-12 “华康宋体W12(P)(True Type)”字体窗口

方法2：打开“控制面板”窗口，以“小图标”方式显示，双击打开其中的“字体”选项，弹出图1-1-13所示的“字体”窗口，然后将实训素材中的“华康宋体W12(P).TTF”文件复制到该窗口。

图1-1-13 “字体”窗口

7. 在桌面上创建一个名为“截图”的快捷方式，按【Ctrl+Shift+S】组合键能启动Windows的“截图工具”程序（SnippingTool.exe），且窗口最大化。

操作步骤：

（1）右击桌面空白位置，选择快捷菜单中的“新建/快捷方式”命令，在打开的“创建快捷方式”对话框中输入“截图工具”程序所对应的程序文件名（SnippingTool.exe），如图1-1-14所示。

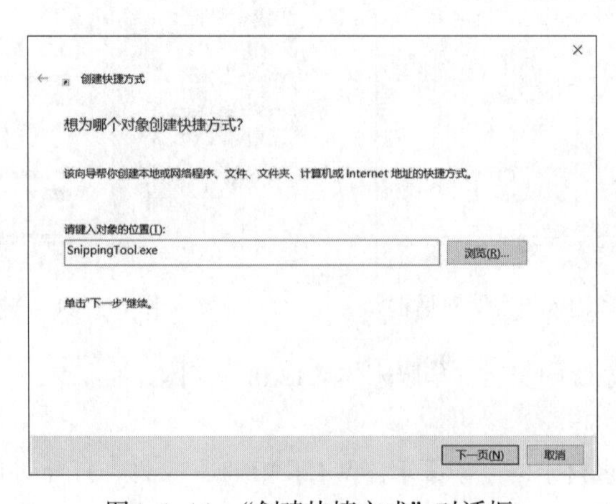

图1-1-14 “创建快捷方式”对话框

（2）单击“下一步”按钮，打开如图1-1-15所示的对话框，输入快捷方式的名称“截图”，单击“完成”按钮，此时在桌面上产生一个名为“截图”的快捷方式的图标，如图1-1-16所示。

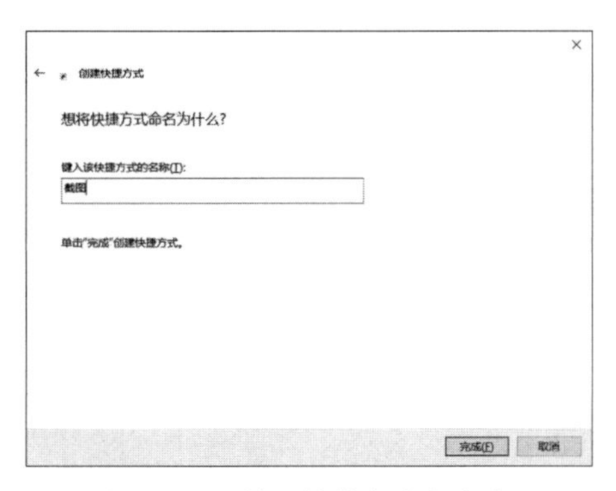

图1-1-15　输入快捷方式的名称

图1-1-16　“截图”快捷方式图标

（3）右击桌面上的“截图”快捷方式图标，在弹出的快捷菜单中选择“属性”命令，打开属性设置对话框，在对话框中将插入点定位于“快捷键”栏中，同时按下键盘上的【Ctrl+Shift+S】组合键，在“运行方式”列表中选择“最大化”，如图1-1-17所示，最后单击“确定”按钮。

图1-1-17　快捷方式属性的设置

8. 安装HP LaserJet Professional M1132 MFP打印机，并设置该打印机的打印方向为横向，纸张尺寸为16开（184 cm × 260 cm），最后将打印测试页输出到C:\KS\HP.PRN文件。

操作步骤：

（1）打开“控制面板”窗口，单击“硬件和声音”中的“查看设备和打印机”超链接，打开“设备和打印机”窗口，单击上方的“添加打印机”按钮，弹出“添加打印机”对话框，系统会自动搜索连接的打印机，此处可直接单击“我所需的打印机未列出”超链接，弹出图1-1-18所示的“添加打印机”对话框。

图1-1-18　“添加打印机”对话框

（2）在对话框中选中“通过手动设置添加本地打印机或网络打印机”单选按钮，单击“下一步”按钮，弹出“选择打印机端口”对话框，在“使用现有的端口”列表中选择“FILE:(打印到文件)”，如图1-1-19所示。

（3）单击“下一步”按钮，弹出“安装打印机驱动程序”对话框，在厂商列表中选择“HP”，在“打印机”列表中选择“HP LaserJet Professional M1132 MFP”型号，如图1-1-20所示。

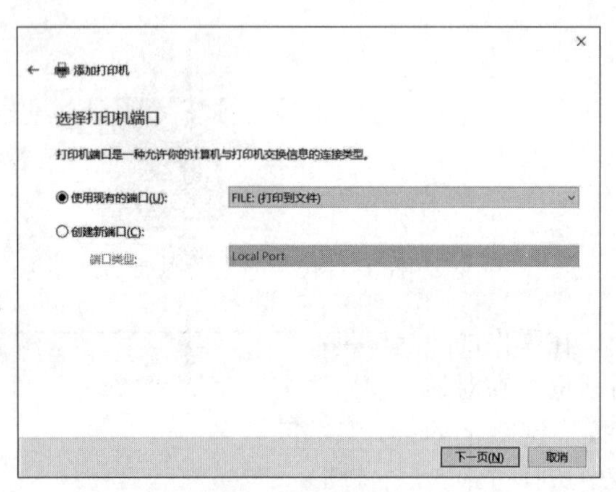

图1-1-19　选择打印机端口

图1-1-20　选择打印机型号

（4）单击“下一步”按钮，弹出“键入打印机名称”对话框，名称采用默认项，单击“下一步”按钮，弹出“打印机共享”对话框，选择“不共享这台打印机”，单击“下一步”按钮，弹出图1-1-21所示的对话框，单击“完成”按钮，返回“设备和打印机”窗口。

（5）在“设备和打印机”窗口中，右击“HP LaserJet Professional M1132 MFP”打印机图标，在弹出的快捷菜单中选择“打印机属性”命令，打开图1-1-22所示的对话框。

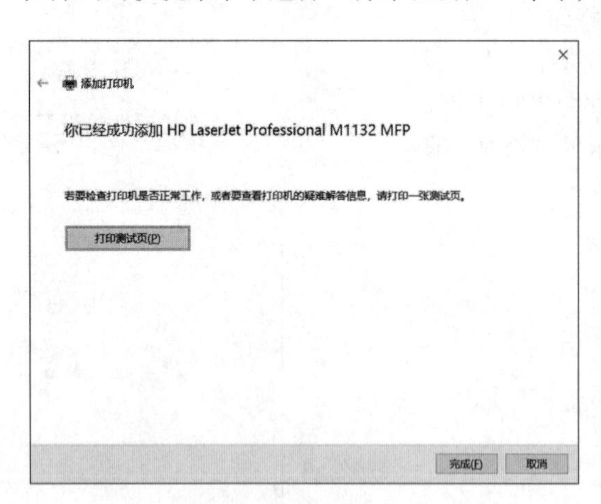

图1-1-21　打印测试页

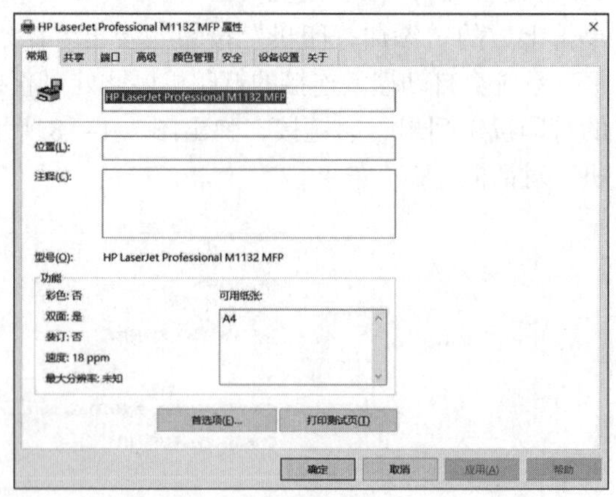

图1-1-22　设置打印机属性

（6）单击“首选项”按钮，打开“打印机首选项”对话框，在“纸张/质量”选项卡的纸张尺寸中选择“16开 184×260”，如图1-1-23所示；在“完成”选项卡的“方向”栏中选择“横向”打印，单击“确定”按钮返回。

（7）在“HP LaserJet Professional M1132 MFP属性”对话框中单击“打印测试页”按钮，弹

出图1-1-24所示的“将打印输出另存为”对话框，选择存放的路径，输入文件名“HP”，保存类型选择“打印机文件（*.prn）”，单击“确定”按钮。

图1-1-23　“打印机首选项”对话框

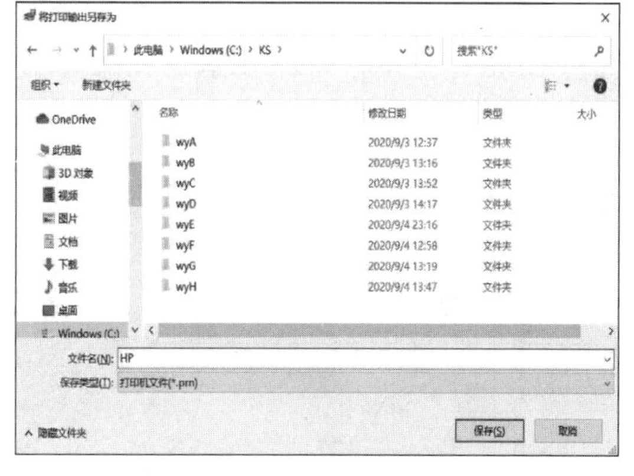

图1-1-24　“将打印输出另存为”对话框

四、实训拓展

1. 设置桌面主题为“Windows 10”，颜色为“黄金色”，桌面上能显示“网络”图标。

2. 要求当在10 min内不进行任何操作时，屏幕将出现3D文字“上海工商职业技术学院”的屏幕保护程序。

3. 通过设置在“开始”菜单中显示“应用列表”“最近添加的应用”，打开“音乐”“图片”“视频”文件夹。

4. 任务栏上使用小图标，并调整任务栏到屏幕的右边。

5. 在C:\KS文件夹中建立一个名为“计算器”的快捷方式，指向系统文件夹中的应用程序calc.exe，指定其运行方式为最大化，并指定快捷键为【Ctrl+Shift+C】。

6. 为Windows“库”中的“文档”文件夹在C:\KS文件夹中创建一个快捷方式。

7. 利用提供的实训素材，在Windows环境中安装一个新字体“思源黑体CN-Bold”。

8. 安装MS Publisher Color Printer打印机，将“项目1\实训1\test.txt”文件打印输出到Ms.prn文件，存放在“C:\KS”文件夹。

实训 2　文件资料的管理

一、实训目的与要求

1. 掌握Windows文件资源管理器的基本使用，了解文件和文件夹显示方式的调整。
2. 熟练掌握文件和文件夹的各种基本操作。
3. 掌握Windows常用工具软件和压缩软件的使用。

二、实训内容

1. 文件和文件夹显示方式的调整。
2. 文件和文件夹的基本操作。
3. 利用剪贴板、记事本、写字板、画图、计算器、压缩软件等工具进行文件管理。

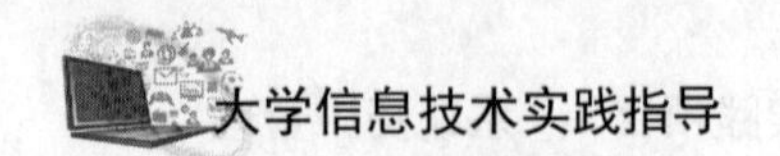

三、实训范例

1. 利用“文件资源管理器”窗口，调整“C:\Windows”文件夹中文件的显示方式和排序方式，并使该文件夹能显示所有文件和文件夹，以及文件的扩展名。

操作步骤：

（1）右击“开始”菜单按钮，在弹出的快捷菜单中选择“文件资源管理器”命令，打开“文件资源管理器”窗口。

（2）在左侧的文件夹列表中，利用单击操作展开各级子文件夹，选中“C:\ Windows”文件夹，右侧则显示该文件夹中的内容，如图1-2-1所示。

图1-2-1 “文件资源管理器”窗口

（3）单击“查看”选项卡，在“布局”组中依次选择“超大图标”“大图标”“中图标”“小图标”“列表”“详细信息”“平铺”“内容”这8个项目来了解各种查看方式。

（4）单击“查看”选项卡，在“当前视图”组中单击“排序方式”按钮，展开图1-2-2所示的子菜单，依次选择“名称”“修改日期”“类型”“大小”等命令来了解各种排序方式。

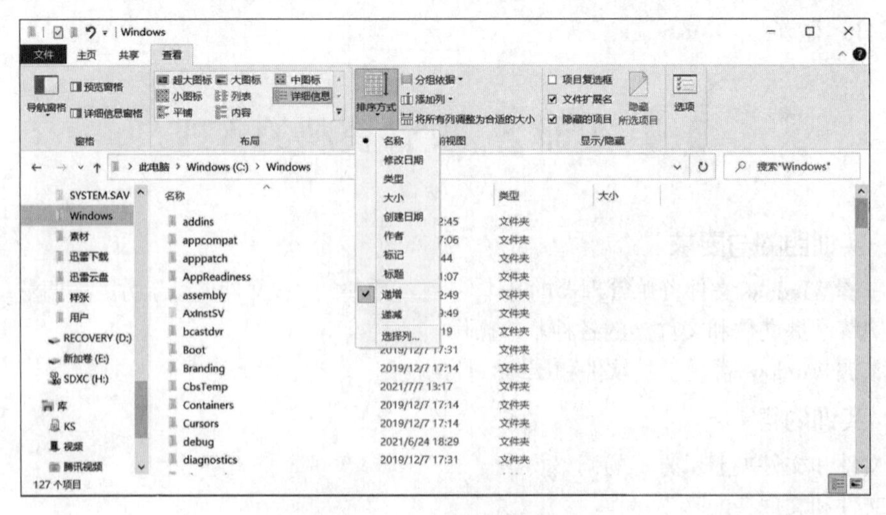

图1-2-2 各种排序方式

（5）单击“查看”选项卡，在“显示/隐藏”组中，勾选“文件扩展名”和“隐藏的项目”复选框，如图1-2-2所示。

另外，也可以单击“选项”按钮，如图1-2-3所示，在弹出的“文件夹选项”对话框中做进一步设置。

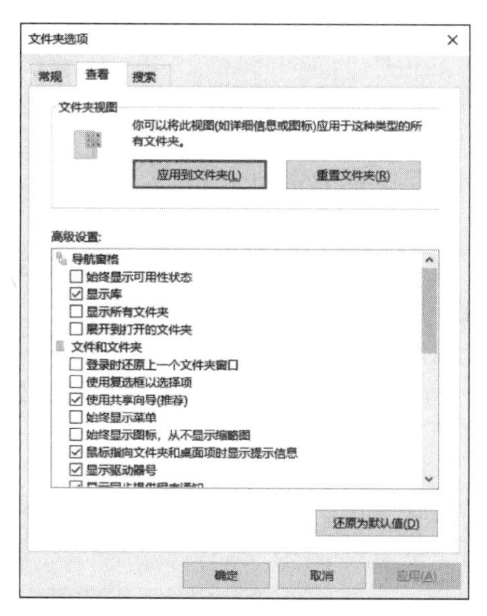

图1-2-3　“文件夹选项”对话框

2. 利用“文件资源管理器”窗口，查看“C:\Windows”文件夹中包含的文件和子文件夹数量，查看“C:\Windows\win.ini”文件的大小及创建的时间等信息，并将该文件设置为“隐藏”属性。

操作步骤：

（1）打开“文件资源管理器”窗口，在左窗格中选择“Windows（C）”，在右窗格中右击“Windows”文件夹，在弹出的快捷菜单中选择“属性”命令，打开图1-2-4所示的“Windows属性”对话框，在“常规”选项卡中可了解到所包含的文件和子文件夹数量。

图1-2-4　“Windows属性”对话框

（2）在“文件资源管理器”窗口的左窗格中选择“Windows（C）”中的“Windows”文件夹，在右窗格中找到并右击win.ini文件，在弹出的快捷菜单中选择“属性”命令，打开图1-2-5所示的“win.ini属性”对话框，在“常规”选项卡中可了解到该文件的大小及创建时间等信息，同时勾选“隐藏”属性复选框，单击“确定”返回。

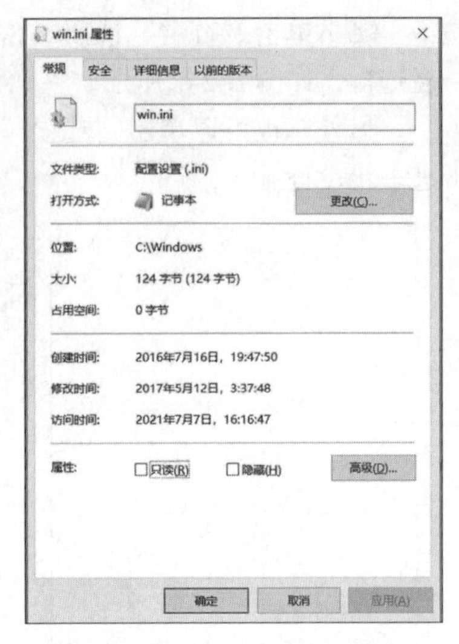

图1-2-5 “win.ini属性”对话框

3. 在C:\KS文件夹中创建Exam文件夹，在Exam文件夹中再创建两个子文件夹，分别为New Data、MyDoc。在“New Data”文件夹中创建一个文本文件，名为Info.txt，内容为学生的学号、系别、专业、班级、姓名。

操作步骤：

（1）打开“文件资源管理器”窗口，在左窗格中选择“Windows（C）”中的“KS”文件夹，在右窗格空白位置右击，在弹出的快捷菜单中选择“新建/文件夹”命令，如图1-2-6所示。

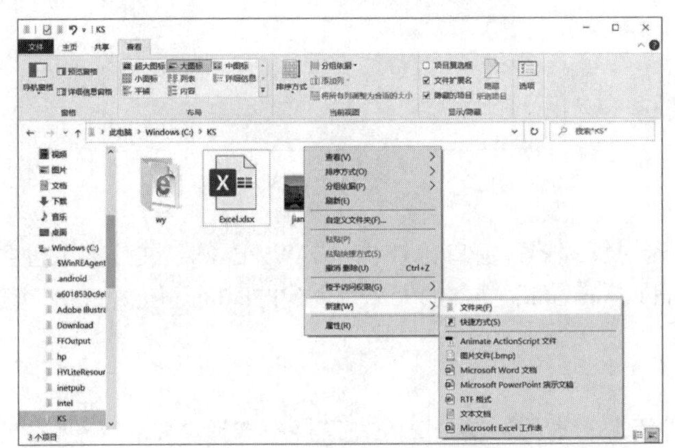

图1-2-6 “新建”快捷菜单

（2）输入文件夹的名称“Exam”，双击打开“Exam”文件夹，用同样的方法在Exam文件夹中再创建两个子文件夹，名称分别为New Data、MyDoc，效果如图1-2-7所示。

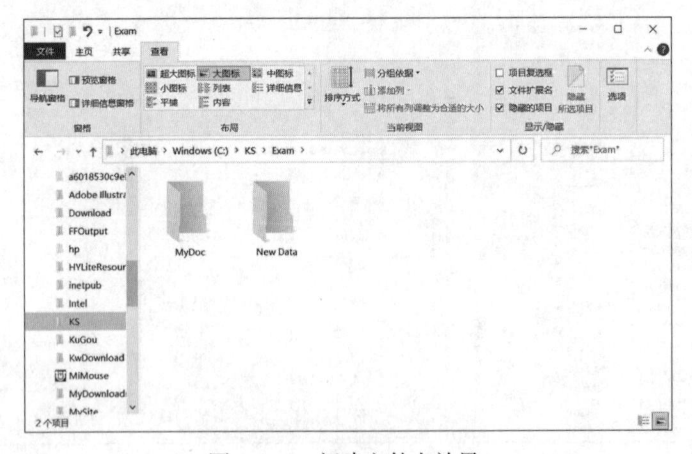

图1-2-7 新建文件夹效果

（3）双击打开“New Data”文件夹，在右窗格空白位置右击，在弹出的快捷菜单中选择“新建/文本文档”命令，输入新建文件的名称：Info。

（4）双击新建的Info.txt文件，打开“记事本”窗口，通过键盘输入学生自己的学号、系别、专业、班级、姓名，如图1-2-8所示，输入完成后，选择“文件/保存”命令，最后关闭窗口。

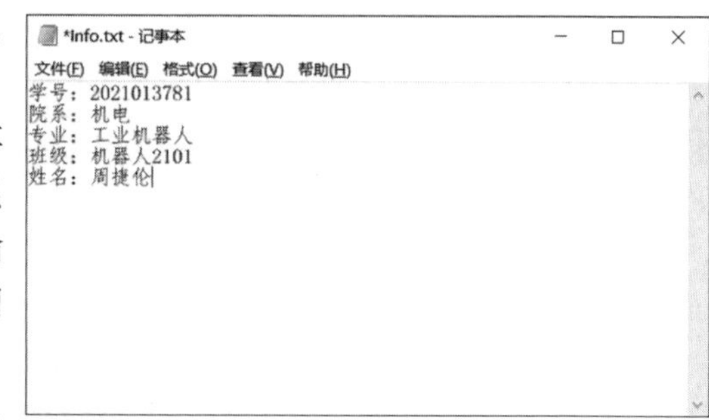

图1-2-8　“记事本”窗口

4. 将“MyDoc”文件夹更名为“SicpDoc”，将实训素材“项目1\实训2\doc”文件夹复制到C:\KS\Exam文件下，将“New Data”文件夹中的文件“Info.txt”移动到C:\KS\Exam文件夹下，改名为information.txt。

操作步骤：

（1）在“文件资源管理器”窗口的左窗格中选择C:\KS\Exam文件夹，在右窗格中右击“MyDoc”文件夹，在弹出的快捷菜单中选择“重命名”命令，输入新的文件夹名称“SicpDoc”。

（2）在“文件资源管理器”窗口的左窗格中选择实训素材“项目1\实训2”文件夹，在右窗格中右击“doc”文件夹，在弹出的快捷菜单中选择“复制”命令；然后在左窗格中选择“C:\KS\Exam”文件夹，在右窗格中右击空白位置，在弹出的快捷菜单中选择“粘贴”命令。

（3）在“文件资源管理器”窗口的左窗格中选择C:\KS\Exam\New Data文件夹，在右窗格中右击“Info.txt”文件，在弹出的快捷菜单中选择“剪切”命令；然后在左窗格中选择“C:\KS\Exam”文件夹，在右窗格中右击空白位置，在弹出的快捷菜单中选择“粘贴”命令；右击“Info.txt”文件，在弹出的快捷菜单中选择“重命名”命令，输入新的文件名“information.txt”。效果如图1-2-9所示。

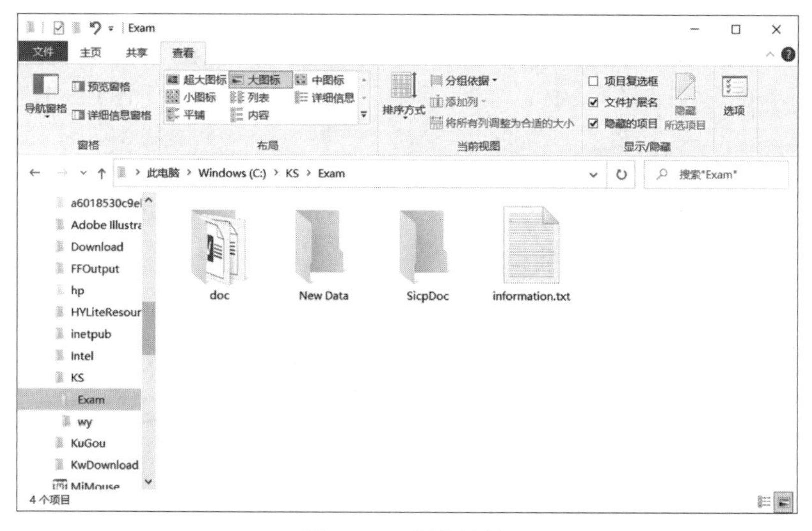

图1-2-9　操作效果

5. 首先清空回收站，将C盘回收站的最大空间设置为500 MB，然后删除C:\KS\Exam\information.txt文件，永久删除“C:\KS\Exam\doc”文件夹中的“离骚.docx”。

操作步骤：

（1）右击桌面上的"回收站"图标，在弹出的快捷菜单中选择"清空回收站"命令。

（2）再次右击"回收站"图标，在弹出的快捷菜单中选择"属性"命令，打开"回收站 属性"对话框，如图1-2-10所示，在列表中选择"Windows（C:）"（注：也有可能是"本地磁盘（C:）"），在"自定义大小"栏中输入"500"，单击"确定"按钮返回。

（3）在"文件资源管理器"窗口的左窗格中选择"C:\KS\Exam"文件夹，在右窗格中右击"information.txt"文件，选择快捷菜单中的"删除"命令（或直接按【Delete】键）。

（4）在"文件资源管理器"窗口的左窗格中选择"C:\KS\Exam\doc"文件夹，在右窗格中右击"离骚.docx"文件，按住【Shift】键，选择快捷菜单中的"删除"命令（或按【Shift+Del】组合键），弹出图1-2-11所示的"删除文件"对话框，单击"是"按钮。

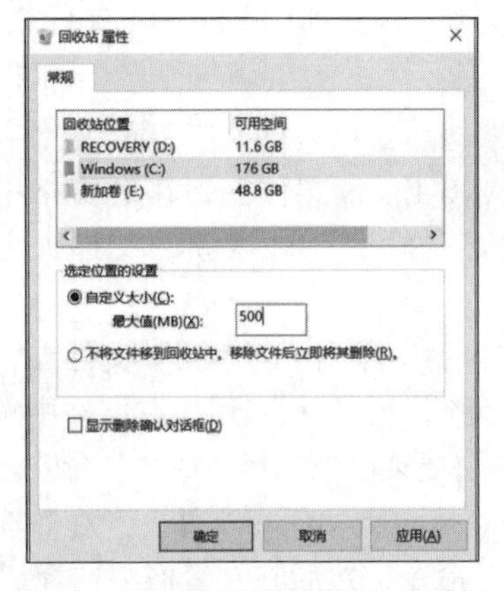

图1-2-10 "回收站 属性"对话框

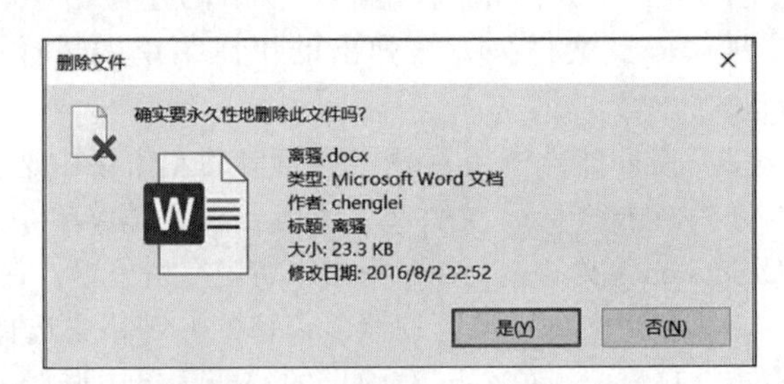

图1-2-11 "删除文件"对话框

6. 利用Windows提供的"计算器"，将十六进制数8D90H转换成二进制数，并将得到的整个计算器窗口复制到Windows画图程序中，以jsjg.jpg为文件名保存在C:\KS\Exam\New data文件夹中。

操作步骤：

（1）单击"开始"菜单按钮，在"开始"菜单的应用列表中选择"计算器"程序，打开"计算器"窗口，单击"打开导航"图标，选择其中的"程序员"命令，打开图1-2-12所示窗口。

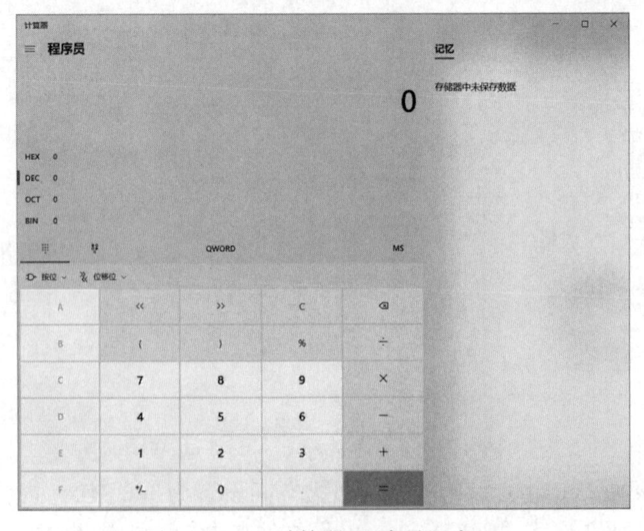

图1-2-12 "计算器/程序员"窗口

（2）在上述窗口的左边，选中“HEX”单选项，输入“8D90”，然后单击窗口左边“BIN”项，即可得到转换结果，如图1-2-13所示。

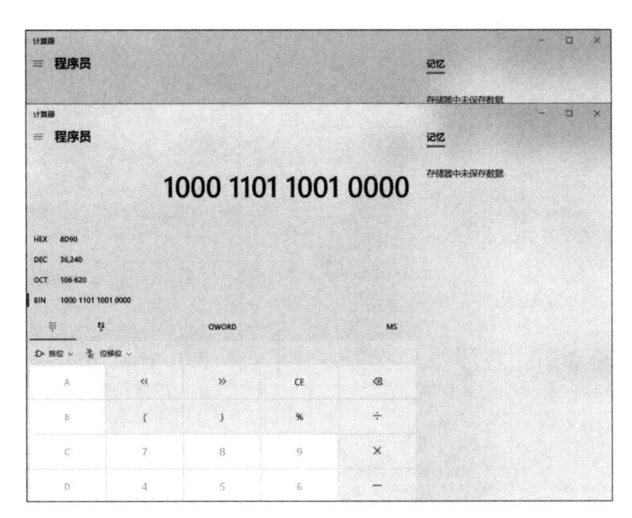

图1-2-13　数制转换结果

（3）按【Alt+Print Screen】组合键将整个“计算器”窗口复制到Windows剪贴板，然后启动“画图”程序，单击“粘贴”按钮，然后选择“文件”选项卡中的“另存为/JPEG图片”命令，如图1-2-14所示。在“另存为”对话框中选择存储位置“C:\KS\Exam\New data”，输入文件名jsjg.jpg，最后单击“保存”按钮。

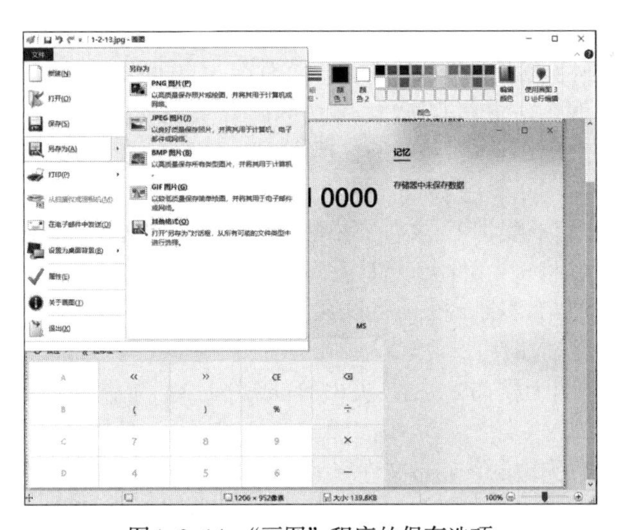

图1-2-14　“画图”程序的保存选项

7. 将C:\KS\Exam文件夹压缩为“01范例.rar”文件，并设置密码“xyz”，压缩文件存放在C:\KS文件夹下。

操作步骤

（1）打开“文件资源管理器”窗口，在左窗格中选择“本地磁盘(C:)”，在右窗格中双击打开KS文件夹，右击“Exam”文件夹，在弹出的快捷菜单中选择“添加到压缩文件…”命令，弹出图1-2-15所示的对话框。

（2）在对话框的“常规”选项卡的“压缩文件名”文本框中输入“01范例.rar”，单击“设置密码”按钮，弹出“输入密码”对话框，如图1-2-16所示，先后两次输入密码“xyz”，单击“确定”按钮返回上一个对话框，再单击“确定”按钮完成压缩。

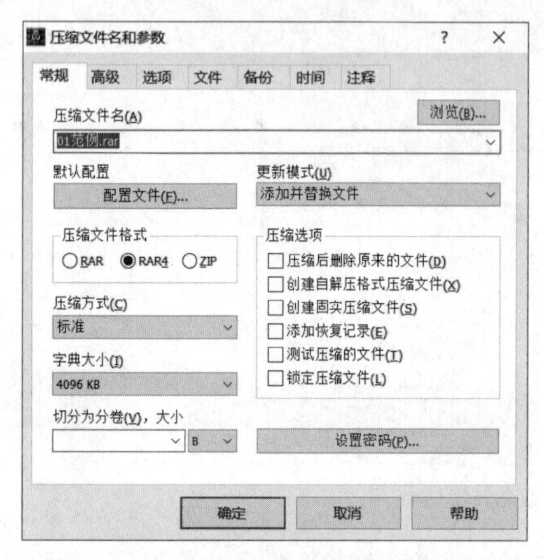

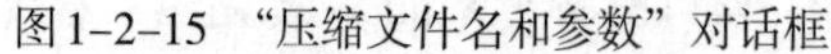

图1-2-15 “压缩文件名和参数”对话框　　　　图1-2-16 设置压缩文件密码

四、实训拓展

1. 在C盘上建立一个名为Test的文件夹，在Test文件夹中建立两个子文件夹News、Datas，在Datas文件夹中再建立一个子文件夹Pic。

2. 在C:\Test文件夹下创建一个文本文件，文件名为Mytest.txt，内容为“上海市高等学校信息技术水平考试（一级）”，并将其属性设置为只读。

3. 在C:\Test文件夹中建立名为HT的快捷方式，双击该快捷方式能启动Windows的“画图”应用程序。

4. 将实训素材“项目1\实训2”文件夹中的net和sys两个文件夹和ball.rar文件一次性地复制到C:\Test文件夹中，并将Sys文件夹设置为“隐藏”属性。

5. 将实训素材“项目1\实训2\image”文件夹中所有文件复制到C:\Test\Datas\Pic文件夹中，并撤销部分文件的“只读”属性。

6. 将实训素材“项目1\实训2”文件夹中的news.jpg文件复制到C:\Test文件夹中，并更名为home.jpg。

7. 将C:\Test\net文件夹中的bus.jsp文件移动到C:\Test\sys文件夹中，并改名为bef.prg。

8. 删除C:\Test\net文件夹中的所有文件和文件夹，事后恢复被删除的map.doc文件。

9. 关闭所有的窗口，将当前整个Windows桌面利用快捷键复制到“画图”程序中，以desk.jpg为文件名存放在c:\Test文件夹中。

10. 将C:\Test\ball.rar压缩文件中的ball2.jpg文件释放到C:\Test\Datas\Pic文件夹中，最后将C:\Test文件压缩成Test.rar存放在C:\KS文件夹中。

实践项目2

文本信息处理

实训1　文档的排版处理

一、实训目的与要求

1. 熟悉Microsoft Word 2016的工作界面。
2. 掌握文档的基本编辑操作。
3. 熟练掌握字符和段落格式的设置。
4. 掌握页面的操作和格式的设置。

二、实训内容

1. 文档的基本编辑。
2. 文字和段落的格式化。
3. 项目符号和编号的设置。
4. 页眉页脚和文档页面的设置。

三、实训范例

利用Word 2016对“大学生创业计划书”文档按下列要求进行格式化，结果以原文件名保存在C:\KS文件夹中。最终效果如图2-1-1所示。

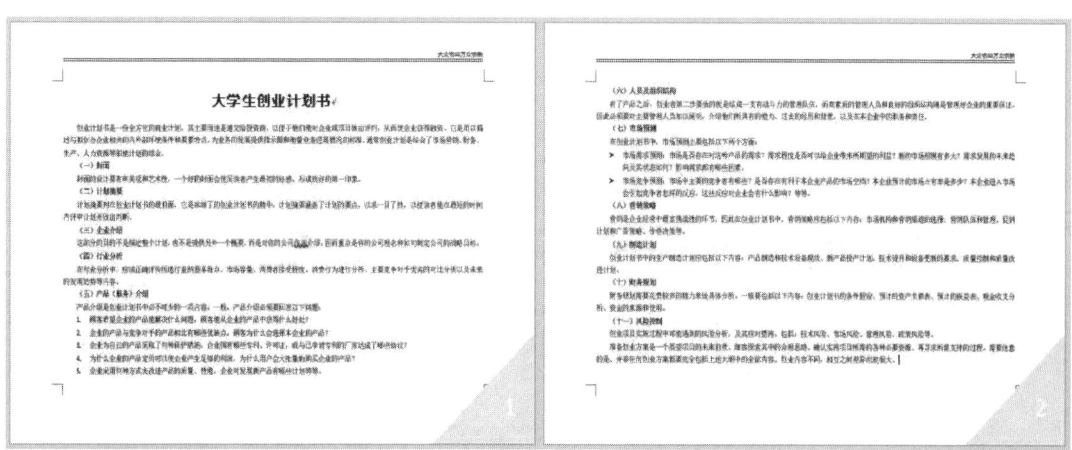

大学生创业计划书

（一）封面

（二）计划摘要

（三）企业介绍

（四）行业分析

（五）产品（服务）介绍

图2-1-1　“大学生创业计划书”效果图

1. 将文档标题“大学生创业计划书”设置为微软雅黑、二号、加粗、颜色为“黑色，文字1，淡色25%”，字符间距为加宽1磅，将标题行的段后间距设置为6磅，并居中。

操作步骤：

（1）启动Word 2016，打开实训素材“项目2\实训1”文件夹中的“大学生创业计划书.docx”文档。

（2）选中标题文字“大学生创业计划书”，通过“开始”选项卡“字体”组中的相关按钮来选择字体、字号、加粗和颜色，如图2-1-2所示。

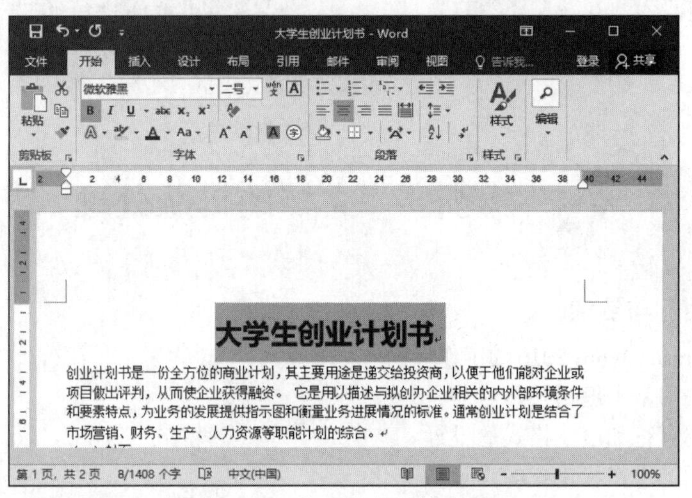

图2-1-2　标题行的字体格式

（3）单击“开始”选项卡“字体”组右下角的对话框启动器按钮，打开“字体”对话框，在“高级”选项卡中将“间距”设置为加宽1磅，如图2-1-3所示。

（4）单击“开始”选项卡“段落”组中的“居中”按钮，设置标题居中，并单击“段落”组右下角的对话框启动器按钮，打开“段落”对话框，在“段落”选项卡中将“间距”组中的“段后”数值设置为“6磅”，如图2-1-4所示。

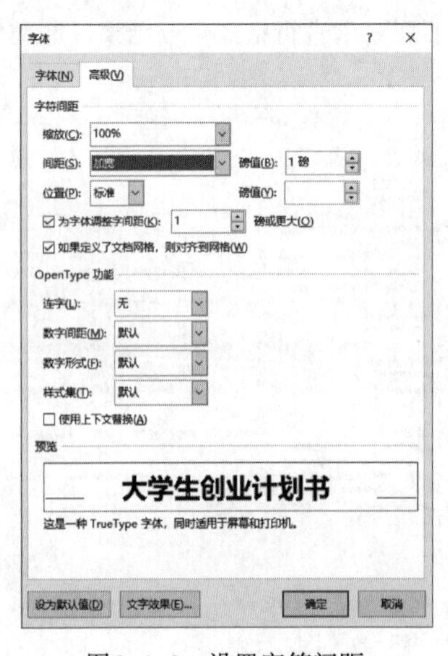

图2-1-3　设置字符间距

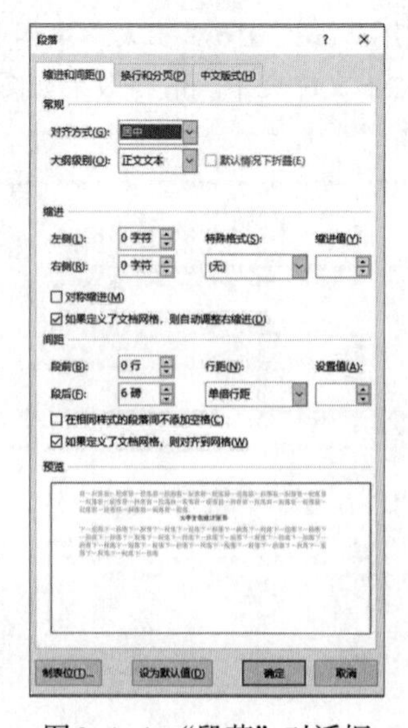

图2-1-4　“段落”对话框

2. 将正文中所有多余的空格删除，并将手动换行符替换成段落结束符。

操作步骤：

（1）选中正文，单击“开始”选项卡“编辑”组中的“替换”按钮，打开“查找和替换”对话框，在“替换”选项卡的“查找内容”文本框中输入一个空格，在“替换为”文本框中不输入任何字符，单击“全部替换”按钮即可。

（2）用上述方法打开“查找和替换”对话框，在“替换”选项卡中，单击“更多”按钮展开该对话框，将插入点置于“查找内容”文本框中，删除之前输入的空格，单击“特殊格式”按钮，在展开的列表中选择“手动换行符”。将插入点置于“替换为”文本框中，单击“特殊格式”按钮，在展开的列表中选择“段落标记”，如图2-1-5所示，单击“全部替换”按钮。最后单击“关闭”按钮。

3. 将正文所有段落首行缩进2个字符，行距为固定值18磅，然后将正文中的11个小标题设置为“要点”样式。

操作步骤：

（1）选中正文所有段落，单击“开始”选项卡“段落”组右下角的对话框启动器按钮，打开“段落”对话框，在“缩进和间距”选项卡的“特殊格式”下拉列表中选择“首行缩进”，“缩进值”为“2字符”，在“行距”下拉列表中选择“固定值”，“设置值”为“18磅”，如图2-1-6所示，单击“确定”按钮返回。

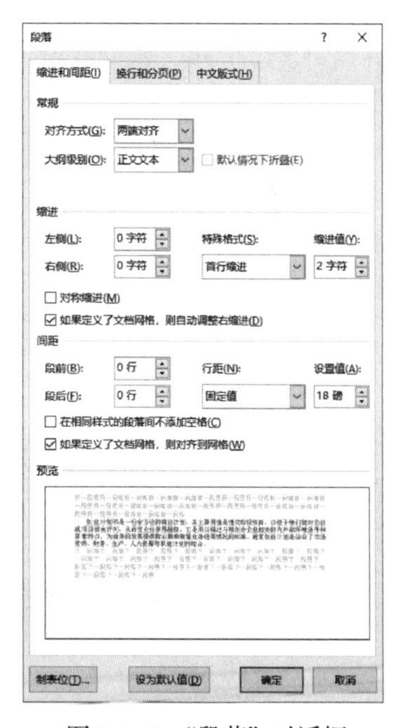

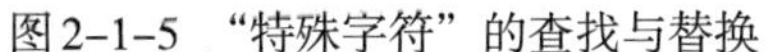
图2-1-5 “特殊字符”的查找与替换

图2-1-6 “段落”对话框

（2）先选择第一个小标题“（一）封面”，然后按住【Ctrl】键依次选中其余10个小标题，选择“开始”选项卡“样式”组列表中的“要点”样式。

注意：也可以利用“开始”选项卡“剪贴板”组中的“格式刷”按钮，将第1个小标题的格式复制给其他10个小标题。

说明：样式是指已经定义和命名了的字符和段落的格式，直接套用样式可以简化操作，提高文档格式排版的效率。尤其是针对长文档（如毕业论文），新建一整套长文档的各级标题、题注和正文所需的样式，通过套用样式可以提高长文档格式编排的一致性。

4. 将第5条“产品（服务）介绍”下的5个段落的编号形式更改为“编号库”中第1行第2列样式；将第7条“市场预测”下的2个段落的符号形式更改为“项目符号库”中的“➢”符号。

操作步骤：

（1）选中第5条“产品（服务）介绍”下的5个段落，单击“开始”选项卡“段落”组中的“编号”下拉按钮（见图2-1-7），在打开的“编号库”中选择第1行第2列样式的编号。

（2）选中第7条“市场预测”下的2个段落，单击“开始”选项卡“段落”组中的“项目符号”下拉按钮（见图2-1-8），在打开的“项目符号库”中选择“➢”符号。

图2-1-7 “编号”列表

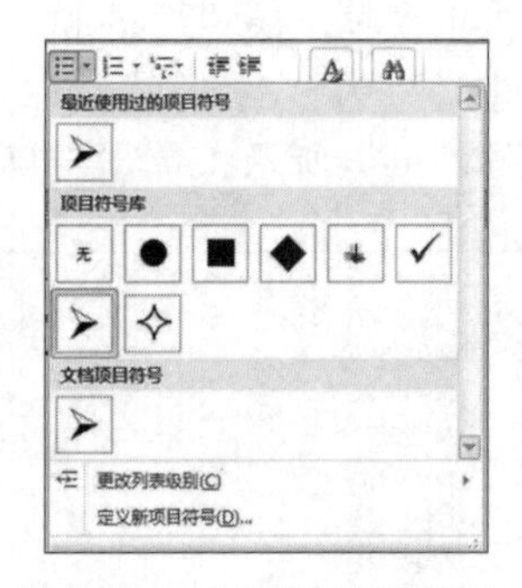

图2-1-8 “项目符号”列表

5. 添加页眉文字“大众创业　万众创新”，并设置成小五号、黑体、右对齐、下画线0.5磅的双线段落框，并在页脚位置添加“三角形2”样式的页码。

操作步骤：

（1）单击“插入”选项卡“页眉和页脚”组中的“页眉”按钮，在下拉列表中选择“编辑页眉”命令，进入“页眉和页脚”编辑状态，并显示“页眉和页脚工具/设计”选项卡，在文档的页眉处输入文字“大众创业　万众创新”，如图2-1-9所示。

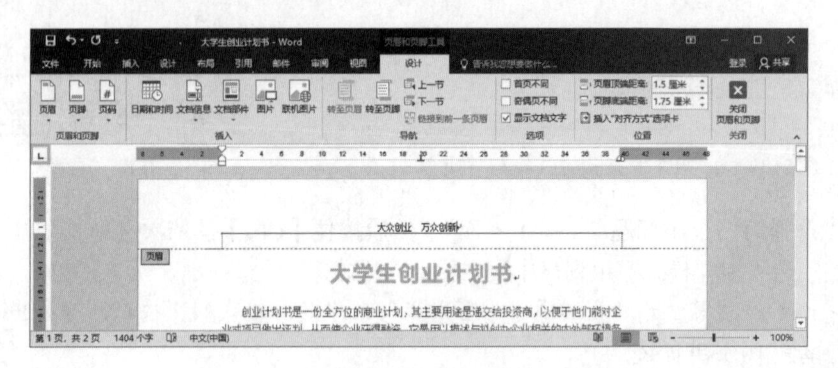

图2-1-9 “页眉和页脚工具/设计”选项卡

（2）选中文字，单击“开始”选项卡“字体”组和“段落”组中的相关按钮来设置黑体、小五号和右对齐。

（3）选中页眉文字所在的段落，单击“开始”选项卡“段落”组中“下框线”右侧的下拉按钮，在下拉列表中选择“边框和底纹”命令，弹出如图2-1-10所示的对话框，从中选择样式、宽度和位置。

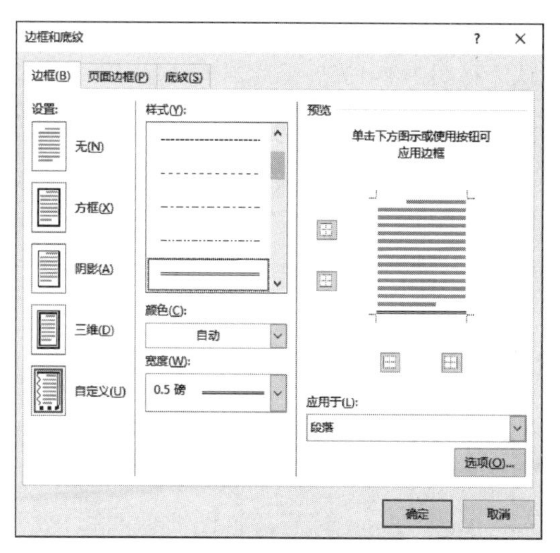

图2-1-10　“边框和底纹”对话框

（4）在“页眉和页脚工具/设计”选项卡“导航”组中单击“转至页脚”按钮，然后单击“页眉和页脚”组中的“页码”按钮，在下拉列表中选择“页面底端”命令，在展开的页码样式列表中选择“三角形2”的页码样式，如图2-1-11所示。最后单击“关闭”组中的“关闭页眉和页脚”按钮，返回正文编辑状态。

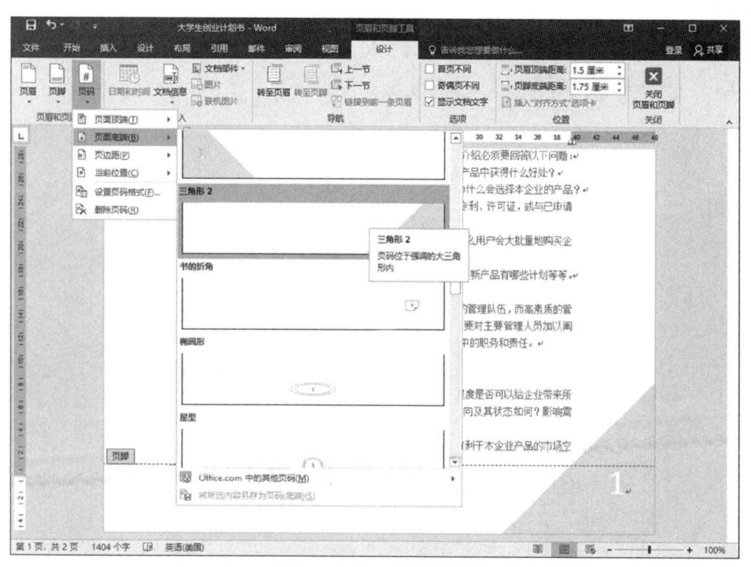

图2-1-11　插入页码

6. 设置本文档的纸张大小为“A4”、纸张方向为“横向”、页边距设置为上、下、左、右边距均为3 cm。

操作步骤：

（1）在“布局”选项卡“页面设置”组中单击“纸张大小”按钮，在下拉列表中选择“A4”，单击“纸张方向”按钮，在下拉列表中选择“横向”。

（2）单击“页边距”按钮，在下拉列表中选择“自定义边距”，打开“页面设置”对话框，设置上、下、左、右边距均为3 cm，如图2-1-12所示。

全部完成后，选择“文件”选项卡中的“另存为”命令，存储位置选择C盘的KS文件夹，文件名和保存类型均为默认（见图2-1-13）。最后单击“保存”按钮即可。

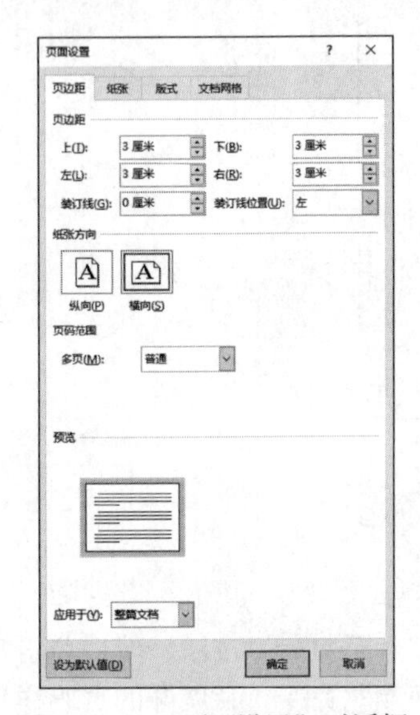

图2-1-12 “页面设置”对话框

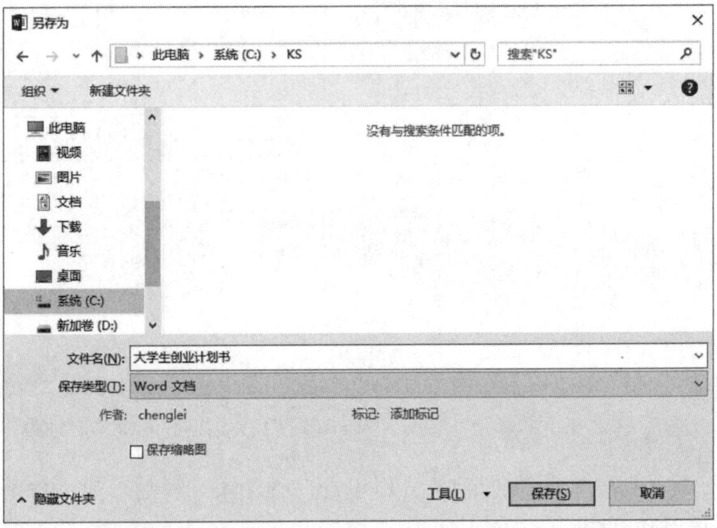

图2-1-13 “另存为”对话框

四、实训拓展

打开实训素材中“项目2\实训1\智能机器人.docx”文档，按下列要求进行操作，结果保存在C:\KS文件夹中，最终效果如图2-1-14所示。

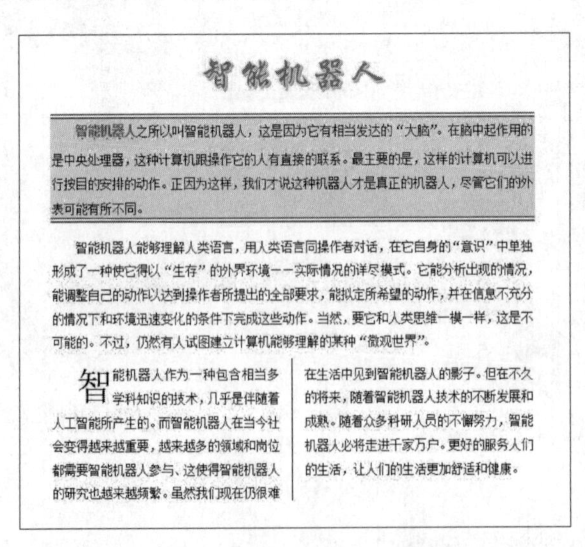

智能机器人

智能机器人之所以叫智能机器人，这是因为它有相当发达的“大脑”。在脑中起作用的是中央处理器，这种计算机跟操作它的人有直接的联系。最主要的是，这样的计算机可以进行按目的安排的动作。正因为这样，我们才说这种机器人才是真正的机器人，尽管它们的外表可能有所不同。

智能机器人能够理解人类语言，用人类语言同操作者对话，在它自身的“意识”中单独形成了一种使它得以“生存”的外界环境——实际情况的详尽模式。它能分析出现的情况，能调整自己的动作以达到操作者所提出的全部要求，能拟定所希望的动作，并在信息不充分的情况下和环境迅速变化的条件下完成这些动作。当然，要它和人类思维一模一样，这是不可能的。不过，仍然有人试图建立计算机能够理解的某种“微观世界”。

智能机器人作为一种包含相当多学科知识的技术，几乎是伴随着人工智能所产生的。而智能机器人在当今社会变得越来越重要，越来越多的领域和岗位都需要智能机器人参与，这使得智能机器人的研究也越来越频繁。虽然我们现在仍很难在生活中见到智能机器人的影子。但在不久的将来，随着智能机器人技术的不断发展和成熟，随着众多科研人员的不懈努力，智能机器人必将走进千家万户。更好的服务人们的生活，让人们的生活更加舒适和健康。

图2-1-14 “智能机器人”文档样张

（1）将第一段中的标题文字“智能机器人”设置为“华文行楷、32号”，其文本效果设置为“填充-水绿色，着色1，轮廓-背景1，清晰阴影-着色1”，并居中显示。

（2）将正文中所有的“只能机器人”替换成“智能机器人”，然后将所有英文逗号替换成中文逗号。

（3）将正文所有段落首行缩进2字符，行间距设置为最小值20磅，段前、段后间距各0.5行。

（4）将正文第一段开头的“智能机器人”五个字设置为：浅蓝色、加粗、加着重号、位置提升1磅。

（5）正文第一段添加颜色为“黑色，文字1，淡色50%”，粗细为1.5磅的上、下段落双线框和添加10%样式的图案底纹。

（6）将正文第三段分成等宽的两栏，并加分隔线，该段落首字下沉两行。

实训 2　图文的混排效果

一、实训目的与要求

1. 掌握各类对象的插入及格式的设置。
2. 掌握形状的绘制及格式的设置。
3. 掌握图文混排效果的设置。

二、实训内容

1. 页面背景的设置。
2. 艺术字的插入和设置。
3. 图片的插入和设置。
4. 形状的绘制和设置。
5. 文本框的插入和设置。

三、实训范例

当今社会，随着网络的快速发展，网络安全问题也接踵而来，2017年6月1日，我国正式颁布施行了《中华人民共和国网络安全法》。为宣传网络安全，现要求利用Word 2016制作一份“网络安全”的宣传小报，利用“项目2\实训2”文件夹中的实训素材，按下列要求进行操作，结果保存在C:\KS文件夹中，最终效果如图2-2-1所示。

图2-2-1　“网络安全”电子小报效果图

1. 新建一个文档，保存为“网络安全.docx”文件，插入素材文件夹中的“背景.jpg”，将其设为“衬于文字下方”，并将图片的高度、宽度分别设置为29.7 cm和21 cm，使其覆盖整个页面。

操作步骤：

（1）启动Word 2016，默认新建了一个空白文档，选择“文件”选项卡中的“另存为”命令，在弹出的界面

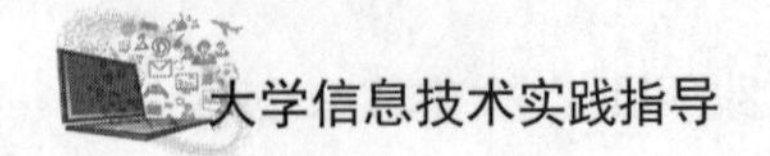

中选择存储位置（如C:\KS）和输入文件名“网络安全.docx”，然后单击“保存”按钮。

（2）选择“插入”选项卡“插图”组中的“图片/此设备”选项，在弹出的对话框中选择素材文件夹中的“背景.jpg”图片文件，单击“插入”按钮即可插入。

（3）选中该图片，单击“图片工具/格式”选项卡，打开“排列”组中的“环绕文字”下拉列表，从中选择“衬于文字下方”命令，如图2-2-2所示。

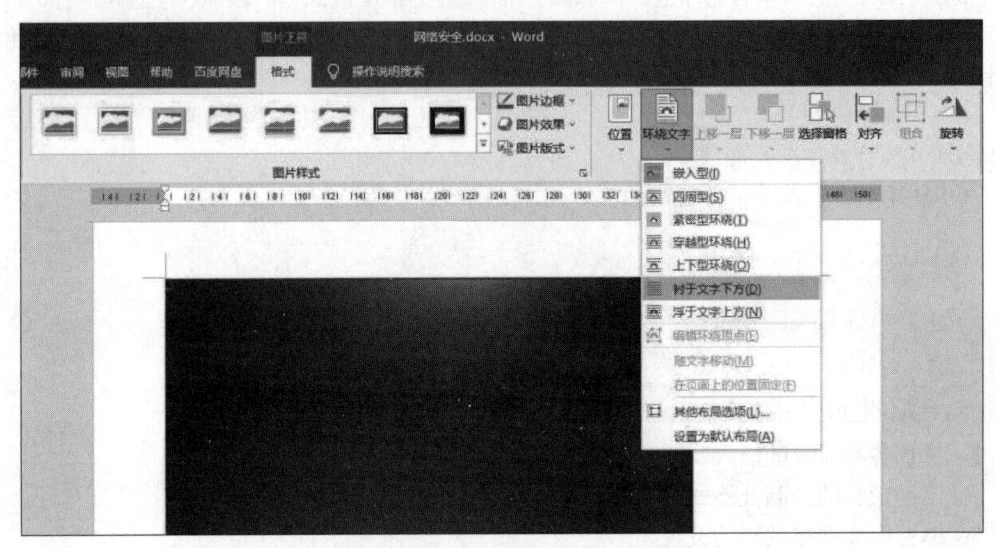

图2-2-2 “衬于文字下方”命令

（4）选中图片，单击“图片工具/格式”选项卡“大小”组右下角的对话框启动器按钮，弹出“布局”对话框，选择其中的“大小”选项卡，取消选中“锁定纵横比”复选框，然后分别设置其高度为29.7 cm，宽度为21 cm，如图2-2-3所示。最后利用鼠标调整其位置覆盖整个页面。

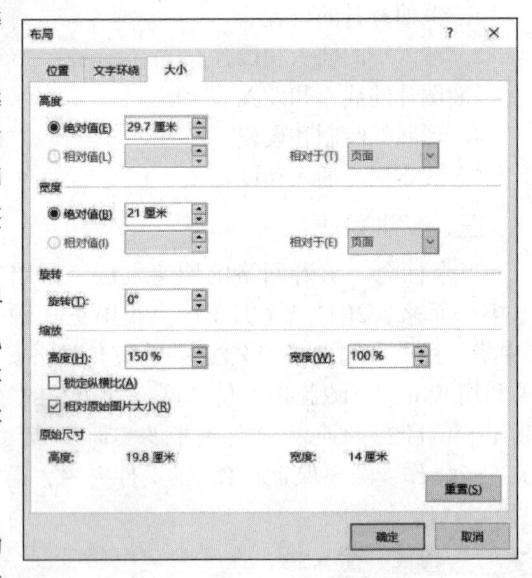

图2-2-3 “布局”对话框

2. 按照样图，在页面上方插入第1行第4列样式（填充：白色；轮廓：水绿色，主题色5；阴影）的艺术字“健康上网 文明上网”，字体为“华文行楷”，大小48、无加粗；将艺术字轮廓设置为“无轮廓”，阴影为“偏移：左下”。

操作步骤：

（1）单击“插入”选项卡“文本”组中的“艺术字”按钮，在打开的列表中选择第1行第4列样式（填充：白色；轮廓：水绿色，主题色5；阴影），然后输入文字“健康上网 文明上网”，再在“开始”选项卡“字体”组中设置其字体为“华文行楷”，大小为48，无加粗。

（2）选中艺术字，单击“绘图工具/格式”选项卡“艺术字样式”组中的“文本轮廓”按钮，设置为“无轮廓”，按样张适当调整位置，效果如图2-2-4所示。

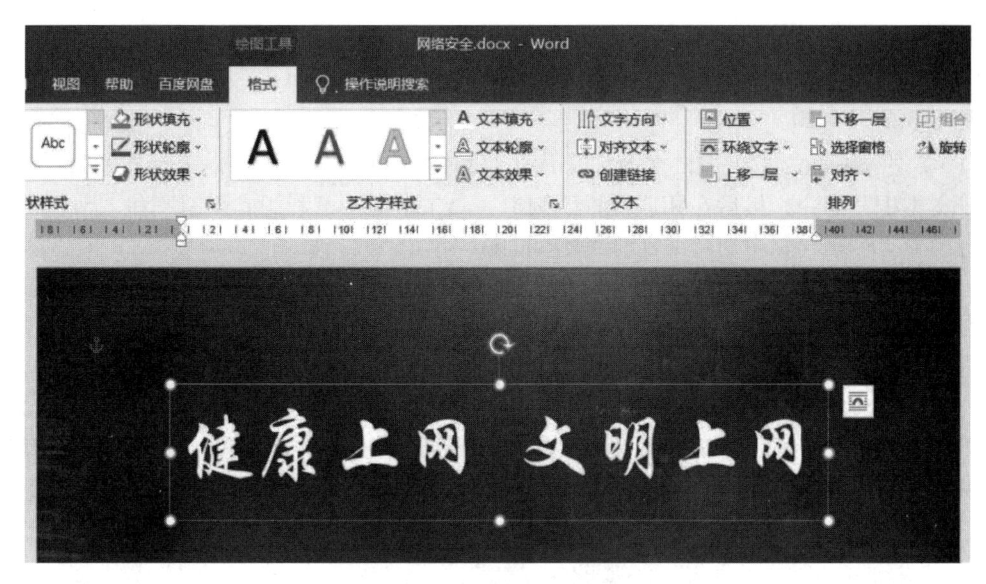

图2-2-4　标题的设置效果

3. 按照样图，利用文本框在相应位置插入文字“——解读《中华人民共和国网络安全法》”，字体采用“华文中宋”、大小为18、白色，文本框无填充色和无轮廓。

操作步骤：

（1）选择“插入”选项卡“文本”组中的“文本框”按钮，在打开的列表中选择下方的“绘制横排文本框”命令，然后在相应位置绘制出一个文本框，输入文字“—— 解读《中华人民共和国网络安全法》”，在“开始”选项卡“字体”组中设置其字体为“华文中宋”、大小为18、颜色为“白色”。

（2）选中文本框，分别单击“绘图工具/格式”选项卡“形状样式”组中的“形状填充”和“形状轮廓”按钮，设置为“无填充”和“无轮廓”，效果如图2-2-5所示。

图2-2-5　“形状填充”和“形状轮廓”的设置效果

4. 按照样图，利用文本框在相应位置插入“文本素材.txt”中的文字，字体格式采用“宋体、五号、加粗、白色”，段落采用“首行缩进2字符、行间距1.5倍”，文本框大小为宽17 cm、高3.6 cm，无填充色和无轮廓。

操作步骤：

（1）单击“插入”选项卡“文本”组中的“文本框”按钮，在打开的下拉列表中选择“绘制横排文本框”命令，然后在相应位置绘制出一个文本框，可利用“复制”和“粘贴”的方法，将“文本素材.txt”中的文字复制到文本框中。

（2）选中文字，在“开始”选项卡“字体”组中设置其字体为：宋体、五号、加粗、白色，在“开始”选项卡“段落”组中单击对话框启动器按钮，打开“段落”对话框，设置“首行缩进”2字符、“行间距”为1.5倍。

（3）选中文本框，单击“绘图工具/格式”选项卡“形状样式”组中的“形状填充”和“形状轮廓”按钮，分别设置为“无填充”和“无轮廓”，然后在“大小”组中将高设置为3.6 cm，宽设置为17 cm，适当调整文本框位置，效果如图2-2-6所示。

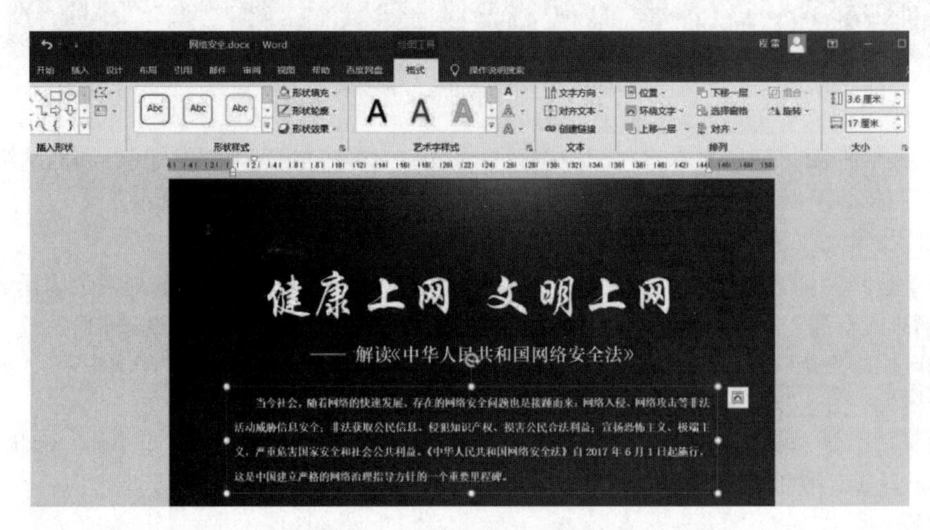

图2-2-6 文本框的设置效果

5. 按照样图，绘制三个高1.5 cm、宽4.5 cm的圆角按钮，填充颜色采用渐变（“黑色，文字1，淡色50%”到白色）、无轮廓、阴影为“偏移，左下”；按钮上添加文字，分别为“三项原则”“六大看点”“六大特征”，字体格式采用“华文中宋，加粗，小二号、黑色”。

操作步骤：

（1）单击“插入”选项卡“插图”组中的“形状”按钮，在打开的下拉列表中选择“矩形：圆角”选项，然后在页面上用鼠标绘制出一个“圆角矩形”按钮，在“绘图工具/格式”选项卡“大小”组中将高度设置为1.5 cm，宽度设置为4.5 cm。

（2）选中绘制的按钮，单击“绘图工具/格式”选项卡“形状样式”组中的“形状填充”按钮，在下拉列表中选择“渐变/其他渐变”命令，在窗口右侧出现“设置形状格式”窗格，在“填充”栏中选中“渐变填充”，然后在下方的渐变光圈中删除多余的渐变光圈，将左边渐变光圈的颜色设置为“黑色，文字1，淡色50%”，右边渐变光圈的颜色设置为“白色”，并在“形状样式”组的“形状轮廓”中选择“无轮廓”，如图2-2-7所示。

（3）选中绘制的按钮，单击“绘图工具/格式”选项卡“形状样式”组中的“形状效果”按钮，在下拉列表中选择“阴影/偏移：左下”选项。

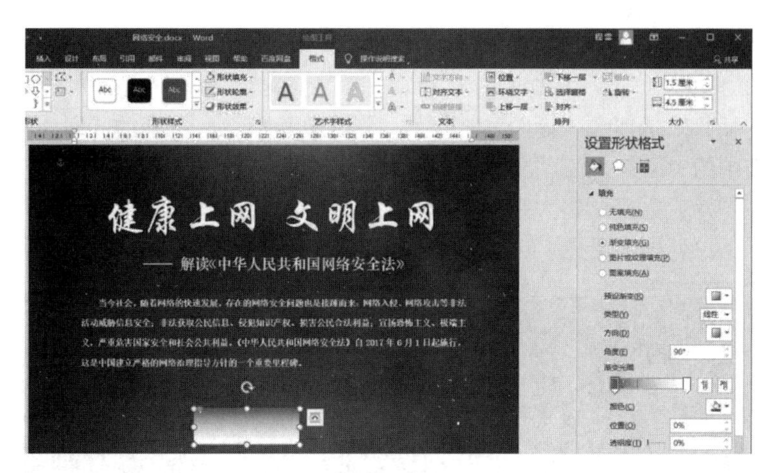

图 2-2-7　“设置形状格式”窗格

（4）右击该按钮，在弹出的快捷菜单中选择“添加文字”命令，输入“三大原则”，并将其字体设置为“华文中宋，加粗，小二号、黑色”。绘制效果如图 2-2-8 所示。

图 2-2-8　“三大原则”按钮

（5）用上述相同的办法来制作“六大看点”和“六大特征”两个按钮，也可以采用复制“三大原则”按钮，然后将按钮文字更改一下即可，最后将三个按钮放置在如样例所示的位置。

6. 按照样图，在相应的位置插入 3 个文本框，分别添加相关文字（文字可从“文字素材 .txt”文件中复制），适当调整文本框的大小和位置，文本框中的文字均采用宋体、小四号、加粗、白色，行间距为 1.5 倍，并添加合适的项目符号和编号。

操作步骤：

（1）单击“插入”选项卡“文本”组中的“文本框”按钮，在打开的下拉列表中选择“绘制横排文本框”命令，然后在相应位置绘制出一个文本框。

（2）选中文本框，分别单击“绘图工具 / 格式”选项卡“形状样式”组中的“形状填充”和“形状轮廓”按钮，设置为“无填充”和“无轮廓”。

（3）打开“文字素材 .txt”文件，通过复制的方法，将相关文字粘贴到文本框中，选择文字后利用“开始”选项卡“字体”和“段落”组中的相关命令设置其格式为：宋体、小四号、1.5 倍行间距，添加项目符号和编号。效果如图 2-2-9 所示。

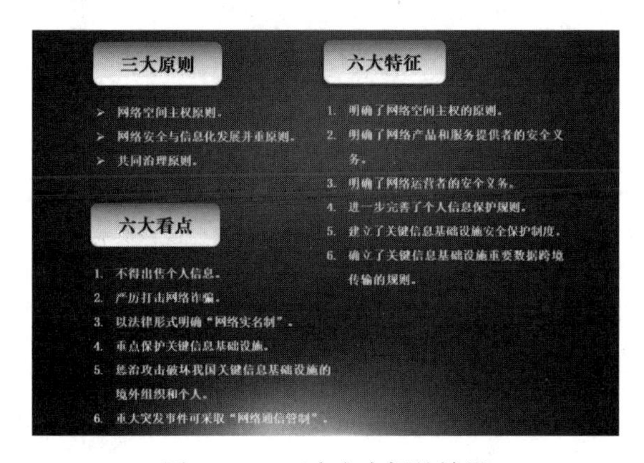

图 2-2-9　三个文本框的效果

7. 在相应位置插入“盾牌.png”图片，适当调整大小后，在标题位置衬于文字下方。

操作步骤：

（1）单击“插入”选项卡“插图”组中的“图片”按钮，在打开的“插入图片”对话框中选择素材文件夹中的“盾牌.png”图片文件。

（2）选中该图片，适当调整大小后,单击“图片工具/格式”选项卡“排列”组中的“环绕文字”按钮，在下拉列表中选择“衬于文字下方”命令，并按照图2-2-10所示调整位置。

图2-2-10　图片衬于文字下方效果

8. 在相应位置插入“插图.jpg”图片，调整高为4 cm、宽为7.7 cm，图片样式设置为“映像圆角矩形”。

（1）单击“插入”选项卡“插图”组中的“图片”按钮，在打开的“插入图片”对话框中选择素材文件夹中的“插图.jpg”图片文件。

（2）选中该图片，单击“图片工具/格式”选项卡“排列”组中的“环绕文字”按钮，在下拉列表中选择“浮于文字上方”，单击“图片工具/格式”选项卡“大小”组中的对话框启动器按钮，弹出“布局”对话框，选择其中的“大小”选项卡，取消选中“锁定纵横比”复选框，然后分别设置其高度为4 cm，宽度为7.7 cm，单击“确定”按钮后并按样图调整位置。

（3）选中图片，选择“图片工具/格式”选项卡“图片样式”列表中的“映像圆角矩形”选项，效果如图2-2-11所示。

图2-2-11　图片样式的设置

全部操作完成后，可选择“文件”选项卡中的“打印”命令，查看预览效果，最后选择“文件”选项卡中的“保存”命令即可。

四、实训拓展

利用“项目2\实训2”文件夹中提供的“统计学简介.docx”文档，参照图2-2-12所示的样图，根据提示进行相关的操作，操作结果保存在C:\KS文件夹中。

统计学简介

统计学是通过搜索、整理、分析数据等手段，以达到推断所测对象的本质，甚至预测对象未来的一门综合性科学。其中用到了大量的数学及其它学科的专业知识，它的使用范围几乎覆盖了社会科学和自然科学的各个领域。

统计学的英文statistics最早源于现代拉丁文statisticum collegium（国会）以及意大利文statista（国民或政治家）。德文Statistik，最早是由Gottfried Achenwall于1749年使用，代表对国家的资料进行分析的学问，也就是“研究国家的科学”。在十九世纪统计学在广泛的数据以及资料中探究其意义，并且由John Sinclair引进到英语世界。

统计学是一门很古老的科学，一般认为其学理研究始于古希腊的亚里斯多德时代，迄今已有两千三百多年的历史。它起源于研究社会经济问题，在两千多年的发展过程中，统计学至少经历了“城邦政情”，“政治算数”和“统计分析科学”三个发展阶段。

20世纪初以来，科学技术迅猛发展，社会发生了巨大变化，统计学进入了快速发展时期。

- 信息论、控制论、系统论与统计学的相互渗透和结合，使统计科学进一步得到发展和日趋完善。三论的创立和发展，彻底改变了世界的科学图景和科学家的思维方式，也使统计科学和统计工作从中吸取了营养，拓宽了视野，丰富了内容，出现了新的发展趋势。
- 计算技术和一系列新技术、新方法在统计领域不断得到开发和应用。近几十年间，计算机技术不断发展，使统计数据的搜集、处理、分析、存贮、传递、印制等过程日益现代化，提高了统计工作的效能。如今，计算机科学已经成为统计科学不可分割组成部分。随着科学技术的发展，统计理论和实践深度和广度方面也不断发展。
- 随着社会、经济和科学技术的发展，统计在现代化国家管理和企业管理中的地位，在社会生活中的地位，越来越重要了。人们的日常生活和一切社会生活都离不开统计。甚至有的科学有还把我们的时代叫做“统计时代”。显然，20世纪统计科学的发展及其未来，已经被赋予了划时代的意义。

$$\sigma(\bar{x}) = \sqrt{\frac{\sigma^2}{n}\left(1-\frac{n}{N}\right)}$$

图2-2-12　“统计学简介”版面效果

操作提示：

（1）纸张可选用16开（18.4 cm×26 cm），页边距可设置为上、下、左、右均为2 cm。

（2）标题文字的字体可选用“微软雅黑”，大小“二号”，文本效果为“填充:蓝色,主题色5”；边框:“白色,背景色1”；清晰阴影:“蓝色,主题色5”，并居中。

（3）最后三个段落添加项目符号“➢”，正文所有段落无左右缩进、首行缩进2字符、行间距为固定值18磅。

（4）给正文第一段添加文本框，文本框的样式选用“中等效果-蓝色，强调颜色5”。

（5）在相应位置插入素材文件夹中的tj1.jpg和tj2.jpg图片，大小均为：高4 cm、宽6 cm，其中tj1.jpg图片在页面中间位置四周型环绕文字，tj2.jpg图片样式设置为“松散透视，白色”，位置在“底端居右，四周型文字环绕”。

（6）在文档相应位置插入如下的数学公式，并设置其字体大小为三号，蓝色。

$$\sigma\left(\overline{x}\right)=\sqrt{\frac{\sigma^2}{n}\left(1-\frac{n}{N}\right)}$$

 实训 3　文档中表格处理

一、实训目的与要求

1. 掌握表格的插入和表格属性的设置。
2. 掌握表格的基本编辑（单元格的合并、拆分等）。
3. 掌握表格和单元格格式的设置。
4. 掌握表格中公式的应用。

二、实训内容

1. 表格的插入和行高、列宽的调整。
2. 单元格的合并、拆分、底纹设置等。
3. 表格格式的设置。
4. 表格中公式的应用。

三、实训范例

上海雨翼广告设计公司为了扩大业务，需要招聘一批人才，现要求按图 2-3-1 所示样张，制作一份“应聘人员登记表”。结果以“应聘人员 .docx”为文件名，存放在 C:\KS 文件夹中。

上海雨翼广告设计公司

应聘人员登记表

姓名		性别		出生日期		贴照片
民族		政治面貌		婚姻状况		
学历/学位		毕业院校				
健康状况		家庭住址				
通信地址					邮政编码	
电子邮箱				手机号码		
应聘岗位				期望薪酬		
信息技术应用能力	办公软件	平面设计	短视频编辑	微信小程序	其他应用	
外语能力	擅长语种		掌握程度		口语能力	
教育情况						
工作经历						
自我评价						

图 2-3-1　“应聘人员登记表”样张

1. 新建一个Word文档，将其页边距设置为“窄”（即：上、下、左、右均为1.27厘米），并以“应聘人员.docx”为文件名保存在C:\KS文件夹中。

操作步骤：

（1）启动Word，默认新建了一个空白文档，在“布局”选项卡中选择“页面设置”组中的“页边距”，在下拉列表中选择“窄”。

（2）通过“文件”选项卡中的“另存为”命令，将其以“应聘人员.docx”为文件名保存在C:\KS文件夹中。

2. 在第一行输入标题文字“上海雨翼广告设计公司”，字体为华文中宋、一号、居中；副标题“应聘人员登记表”，字体为宋体、小二号、居中；插入一个16行7列的表格，并将所有单元格设置为宋体、五号、水平垂直均居中。

操作步骤：

（1）插入点定位后，输入指定文字，然后利用“开始”选项卡“字体”组和“段落”组中的相关选项设置字体格式和居中对齐。

（2）插入点定位后，单击“插入”选项卡“表格”组中的“表格”按钮，在下拉列表中选择“插入表格”命令，弹出如图2-3-2所示的“插入表格”对话框，设置为7列、16行，单击“确定”按钮返回。

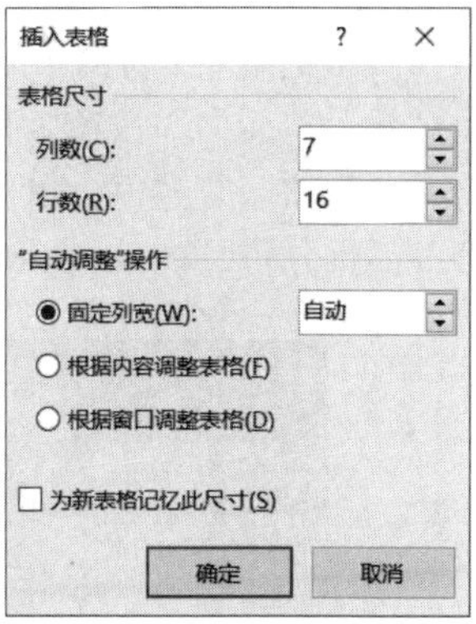

图2-3-2 “插入表格”对话框

（3）选中表格，利用“开始”选项卡“字体”组中的相关选项设置字体和大小。单击“表格工具/布局”选项卡“对齐方式”组中的“水平居中”按钮，如图2-3-3所示，设置单元格中内容的水平和垂直居中。

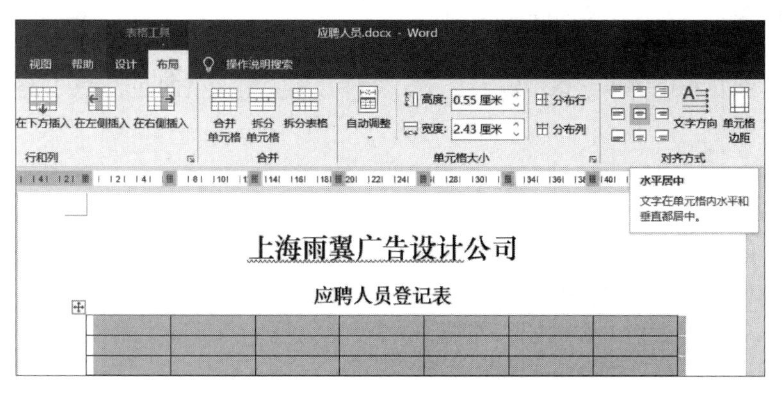

图2-3-3 “水平居中”按钮

3. 设置列宽，第1、3、5列为2.5 cm、第7列为3 cm，其余各列为2.2厘米，设置行高，除第12、14、16行的行高为3.4 cm外，其余均为1 cm；并将整个表格水平居中。

操作步骤：

（1）选中表格的第1列，然后选择“表格工具/布局”选项卡，在“单元格大小”组的“宽度”栏中输入2.5，用同样的方法设置其他各列的列宽。

（2）先选中整个表，在“表格工具/布局”选项卡的“单元格大小”组“高度”栏中输入1；再依次选中第12行、第14行、第16行，设置其行高为3.4 cm。

（3）选中整个表，然后单击“开始”选项卡“段落”组中的“居中”按钮，或者利用“表格工具/布局”选项卡“表”组中的“属性”按钮，在弹出对话框中设置整个表格居中对齐。

4. 按照样张合并相关的单元格，并将第8、9行后6个单元格分别合并后再拆分成5个单元格，将第10行后6个单元格合并后拆分成等宽的6个单元格。

操作步骤：

（1）按照样张先选中第3行的第4～6个单元格，选择“表格工具/布局”选项卡，在“合并”组中单击“合并单元格”按钮（见图2-3-4）。用同样的方法对照样张设置其他单元格的合并。

（2）选中第8行的第2～7个单元格，选择“表格工具/布局”选项卡，在“合并”组中单击“拆分单元格”按钮，弹出如图2-3-5所示的对话框，“列数”栏中输入5，并选中“拆分前合并单元格”复选框，单击“确定”按钮；用同样的方法将第9行和第10行的相关单元格进行合并后拆分。

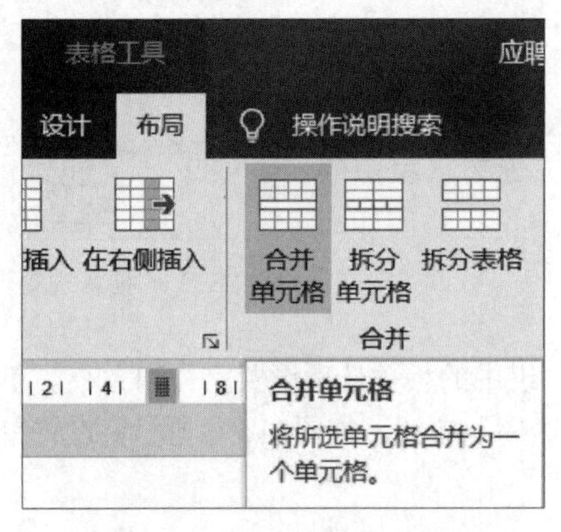

图2-3-4 “合并单元格”按钮

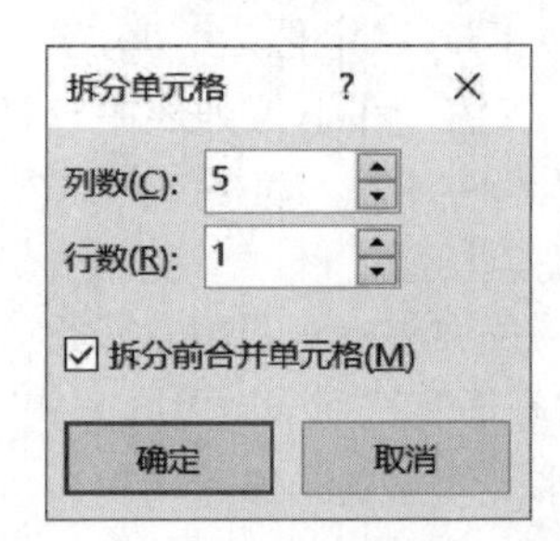

图2-3-5 “拆分单元格”对话框

5. 对照样张在相应的单元格中输入文字，并设置相关单元格的底纹为“白色，背景1，深色15%”。

操作步骤：

（1）按照样张将插入点依次定位在相关单元格中，输入文字。

（2）选中有文字的单元格，选择“表格工具/设计”选项卡，在“表格样式”组中单击“底纹”下拉按钮，在下拉列表中选择“白色，背景1，深色15%”。

6. 按照样张设置表格的边框线，外框为1.5磅单线框，内部除了第8、11、13、15行的上框为1.5磅单线框外，其余均为0.75磅单线框。

操作步骤：

（1）选中整个表格，单击“表格工具/设计”选项卡“边框”组中的“边框”下拉按钮，在下拉列表中选择“边框和底纹”命令，弹出图2-3-6所示的对话框。

（2）在“设置”区中选择“自定义”，在“样式”列表中选择“单线”，在“宽度”列表中选择“1.5磅”，在“预览”区中分别单击“上”“下”“左”“右”四个按钮来设置外框；然后在“样式”列表中选择“单线”，在“宽度”列表中选择“0.75磅”，在“预览”区中分别单击“水平中线”和“垂直中线”两个按钮来设置内部框线，单击“确定”按钮。

（3）选中第8行，按住【Ctrl】键再选中第11、13、15行，选择“表格工具/设计”选项卡，打开“边框和底纹”对话框，在“样式”列表中选择“单线”，在“宽度”列表中选择“1.5磅”，在“预览”区中单击“上框线”按钮来设置，最后单击“确定”按钮返回。

最后选择“文件/保存”命令完成表格的制作。

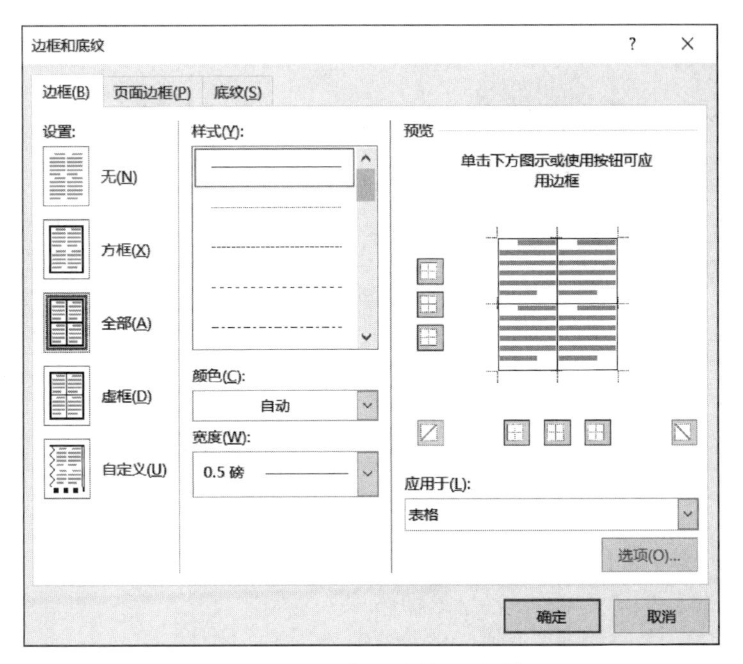

图2-3-6 “边框和底纹”对话框

四、实训拓展

打开实训素材中“项目2\实训3\销售情况.docx”文档，按下列要求进行操作，将结果保存在C:\KS文件夹中，最终效果如图2-3-7所示。

（1）将标题下的8行文本转换成8行6列的表格（以空格为分隔）。

（2）所有单元格中的文字和数据均设置为“小四”号大小，在单元格中水平和垂直居中，整个表格页面居中。

（3）整个表格先根据内容自动调整列宽，然后将2～6列的列宽设置为2 cm，各行的行高设置为0.75 cm。

（4）在最后一行相应单元格中运用公式或函数计算各类商品的合计数。

（5）按照样张自动套用表格样式为“网格表5深色-着色1”。

艾达珠宝销售情况

时间	吊坠	戒指	手链	项链	耳钉
2020年1月~3月	50	21	31	26	67
2020年4月~6月	55	30	59	47	94
2020年7月~9月	60	41	78	69	104
2020年10月~12月	58	62	91	82	79
2021年1月~3月	71	74	80	109	124
2021年4月~6月	91	89	108	136	157
合计	385	317	447	469	625

图2-3-7 “销售情况”结果

实践项目 3

电子表格处理

 实训 1　工作表的基本操作

一、实训目的与要求

1. 掌握工作簿的创建及工作表的基本操作。
2. 掌握行、列、单元格和单元格区域的操作。
3. 掌握各类数据的输入。
4. 掌握行、列和单元格的操作和格式化。

二、实训内容

1. 创建新的工作簿文件。
2. 工作表的基本操作。
3. 工作表中各类数据的输入。
4. 行、列的插入和格式设置。
5. 单元格的基本操作和格式化。

三、实训范例

晨宇贸易公司因业务的发展，需要制作如图3-1-1所示的入库单，从而对仓库物品进行有效的管理。

	A	B	C	D	E	F	G	H	I	J
1	晨宇数码电子贸易有限公司									
2	入库单									
3	库房：________			入库日期：________					入库单号：________	
4	序号	编码	品名	规格	摘要	当前结存	单位	数量	单价	金额
5	1									
6	2									
7	3									
8	4									
9	5									
10	6									
11	7									
12	8									
13	9									
14	10									
15	金额合计（大写）								¥________元	
16	备注									
17	经手人					库管员				

图3-1-1　“入库单”样图

1. 在C:\KS文件夹中创建一个新的工作簿文件，文件名为“入库单.xlsx”，将Sheet1工作表的标签名改为“入库单”，颜色改为“深蓝”，然后按图3-1-2所示在相应的单元格中输入数据。

	A	B	C	D	E	F	G	H	I
1	晨宇数码电子贸易有限公司								
2	入库单								
3	序号	品名	规格	摘要	当前结存	数量	单价	单位	金额
4	1								
5	2								
6	3								
7	4								
8	5								
9	6								
10	7								
11	8								
12	9								
13	10								
14	金额合计（大写）								
15	备注								
16	经手人:				库管员:				

图3-1-2　文字输入

操作步骤：

（1）通过“开始”菜单启动“Excel 2016”，选择“文件/另存为/浏览”命令，在弹出的“另存为”对话框中，存储位置选择C:\KS文件夹，文件名为“入库单”，单击“保存”按钮。

（2）右击工作表标签“Sheet1”，在弹出的快捷菜单中选择“重命名”命令，输入文字“入库单”，再右击该工作表标签，在弹出的快捷菜单中选择“工作表标签颜色”命令，在列表中选择“深蓝色”。

（3）选中A1单元格，通过键盘输入标题文字“晨宇数码电子贸易有限公司”，利用相同的方法按图3-1-2所示在各个单元格中输入数据。

注意：“序号”列除了可以通过键盘直接输入以外，也可以先在A4单元格中输入数字“1”，选中A4:A13区域，选择“开始”选项卡“编辑”组“填充”下拉列表中的“系列”选项，在弹出的“序列”对话框中进行设置，如图3-1-3所示，单击“确定”按钮。

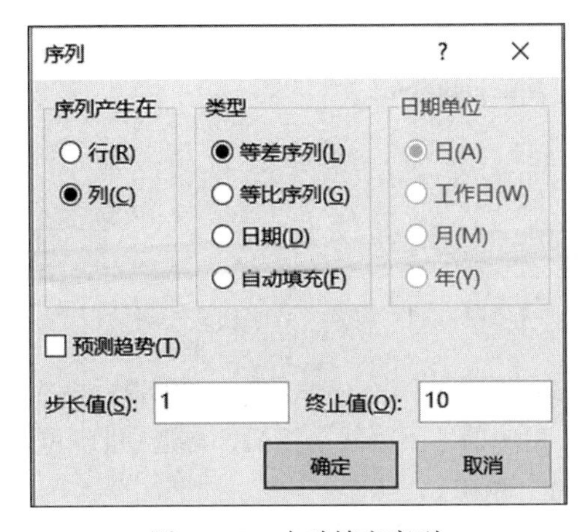

图3-1-3　自动填充序列

2. 在B列前插入1个空列，将“单位”所在的列移到“数量”列的前面；在第2行的下面插入1个空行，然后按图3-1-1所示在相应的单元格中输入数据。

操作步骤：

（1）选中第3行，单击“开始”选项卡“单元格”组中的“插入”按钮，在下拉列表中选择“插入工作表行”命令，在第2行的下面插入1个空行。

（2）选中第B列，单击“开始”选项卡“单元格”组中的“插入”按钮，在下拉列表中选择“插入工作表列”命令，然后在B4单元格中输入“编码”。

（3）选中“单位”所在的I列，单击“开始”选项卡“剪贴板”组中的“剪切”按钮，再选中“数量”所在的G列，右击，在弹出的快捷菜单中选择“插入剪切的单元格”命令。

（4）在A3、E3、I3单元格中分别输入“库房：”“入库日期：”“入库单号：”。

3. 通过设置使A3、E3、I3单元格中显示“库房：_____”、“入库日期：_____”、“入库单号：_____”；在J15单元格中输入“￥______________元”，并在单元格中右对齐。

操作步骤：

（1）同时选中A3、E3、I3单元格，单击“开始/数字”组右下角的对话框启动器按钮，打开图3-1-4所示的对话框，在左侧“分类”中选择“自定义”，右侧类型框中输入“@*_”，单击“确定”按钮返回。

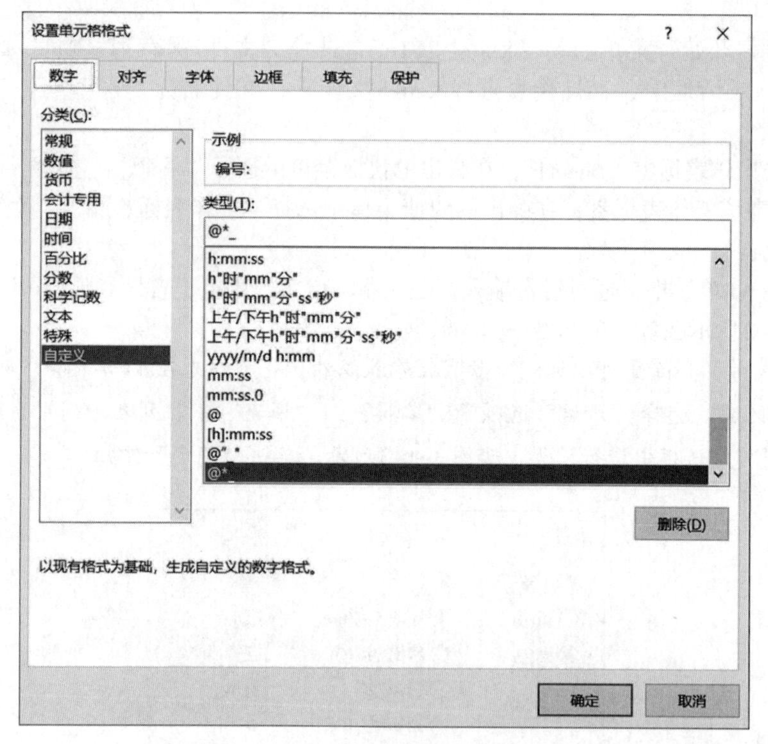

图3-1-4　设置“数字格式”对话框

（2）选中J15单元格，输入“￥　　　　元”，然后在编辑栏中选中这两个字中间的空格，单击“开始”选项卡“字体”组中的“下画线”按钮，再选中J15单元格，单击“开始”选项卡“对齐方式”组中的“右对齐”按钮。

4. 设置第1行标题文字的字体为“微软雅黑”、大小为18，在A1:J1单元格区域中合并居中，标题行的行高设置为30。设置第2行标题文字“入库单”的字体为“宋体”、大小为24、加粗，在A2:J2单元格区域中跨列居中。

操作步骤：

（1）选中A1单元格，在“开始”选项卡“字体”组中选择字体为“微软雅黑”、大小为18，并单击“加粗”按钮。

（2）选中A1:J1单元格区域，单击“开始”选项卡“对齐方式”组中的“合并后居中”按钮。

（3）选中第1行，单击“开始”选项卡“单元格”组中的“格式”按钮，在下拉列表中选择“行高”命令，在弹出对话框中输入“30”。

（4）选中A2单元格，然后在“开始”选项卡“字体”组中选择字体为“宋体”、大小为24，并单击“加粗”按钮。

（5）选中A2:J2单元格区域，单击“开始”选项卡“对齐方式”组右下角的对话框启动器按钮，打开图3-1-5所示的“设置单元格格式”对话框，在“对齐”选项卡的“水平对齐”列表中选择“跨列居中”，单击“确定”按钮即可。

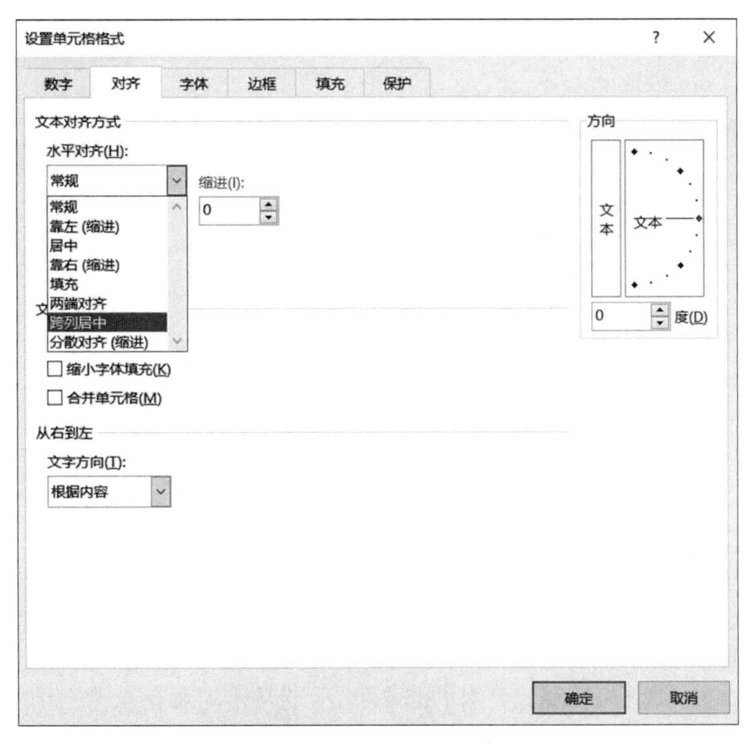

图3-1-5　“设置单元格格式/对齐”对话框

5. 设置除标题文字以外的字体均为宋体，大小12；将第3～4、15～17行的行高设置为25，第5～14行的行高设置为20；设置各列列宽，其中A列为6，B～D列、F～I列为10，E列为24，J列的列宽设置为20。

操作步骤：

（1）选中A3:J17单元格区域，然后选择“开始”选项卡“字体”组中的“宋体”和“12”。

（2）选中第3～4行，然后利用【Ctrl】键再选择15～17行，单击“开始”选项卡“单元格”组中的“格式”按钮，在下拉列表中选择“行高”命令，在弹出的对话框中输入“25”；选中第5～14行，用上述方法将行高设置为20。

（3）选中A列，单击“开始”选项卡“单元格”组中的“格式”按钮，在下拉列表中选择“列宽”命令，在弹出的对话框中输入“6”；选中B列～D列，然后利用【Ctrl】键选中F ～I列，打开“列宽”对话框，将列宽设置为10；用同样方法将E列、J列的列宽分别设置为24和20。

6. 将A3:C3、E3:G3、I3:J3、A15:C15、D15:H15、A16:B16、C16:J16、A17:B17、C17:E17、F17:G17、H17:J17区域的单元格合并；将A4:J17区域中的各个单元格数据水平、垂直居中（除J15单元格外）。

操作步骤：

（1）选中A3:C3单元格区域，单击“开始”选项卡“对齐方式”组右下角的对话框启动器按钮，打开图3-1-6所示的对话框，在“对齐”选项卡中选中“合并单元格”复选框，单击“确定”按钮。

也可以直接利用“开始”选项卡“对齐方式”组“合并后居中”下拉列表中的“合并单元格”命令，如图3-1-7所示。

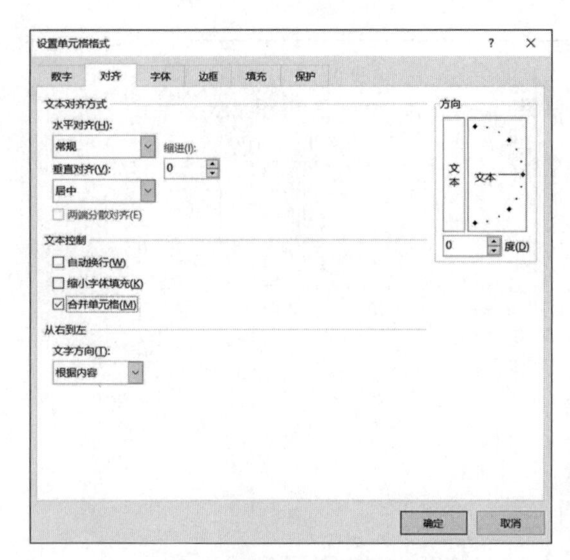

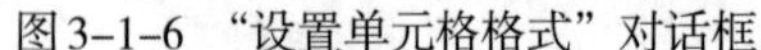

图3-1-6 “设置单元格格式”对话框

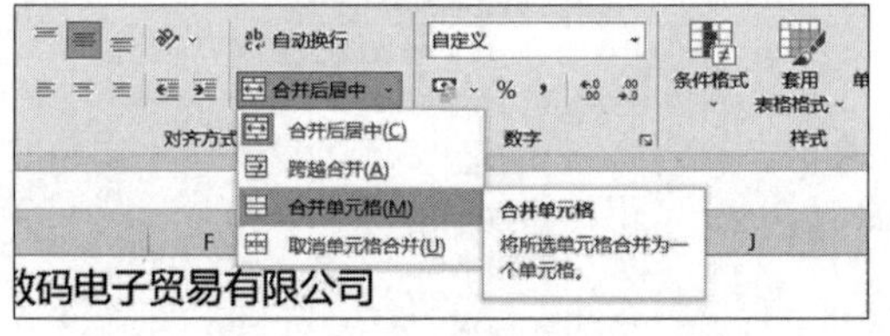

图3-1-7 “合并后居中”下拉列表

（2）用上述方法将A15:C15、D15:H15、A16:B16、C16:J16、A17:B17、C17:E17、F17:G17、H17:J17区域的单元格合并。

（3）选中A4:J17单元格区域，分别单击“开始”选项卡“对齐方式”组中的“垂直居中”和“水平居中”按钮，然后再选中J15单元格，单击“开始”选项卡“对齐方式”组中的“右对齐”按钮。

7. 参照图3-1-1所示将A4:J17区域设置表格框线，外框为粗单线，内部为细单线；取消H15单元格右侧的框线；将A4:J4区域的填充颜色设置为“白色，背景1，深色25%”（第4行第1列）。

操作步骤：

（1）选中A4:J17区域，右击，在弹出的快捷菜单中选择“设置单元格格式”命令，打开“设置单元格格式”对话框，选择“边框”选项卡，在左侧“直线/样式”中选择“粗单线”，单击右侧“预置”中的“外边框”，再在左侧“直线/样式”中选择“细单线”，单击右侧“预置”中的“内部”，如图3-1-8所示，单击“确定”按钮。

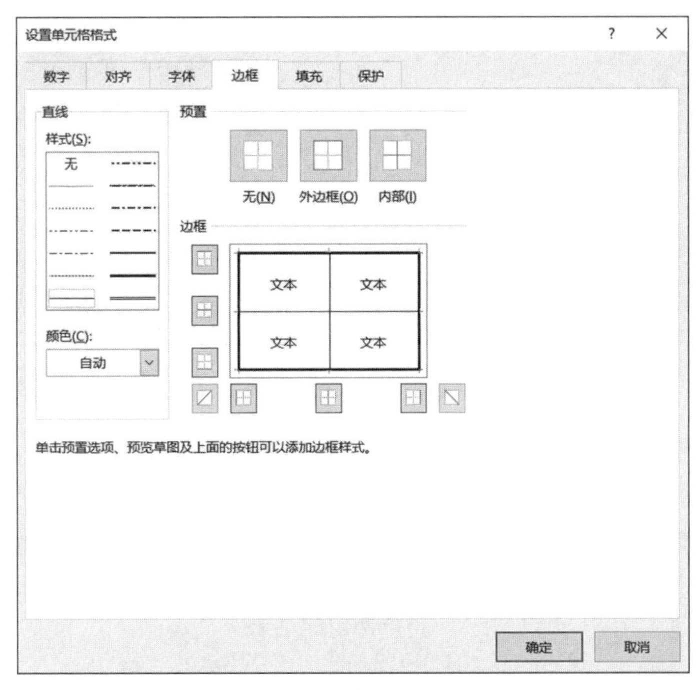

图3-1-8　设置表格框线

（2）选中D15:H15区域，右击，在快捷菜单中选择“设置单元格格式”命令，打开“设置单元格格式”对话框，选择“边框”选项卡，在左侧“线条样式”中选择“无”，单击右侧“边框”中的“右边框”（取消区域的右侧边框），单击“确定”按钮。

（3）选中A4:J4区域，单击“开始”选项卡“字体”组中的“填充颜色”右侧的下拉按钮，在下拉列表中选中第4行第1列的颜色。

8. 将J5:J14单元格区域命名为“JE”；将纸张方向更改为“横向”；复制“入库单”工作表，并将复制的“入库单”工作表改名为“入库单（空白）”。

操作步骤：

（1）选中J5:J14单元格区域，单击“公式”选项卡“定义的名称”组中的“定义名称”按钮，在下拉列表中选择“定义名称”命令，在弹出的“新建名称”对话框“名称”文本框中输入“JE”，如图3-1-9示，单击“确定”按钮。

注意：也可以选中区域后，直接在“名称”文本框中输入“JE”，然后单击“确定”按钮。

（2）选择“页面布局”选项卡“页面设置”组中的“纸张方向/横向”来改变打印方向。

（3）右击“入库单”工作表标签，在弹出的快捷菜单中选择“移动或复制”命令，弹出图3-1-10所示的“移动或复制工作表”对话框，在该对话框中勾选“建立副本”复选框，并选择“(移至最后)”，单击“确定”按钮。

（4）右击“入库单（2）”工作表标签，在快捷菜单中选择“重命名”命令，将原工作表标签改名为“入库单（空白）”。

全部操作完成后，可以选择“文件/保存”命令，或直接单击快速访问工具栏上的“保存”按钮。

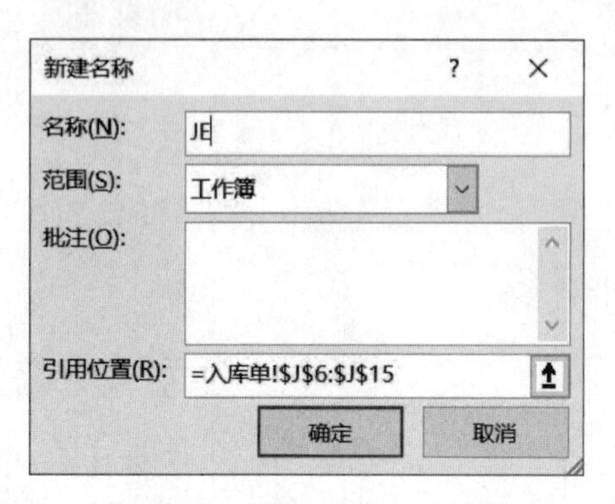

图3-1-9 “新建名称”对话框

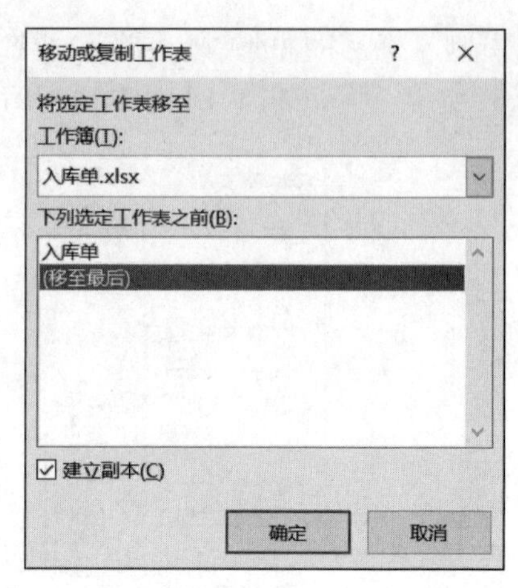

图3-1-10 “移动或复制工作表”对话框

四、实训拓展

晨宇贸易公司销售部因业务需要，安排办公室人员设计制作一张“月度费用明细表”，相关数据和格式如图3-1-11所示，具体要求如下。

月度费用明细表						
月份：				填报日期：		
分类	项目	金额	累计金额	预算	预算比	备注
固定费用	（1）工资					
	（2）销售奖金					
	（3）福利费					
	（4）劳保费					
	（5）租金					
	（6）折旧费					
	（7）其他					
	小计					
变动费用	（1）差旅费					
	（2）交通费					
	（3）招待费					
	（4）通信费					
	（5）销售佣金					
	（6）修理费					
	（7）快递费用					
	（8）促销费					
	（9）宣传费					
	（10）其他					
	小计					
合计						

费用明细表

图3-1-11 “月度费用明细表”结果

1. 新建一个工作簿文件，以“费用明细表.xlsx”为文件名保存在C:\KS文件夹中；将工作表Sheet1改名为“费用明细表”，参照图3-1-11在相应的单元格中输入有关的数据。

2. 标题文字采用黑体、22磅、加粗，在A1:G1区域内合并居中；将A5:A12、A13:A23单元格合并，并使A5:A12、A13:A23区域合并后的文字竖排。

3. 将第3行的行高设置为8，其余各行的行高均为25，A列的列宽为10，B列的列宽为16，其余各列的列宽为12。

4. 所有单元格内的文字（除标题外）设置为宋体、大小为12，A4:G4、A5:A24区域的文字加粗；将A2、E2单元格设置右对齐、B5:B11、B13:B22单元格区域设置水平左对齐、垂直居中，其余单元格内容均设置水平、垂直居中。

5. 将B2、F2、G2设置单元格的下边框。将A4:G24单元格区域添加内、外均为细单线的边框。

实训2　公式与函数运用

一、实训目的与要求

1. 理解单元格地址的三种引用。
2. 熟练掌握公式和函数的使用。
3. 熟练掌握工作表的格式化。
4. 掌握页眉页脚和页面的设置。

二、实训内容

1. 运用公式和函数进行各类数据统计。
2. 设置行、列、单元格的格式和条件格式的应用。
3. 页面设置和页眉页脚的设置。

三、实训范例

智能物联2103班2020～2021学年第一学期期末考试后，辅导员需要对“学生成绩表”进行汇总，并对该表格进行相应的格式化，制作图3-2-1所示的汇总表格。

智能物联2103班2021/8/24

智能物联2103班2020～2021学年第一学期成绩汇总表												
学号	姓名	性别	政策与形势	高等数学	大学英语	大学信息技术	电子技术	Python语言	体育	总分	名次	获奖情况
20210103001	姚志东	男	82	78	65	94	70	92	91	572	8	
20210103002	胡伟芳	女	90	75	98	82	87	69	86	587	5	
20210103003	钱天锂	男	72	83	83	53	64	82	49	486	20	
20210103004	庄云怡	男	82	84	87	86	81	90	86	596	3	获奖
20210103005	唐卿	女	81	93	88	49	73	92	74	550	15	
20210103006	马小承	男	69	90	80	83	78	86	93	579	6	
20210103007	郭丽敏	女	87	94	91	85	90	82	85	614	1	获奖
20210103008	田云龙	男	56	83	94	91	82	84	72	562	11	
20210103009	芳　芳	女	80	89	82	87	86	91	63	578	7	
20210103010	周春雷	男	93	75	76	88	95	71	74	572	8	
20210103011	文慧	男	88	87	85	77	65	83	80	565	10	
20210103012	杨柳	男	84	82	81	69	75	72	95	558	13	
20210103013	程恒	男	62	81	70	90	60	77	72	512	18	
20210103014	季思文	女	81	87	92	75	90	60	75	562	11	
20210103015	龙小超	男	67	62	52	80	85	48	71	465	22	
20210103016	张成祥	男	86	65	69	83	70	60	52	485	21	
20210103017	龚宇轩	男	95	83	92	87	80	92	78	607	2	
20210103018	邹艳珍	女	80	90	94	90	65	61	60	540	16	
20210103019	单良仁	男	63	48	39	70	60	51	56	387	23	
20210103020	孙忠义	男	80	75	65	60	80	70	79	509	19	
20210103021	金思涵	女	88	80	83	87	81	90	86	595	4	获奖
20210103022	于静	男	68	78	65	90	90	80	80	551	14	
20210103023	马一文	男	81	72	89	76	76	68	61	523	17	
统计	平均分		78.9	79.7	79.1	79.7	77.5	76.2	74.7	辅导员签名：________________		
	最高分		95.0	94.0	98.0	94.0	95.0	92.0	95.0			
	最低分		56	48	39	49	60	48	49			
	及格率		95.7%	95.7%	91.3%	91.3%	100.0%	91.3%	87.0%			

图3-2-1　“学生成绩表”统计结果

1. 打开实训素材中的"项目3\实训2\学生成绩表.xlsx"工作簿文件，在相应单元格中计算每个学生的总分、名次。

操作步骤：

（1）双击打开实训素材中的"学生成绩表.xlsx"工作簿文件，或启动Excel后，利用"文件"选项卡中的"打开"命令来打开"学生成绩表.xlsx"工作簿文件。

（2）选中K3单元格，单击"开始"选项卡"编辑"组中的"Σ"按钮，选中D3:J3单元格区域，按【Enter】键确认，选中K3单元格，用鼠标拖动该单元格右下角的自动填充柄至K25单元格，实现公式的复制。

（3）选中L3单元格，单击"公式"选项卡"函数库"组中的"插入函数"按钮，弹出图3–2–2所示的"插入函数"对话框，在"搜索函数"框中输入"RANK"，单击"转到"按钮，在"选择函数"框中选中"RANK"，单击"确定"按钮，弹出图3–2–3所示的"函数参数"对话框，进行参数设置后，单击"确定"按钮；选中L3单元格，用鼠标拖动该单元格右下角的自动填充柄至L25单元格，实现公式的复制。

注意：Ref参数必须要使用单元格的绝对引用。

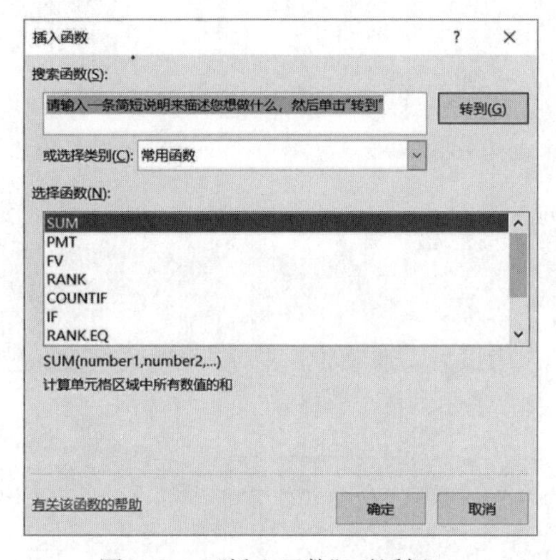

图3–2–2 "插入函数"对话框

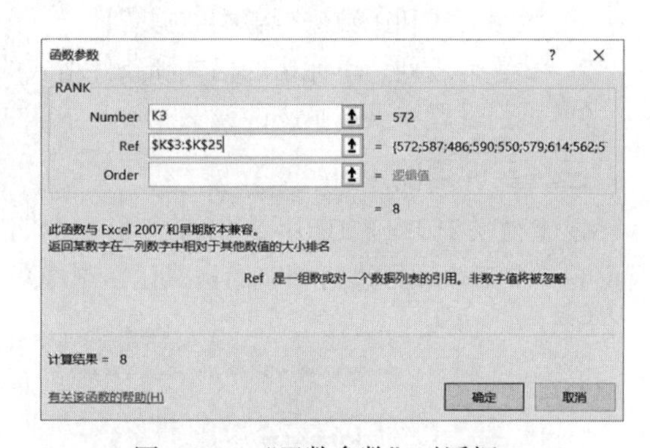

图3–2–3 "函数参数"对话框

2. 根据规则统计每个学生的获奖情况，规则是：总分在595分以上（含595分），且各科成绩均在80分以上（含80分）的在相应单元格中显示"获奖"，否则为空。

操作步骤：

（1）选中M3单元格，单击"公式"选项卡"函数库"中的"插入函数"按钮，弹出"插入函数"对话框，在"选择函数"列表中选择"IF"，单击"确定"按钮，弹出"函数参数"的对话框。

（2）在"Logical_test"框中输入K3>=595，在"Value_if_ false"框中输入:""（代表空字符串），光标停留在"Value_if_true"框中，直接单击编辑栏左侧（原名称框）中的"IF"函数，弹出嵌套IF的函数参数对话框，在"Logical_test"框中输入MIN(D3:J3)>=80，在"Value_if_true"框中输入"获奖"，在"Value_if_false"框中输入:""，如图3–2–4所示（注意查看"编辑栏"中的公式），单击"确定"按钮。最后用鼠标拖动M3单元格右下角的自动填充柄到M25，实现公式的复制。

注意：公式与函数中使用的标点符号均采用英文标点符号。

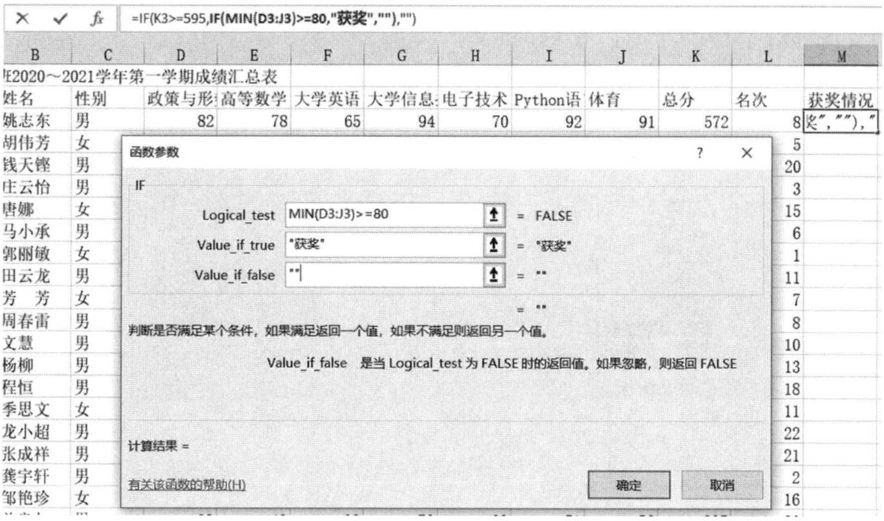

图3-2-4　嵌套IF函数的使用

3. 在D26开始的单元格区域内统计各科成绩的平均分、最高分、最低分和及格率，其中平均分保留1位小数，及格率采用百分比样式，并保留1位小数。

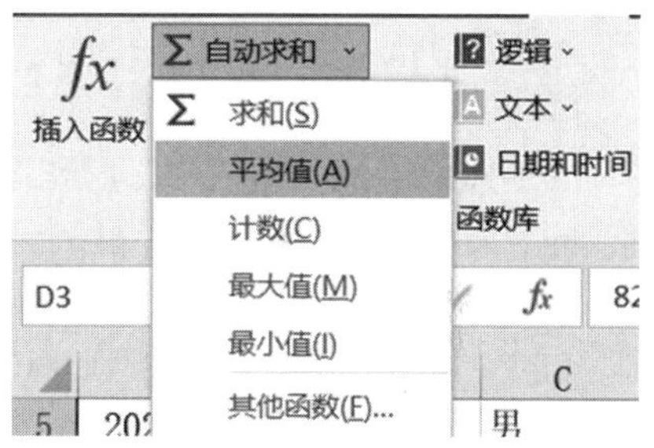

图3-2-5　使用“自动求平均值”

操作步骤：

（1）选中D3:J26单元格，单击“开始”选项卡“编辑”组中的“Σ”右侧的按钮，在下拉列表中选择“平均值”项（如图3-2-5所示），即可直接计算出各科的平均分；选中D26:J26区域，通过单击“开始”选项卡“数字”组中的“减少小数位数”按钮使平均分的值保留1位小数。

（2）选中D27单元格，通过键盘直接输入函数“=MAX(D3:D25)”，按【Enter】键，选中D27单元格，用鼠标拖动该单元格右下角的自动填充柄至J27单元格。

（3）选中D28单元格，通过键盘直接输入函数“=MIN(D3:D25)”，按【Enter】键，选中D28单元格，用鼠标拖动该单元格右下角的自动填充柄至J28单元格。

（4）选中D29单元格，输入公式“=COUNTIF(D3:D25,">=60")/COUNT(D3:D25)”，按【Enter】键，选中D29单元格，用鼠标拖动该单元格的自动填充柄至J29单元格。选中D29:J29区域，通过单击“开始”选项卡“数字”组中的“百分比样式”项和“增加小数位数”项来设置其百分比样式和保留1位小数。

4. 将标题文字设置为华文隶书、20磅，在A1:M1区域内跨列居中；将第2行的行高设置为30，其余各行的行高为20；除B列、K列～M列的列宽为10外，其余各列均采用根据内容自动调整列宽。

操作步骤：

（1）选中A1单元格，在“开始”选项卡“字体”组中的“字体”下拉列表中选择“华文隶书”、在字体大小列表中选择“20”磅。

（2）选中A1:M1单元格区域，单击“开始”选项卡“对齐方式”组右下角的对话框启动器按钮，打开“设置单元格格式”对话框的“对齐”选项卡，在“水平对齐”下拉列表中选择“跨列居中”选项（见图3-2-6），单击“确定”按钮。

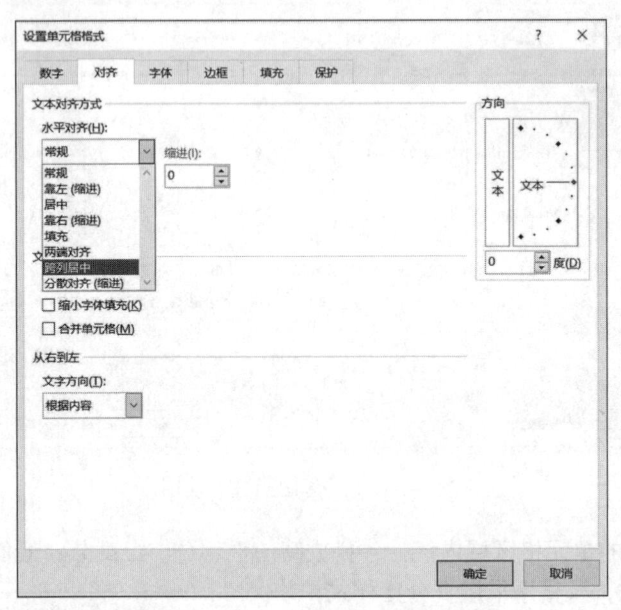

图3-2-6 “设置单元格格式”对话框

（3）选中第2行，选择“开始”选项卡“单元格”组“格式”列表中的“行高”命令，在弹出的对话框中输入30；选择第3行到第29行，用上述方法设置行高为20。

（4）选中A列到J列，选择“开始”选项卡“单元格”组“格式”列表中的“自动调整列宽”命令；选中B列，然后按住【Ctrl】键，依次再选中K、L、M列，选择“开始”选项卡“单元格”组“格式”列表中的“列宽”命令，在弹出的对话框中输入10。

5. 根据图3-2-1所示合并相关单元格，将A26:A29区域的文字纵向排列，A2:M29区域的所有单元格中的文字和数据大小均设置为12磅，对齐方式均采用水平、垂直居中。在K26单元格中通过设置输入“辅导员签名：________________”。

操作步骤：

（1）选中A26:A29区域，单击“开始”选项卡“对齐方式”组右下角的对话框启动器按钮，打开“设置单元格格式”对话框的“对齐”选项卡，勾选“合并单元格”复选框，在右侧“方向”栏中选择“纵向排列”，单击“确定”按钮。

（2）选中B26:C26区域，单击“开始”选项卡“对齐方式”组中的“合并后居中”按钮，用相同的方法将B27:C27、B28:C28、B29:C29、K26:M29区域的单元格合并。

（3）选中A2:M29区域，选择“开始”选项卡“字体”组中的字体大小列表中的12磅，分别单击“对齐方式”组中的“垂直居中”和“水平居中”按钮。

（4）选择K26单元格（K26:M29已合并），打开“设置单元格格式”对话框，在“数字”选项卡中选择“自定义”，类型为“@*_”，单击“确定”按钮返回，然后通过键盘输入“辅导员签名：”，按【Enter】键确认。

6. 设置条件格式，将D3:J25区域内成绩大于等于90分，用蓝色加粗显示，小于60分用红色加粗显示。

操作步骤：

（1）选中D3:J25区域，单击“开始”选项卡“样式”组中的“条件格式”下拉按钮，在下拉列表中选择“管理规则”命令，打开“条件格式规则管理器”对话框，如图3-2-7所示。

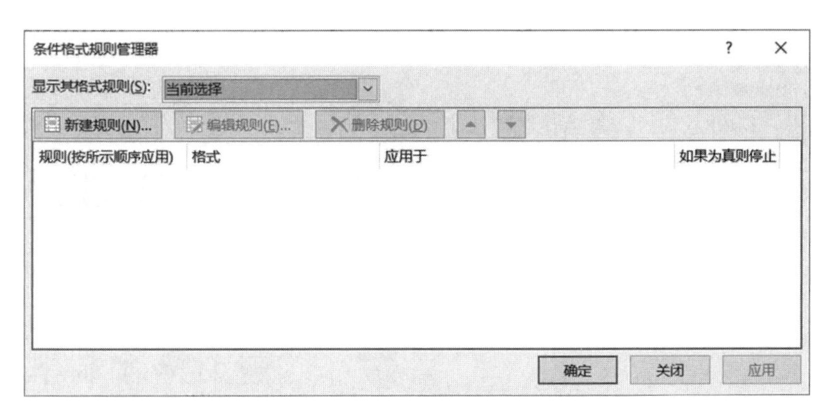

图3-2-7 “条件格式规则管理器”对话框

（2）单击“新建规则”按钮，弹出“新建格式规则”对话框，在“选择规则类型”中选择“只为包含以下内容的单元格设置格式”，在“编辑规则说明”中，逻辑关系选择“大于或等于”，数值栏中输入90，单击“格式”按钮，在弹出的“设置单元格格式”对话框中选择“蓝色、加粗”，单击“确定”按钮返回图3-2-8所示的对话框，再单击“确定”按钮，返回“条件格式规则管理器”对话框。

图3-2-8 “新建格式规则”对话框

（3）再次单击“新建规则”按钮，弹出“新建格式规则”对话框，在“选择规则类型”中选择“只为包含以下内容的单元格设置格式”，在“编辑规则说明”中，逻辑关系选择“小于”，数值栏中输入60，单击“格式”按钮，在弹出的“设置单元格格式”对话框中选择“红色、加粗”，单击“确定”按钮返回，再单击“确定”按钮，返回“条件格式规则管理器”对话框，如图3-2-9所示，最后单击“确定”按钮。

7. 表格列标题（A2:M2）所在区域设置填充颜色为“浅蓝”，文字颜色为白色；其余各行参照样张采用间隔的方法将区域的填充颜色设置为“深蓝，文字2，淡色80%”，参照样张添加表格边框。

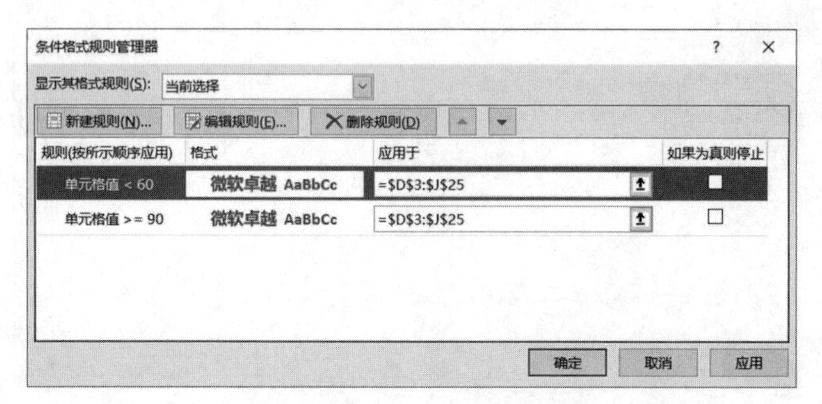

图3-2-9　建立好规则的“条件格式规则管理器”对话框

操作步骤：

（1）选中A2:M2区域，单击“开始”选项卡“字体”组中的“填充颜色”下拉按钮，选择下拉列表标准色中的“浅蓝”；通过“字体颜色”下拉列表选择“白色”。

（2）选中A4:M4，然后按住【Ctrl】键，依次选中A6:M6、A8:M8、A10:M10、A12:M12、A14:M14、A16:M16、A18:M18、A20:M20、A22:M22、A24:M24相间隔的区域，单击“开始”选项卡“字体”组中的“填充颜色”下拉按钮，在下拉列表中选择“深蓝，文字2，淡色80%”。

（3）选中A2:M29区域，在右键快捷菜单中选择“设置单元格格式”命令，在弹出的对话框中选择“边框”选项卡，在“样式”中选择“中粗单线”（5行2列），在“预置”中选择“外边框”，再在“样式”中选择“细单线”，在“预置”中选择“内部”，单击“确定”按钮。

（4）选中A3:M25区域，在右键快捷菜单中选择“设置单元格格式”命令，在弹出的对话框中选择“边框”选项卡，在“样式”中选择“中粗单线”，在“边框”中分别选择“上框线”和“下框线”。

（5）选中J2:J29区域，在右键快捷菜单中选择“设置单元格格式”命令，在弹出的对话框中选择“边框”选项卡，在“样式”中选择“中粗单线”，在“边框”中选择“右框线”。

8. 设置页面，将工作表调整为一页，上、下页边距为2 cm，左右页边距为1.5 cm，水平居中；在页眉左侧添加文字“智能物联2103班”和日期。

操作步骤：

（1）选择“文件”→“打印”命令，在中间的“设置”区中单击“无缩放”按钮，在“列表”中选择“将工作表调整为一页”选项，如图3-2-10所示。

（2）再单击“自定义边距”按钮，选择“自定义页边距”命令，在弹出的图3-2-11所示的对话框中设置上、下页边距为2 cm，左、右页边距为1.5 cm，并勾选居中方式中的“水平”复选框。

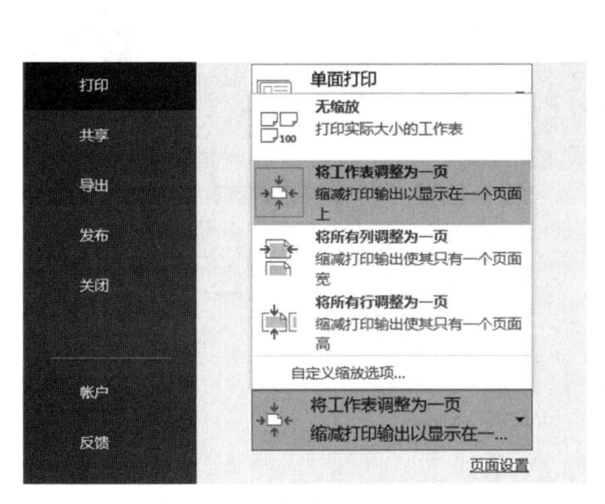

图 3-2-10　打印设置

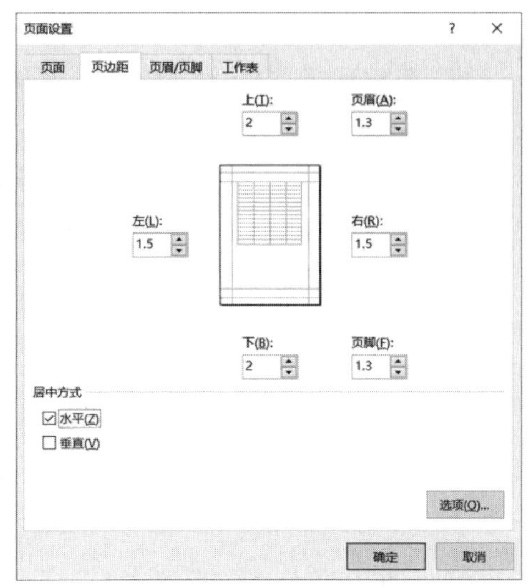

图 3-2-11　页边距设置

（3）单击“视图”选项卡“工作簿视图”组中的“页面布局”按钮，使工作簿窗口切换到页面布局窗口，光标定位于左侧页眉的区域，通过键盘输入“智能物联2103班”。

（4）光标定位于上述文字的后面，单击“页眉和页脚工具/设计”选项卡“页眉和页脚元素”组中的“当前日期”按钮，如图3-2-12所示。

（5）完成后可以选择“文件”→“另存为”命令，将该工作簿文件以原文件名保存在C:\KS文件夹中。

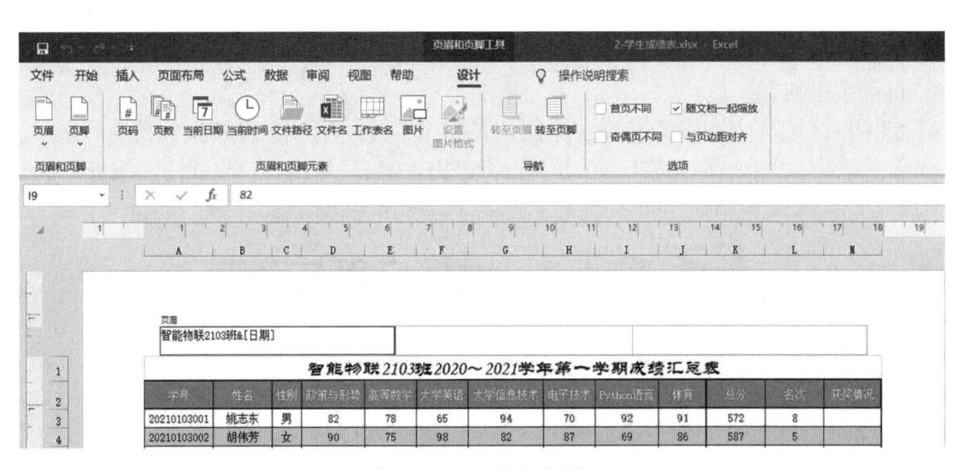

图 3-2-12　设置页眉

四、实训拓展

打开实训素材中的“项目 3\实训 2\个税计算.xlsx”工作簿文件，按下列要求进行操作，操作完成后以原文件名保存在C:\KS文件中。操作结果如图3-2-13所示。

（1）利用公式计算每个职工的“绩效奖励”[（等级工资+聘任津贴）× 绩效系数]、应发合计（等级工资+聘任津贴+绩效奖励）、三险一金（应发合计 ×18%）、应纳税所得额（应发合计-三险一金-5 000）。

	A	B	C	D	E	F	G	H	I	J	K	L
1	行政部门员工2021年6月工资表											
2											绩效系数	0.85
3	员工编号	姓名	部门	职务	等级工资	聘任津贴	绩效奖励	应发合计	三险一金	应纳税所得额	应缴个税	实发工资
4	XZ009001	严旭琪	人事部	董事长	¥ 20,000.00	¥ 5,000.00	¥ 21,250.00	¥ 46,250.00	¥ 8,325.00	¥ 32,925.00	¥ 5,571.25	¥ 32,353.75
5	XZ009002	肖龙	研发部	经理	¥ 15,000.00	¥ 4,000.00	¥ 16,150.00	¥ 35,150.00	¥ 6,327.00	¥ 23,823.00	¥ 3,354.60	¥ 25,468.40
6	XZ009003	韩丽	研发部	普通员工	¥ 6,500.00	¥ 2,000.00	¥ 7,225.00	¥ 15,725.00	¥ 2,830.50	¥ 7,894.50	¥ 579.45	¥ 12,315.05
7	XZ009004	成华峰	销售部	普通员工	¥ 8,500.00	¥ 2,500.00	¥ 9,350.00	¥ 20,350.00	¥ 3,663.00	¥ 11,687.00	¥ 958.70	¥ 15,728.30
8	XZ009005	刘斐娟	人事部	普通员工	¥ 6,000.00	¥ 2,000.00	¥ 6,800.00	¥ 14,800.00	¥ 2,664.00	¥ 7,136.00	¥ 503.60	¥ 11,632.40
9	XZ009006	付晓强	厂办	经理	¥ 12,500.00	¥ 4,000.00	¥ 14,025.00	¥ 30,525.00	¥ 5,494.50	¥ 20,030.50	¥ 2,596.10	¥ 22,434.40
10	XZ009007	孙小平	研发部	普通员工	¥ 5,500.00	¥ 2,000.00	¥ 6,375.00	¥ 13,875.00	¥ 2,497.50	¥ 6,377.50	¥ 427.75	¥ 10,949.75
11	XZ009008	王亚萍	研发部	副经理	¥ 8,500.00	¥ 3,000.00	¥ 9,775.00	¥ 21,275.00	¥ 3,829.50	¥ 12,445.50	¥ 1,079.10	¥ 16,366.40
12	XZ009009	杨淑琴	财务部	普通员工	¥ 8,000.00	¥ 2,000.00	¥ 8,500.00	¥ 18,500.00	¥ 3,330.00	¥ 10,170.00	¥ 807.00	¥ 14,363.00
13	XZ009010	王华荣	销售部	普通员工	¥ 4,500.00	¥ 1,500.00	¥ 5,100.00	¥ 11,100.00	¥ 1,998.00	¥ 4,102.00	¥ 200.20	¥ 8,901.80
14	XZ009011	姚小奇	生产部	经理	¥ 11,000.00	¥ 4,000.00	¥ 12,750.00	¥ 27,750.00	¥ 4,995.00	¥ 17,755.00	¥ 2,141.00	¥ 20,614.00
15	XZ009012	杨海涛	研发部	普通员工	¥ 5,000.00	¥ 1,800.00	¥ 5,780.00	¥ 12,580.00	¥ 2,264.40	¥ 5,315.60	¥ 321.56	¥ 9,994.04
16	XZ009013	于伟平	生产部	普通员工	¥ 5,000.00	¥ 2,000.00	¥ 5,950.00	¥ 12,950.00	¥ 2,331.00	¥ 5,619.00	¥ 351.90	¥ 10,267.10
17	XZ009014	李泉波	财务部	副经理	¥ 10,500.00	¥ 3,000.00	¥ 11,475.00	¥ 24,975.00	¥ 4,495.50	¥ 15,479.50	¥ 1,685.90	¥ 18,793.60
18	XZ009015	李正荣	人事部	普通员工	¥ 7,500.00	¥ 2,000.00	¥ 8,075.00	¥ 17,575.00	¥ 3,163.50	¥ 9,411.50	¥ 731.15	¥ 13,680.35
19	XZ009016	吴海燕	人事部	副经理	¥ 9,600.00	¥ 3,000.00	¥ 10,710.00	¥ 23,310.00	¥ 4,195.80	¥ 14,114.20	¥ 1,412.84	¥ 17,701.36
20	XZ009017	周莉莉	销售部	经理	¥ 13,500.00	¥ 4,000.00	¥ 14,875.00	¥ 32,375.00	¥ 5,827.50	¥ 21,547.50	¥ 2,899.50	¥ 23,648.00
21	XZ009018	谢杰	厂办	普通员工	¥ 7,200.00	¥ 1,800.00	¥ 7,650.00	¥ 16,650.00	¥ 2,997.00	¥ 8,653.00	¥ 655.30	¥ 12,997.70
22	XZ009019	汤建	生产部	普通员工	¥ 5,500.00	¥ 1,800.00	¥ 6,205.00	¥ 13,505.00	¥ 2,430.90	¥ 6,074.10	¥ 397.41	¥ 10,676.69
23	合计				¥ 169,800.00	¥ 51,400.00	¥ 188,020.00	¥ 409,220.00	¥ 73,659.60	¥ 240,560.40	¥ 26,674.31	¥ 308,886.09
24									制表员：	陈双博	审核员：	贺慧娟

图3-2-13 “个税计算”结果

（2）根据如下工资缴税标准来统计每个员工的应缴个税。

① 如果应纳税所得额大于等于25 000，则个税为：应纳税所得额*25%–2 660；

② 如果应纳税所得额大于等于12 000，且小于25 000，则个税为：应纳税所得额*20%–1 410；

③ 如果应纳税所得额大于等于3 000，且小于12 000，则个税为：应纳税所得额*10%–210；

④ 如果应纳税所得额小于 3 000，则个税为：应纳税所得额*3%–0。

个税计算公式：应纳税所得额*税率–速算扣除数。

注意：本例中对于应纳税所得额在35 000元以上的暂不讨论。

（3）利用公式计算每位员工的实发工资（应发合计–三险一金–应缴个税），以及在E23：L23计算每项费用的合计金额。

（4）设置E4:L23单元格区域采用会计专用样式，人民币符号，保留两位小数，各列的列宽设置为“自动调整列宽”。

（5）A3:L23区域套用表格样式“水绿色，表样式中等深浅6”，并转换为普通区域。

（6）合并居中A23:D23单元格区域的内容，设置L4:L22区域的条件格式为“浅蓝色数据条”。

实训3　数据应用与管理

一、实训目的与要求

1. 掌握Excel中数据的管理和分析。
2. 掌握数据的排序、筛选、分类汇总、数据透视表的操作。
3. 掌握Excel图表的创建和设置。

二、实训内容

1. 单关键字和多关键字的排序操作。
2. 自动筛选和高级筛选的操作。
3. 分类汇总的建立和分级显示。
4. 数据透视表的建立和设置。
5. 创建图表和图表的格式化。

三、实训范例

实训素材“项目3\实训3\工资表.xlsx”工作簿文件的3个工作表中分别记录着雨禾集团公司行政部门所有员工在2021年4～6月的工资情况（见图3-3-1），现要求根据这些数据进行有关的分析和管理。

	A	B	C	D	E	F	G	H	I	J	K
1	行政部门员工2021年4月工资表										
2										绩效基数	0.85
3	员工编号	姓名	部门	职务	等级工资	聘任津贴	绩效奖励	应发合计	三险一金	应缴个税	实发工资
4	XZ009001	党安琪	人事部	经理	20,000.00	5,000.00	21,250.00	46,250.00	8,325.00	5,571.25	32,353.75
5	XZ009002	肖龙	研发部	经理	15,000.00	4,000.00	16,150.00	35,150.00	6,327.00	3,354.60	25,468.40
6	XZ009003	韩丽	研发部	普通员工	6,500.00	2,000.00	7,225.00	15,725.00	2,830.50	579.45	12,315.05
7	XZ009004	成华峰	销售部	普通员工	8,500.00	2,500.00	9,350.00	20,350.00	3,663.00	958.70	15,728.30
8	XZ009005	刘雯娟	人事部	普通员工	6,000.00	2,000.00	6,800.00	14,800.00	2,664.00	503.60	11,632.40
9	XZ009006	付晓强	厂办	经理	12,500.00	4,000.00	14,025.00	30,525.00	5,494.50	2,596.10	22,434.40
10	XZ009007	孙小平	研发部	普通员工	5,500.00	2,000.00	6,375.00	13,875.00	2,497.50	427.75	10,949.75
11	XZ009008	王亚萍	研发部	普通员工	8,500.00	3,000.00	9,775.00	21,275.00	3,829.50	1,079.10	16,366.40
12	XZ009009	杨淑琴	财务部	普通员工	8,000.00	2,000.00	8,500.00	18,500.00	3,330.00	807.00	14,363.00
13	XZ009010	王华荣	销售部	普通员工	4,500.00	1,500.00	5,100.00	11,100.00	1,998.00	200.20	8,901.80
14	XZ009011	姚小奇	生产部	经理	11,000.00	4,000.00	12,750.00	27,750.00	4,995.00	2,141.00	20,614.00
15	XZ009012	杨海涛	研发部	普通员工	5,000.00	1,800.00	5,780.00	12,580.00	2,264.40	321.56	9,994.04
16	XZ009013	于伟平	生产部	普通员工	5,000.00	2,000.00	5,950.00	12,950.00	2,331.00	351.90	10,267.10
17	XZ009014	李泉波	财务部	经理	10,500.00	3,000.00	11,475.00	24,975.00	4,495.50	1,685.90	18,793.60
18	XZ009015	李正荣	人事部	普通员工	7,500.00	2,000.00	8,075.00	17,575.00	3,163.50	731.15	13,680.35
19	XZ009016	吴海燕	人事部	普通员工	9,600.00	3,000.00	10,710.00	23,310.00	4,195.80	1,412.84	17,701.36
20	XZ009017	周莉莉	销售部	经理	13,500.00	4,000.00	14,875.00	32,375.00	5,827.50	2,899.50	23,648.00
21	XZ009018	谢杰	厂办	普通员工	7,200.00	1,800.00	7,650.00	16,650.00	2,997.00	655.30	12,997.70
22	XZ009019	汤建	生产部	普通员工	5,500.00	1,800.00	6,205.00	13,505.00	2,430.90	397.41	10,676.69
23											

4月　5月　6月

图3-3-1　员工2021年4～6月的工资表

1. 对“4月”工作表中的数据按“部门”升序，若“部门”相同按“职务”升序排列，若“职务”相同再按“实发工资”降序排列。

操作步骤：

（1）选择“4月”工作表标签，然后选中该工作表中的A3:K22区域，在“数据”选项卡的“排序和筛选”组中单击“排序”按钮，弹出“排序”对话框。

（2）在“排序”对话框中，在“主要关键字”列表中选择“部门”，在“排序依据”列表中选择“单元格值”，在“次序”列表中选择“升序”。

（3）单击“添加条件”按钮，添加“次要关键字”行，在“次要关键字”列表中选择“职务”，在“排序依据”列表中选择“单元格值”，在“次序”列表中选择“升序”。

（4）再单击“添加条件”按钮，添加“次要关键字”行，在“次要关键字”列表中选择“实发工资”，在“排序依据”列表中选择“单元格值”，在“次序”列表中选择“降序”，如图3-3-2所示。

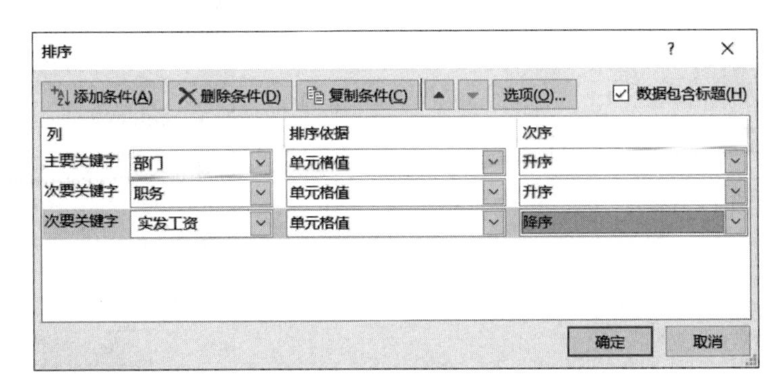

图3-3-2　“排序”对话框

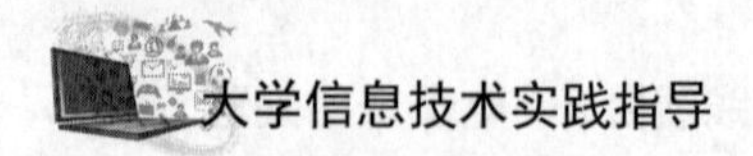

2. 对“4月”工作表中的数据筛选出实发工资大于12 000的普通员工，把筛选结果复制到A24开始的区域，然后再取消筛选。

（1）选中A3:K22，在“数据”选项卡的“排序和筛选”组中单击“筛选”按钮，在表格每个列标题的右侧出现“筛选”标记。

（2）单击“职务”列标题右侧的“筛选”标记，在下拉列表中勾选“普通员工”，再单击“实发工资”列标题右侧的“筛选”标记，在下拉列表中选择“数字筛选”中的“大于”命令，弹出“自定义自动筛选方式”对话框。

（3）在对话框左侧的列表中选择“大于”，在右侧框中输入12 000，如图3-3-3所示，单击“确定”按钮。

图3-3-3 “自定义自动筛选方式”对话框

（4）选中筛选结果区域，单击“开始”选项卡“剪贴板”组中的“复制”按钮，再选中A24单元格，单击“开始”选项卡“剪贴板”组中的“粘贴”按钮。

（5）单击“数据”选项卡“排序和筛选”组中的“筛选”按钮，即可取消筛选。

3. 对“4月”工作表中的数据筛选出实发工资大于23 000的经理和实发工资大于15 000普通员工，把筛选结果复制到A33开始的区域（筛选条件可建立在M3开始的区域）。

操作步骤：

（1）如图3-3-4所示，在M3单元格开始的区域内建立筛选条件区域。

（2）选中A3:K22，单击“数据”选项卡的“排序和筛选”组中“高级”按钮，弹出“高级筛选”对话框，如图3-3-5所示进行设置，单击“确定”按钮。

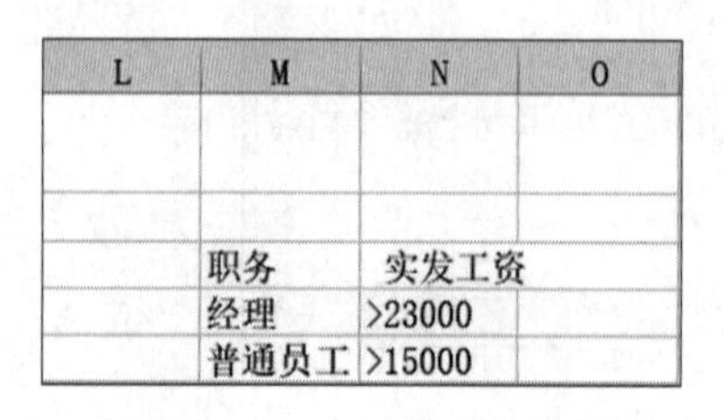

L	M	N	O
	职务	实发工资	
	经理	>23000	
	普通员工	>15000	

图3-3-4 高级筛选的条件

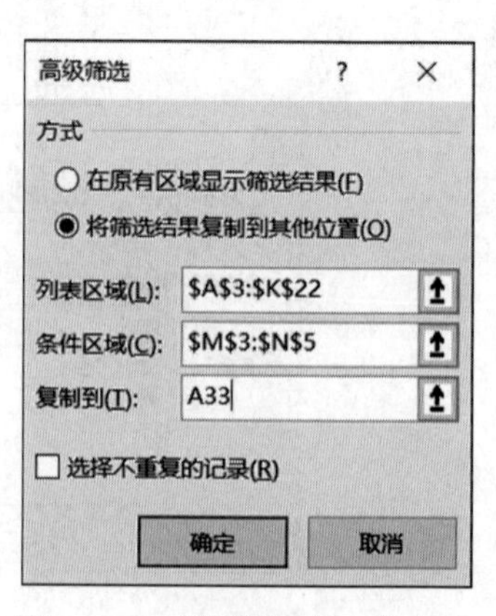

图3-3-5 “高级筛选”对话框

4. 对“5月”工作表中的数据利用分类汇总的方法统计各部门“实发工资”的总和，分级显示2级明细。

操作步骤：

（1）选择“5月”工作表标签，然后选中该工作表中的A3:K22区域，单击“数据”选项卡“排序和筛选”组中的“排序”按钮，在弹出的“排序”对话框中选择主要关键字“部门”，单击“确定”按钮。

（2）单击“数据”选项卡的“分级显示”组中“分类汇总”按钮，在弹出的“分类汇总”对话框的“分类字段”中选择“部门”，“汇总方式”选择“求和”，在“选定汇总项”中勾选“实发工资”项，如图3-3-6所示，单击“确定”按钮。

分类汇总　?　×

分类字段(A):

部门

汇总方式(U):

求和

选定汇总项(D):

☐ 聘任津贴

☐ 绩效奖励

☐ 应发合计

☐ 三险一金

☐ 应缴个税

☑ 实发工资

☑ 替换当前分类汇总(C)

☐ 每组数据分页(P)

☑ 汇总结果显示在数据下方(S)

全部删除(R)　确定　取消

图3-3-6　“分类汇总”对话框中

（3）单击工作表左侧分级显示栏上方的“2”按钮，效果见3-3-7所示。

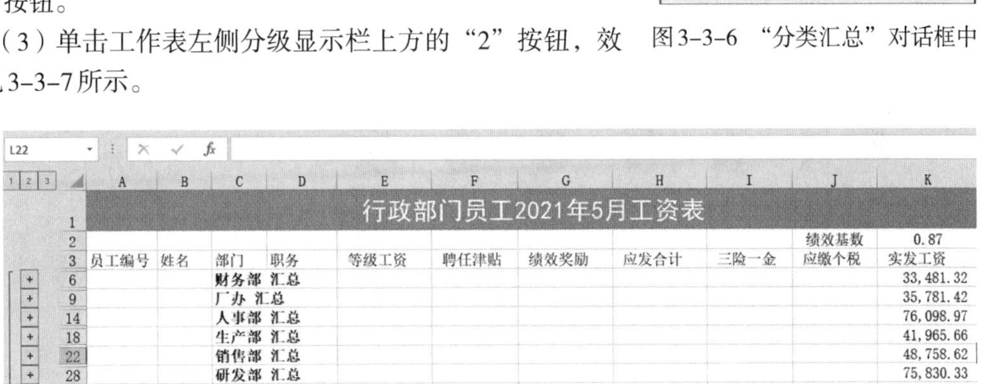

L22

	A	B	C	D	E	F	G	H	I	J	K
1	行政部门员工2021年5月工资表										
2										绩效基数	0.87
3	员工编号	姓名	部门	职务	等级工资	聘任津贴	绩效奖励	应发合计	三险一金	应缴个税	实发工资
6			财务部 汇总								33,481.32
9			厂办 汇总								35,781.42
14			人事部 汇总								76,098.97
18			生产部 汇总								41,965.66
22			销售部 汇总								48,758.62
28			研发部 汇总								75,830.33
29			总计								311,916.32

图3-3-7　“分类汇总”效果

5. 利用上述对“5月”工作表分类统计的各部门“实发工资”总和，在C31:I45区域制作一个如图3-3-8所示的柱形图。图表样式为“样式12”，显示数据标签；整个图表区采用“渐变填充”，外框采用2.75磅粗线圆角；绘图区填充采用“点线:10%”图案；图表中除标题字体大小为16磅外，其余均为10磅。

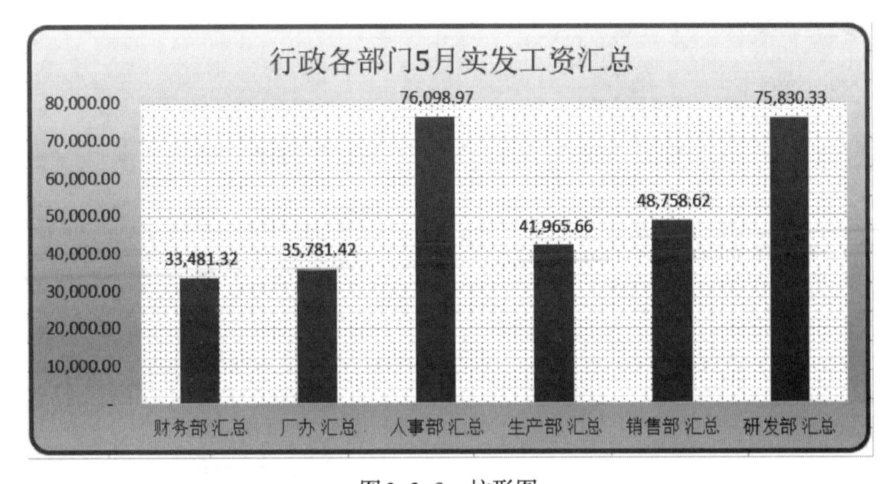

图3-3-8　柱形图

操作步骤：

（1）保持上题2级明细的显示，选中C3、C6、C9、C14、C18、C22、C28和K3、K6、K9、K14、K18、K22、K28单元格，选择“插入”选项卡“图表”组中的“插入柱形图或条形图”按钮，在下拉列表中选择“簇状柱形图”，即可直接创建一个柱形图。

（2）利用鼠标调整图表大小，并移动到C31:I45区域，选择“图表工具/设计”选项卡“图表样式”中的“样式12”。

（3）选中图表，如图3-3-9所示，单击右上方的“添加图表元素”按钮，勾选“数据标签/数据标签外”。

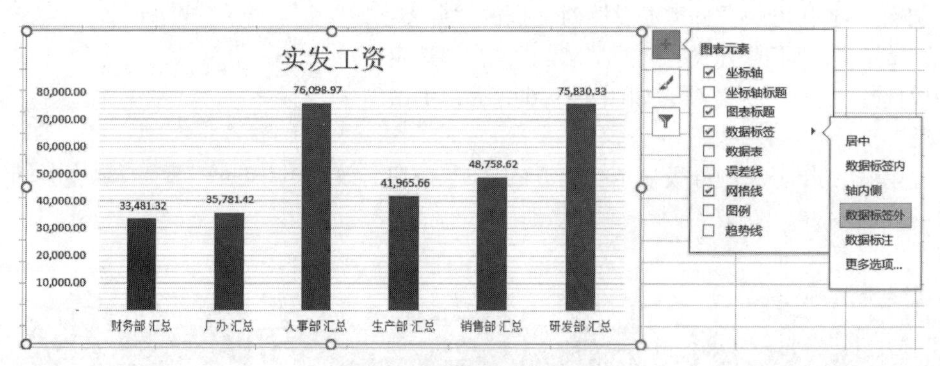

图3-3-9　添加图表元素

（4）双击图表区，在窗口右侧显示“设置图表区格式”窗格，如图3-3-10所示，在“填充”选项组中进行格式填充设置；如图3-3-11所示，在“边框”选项组中进行边框设置。

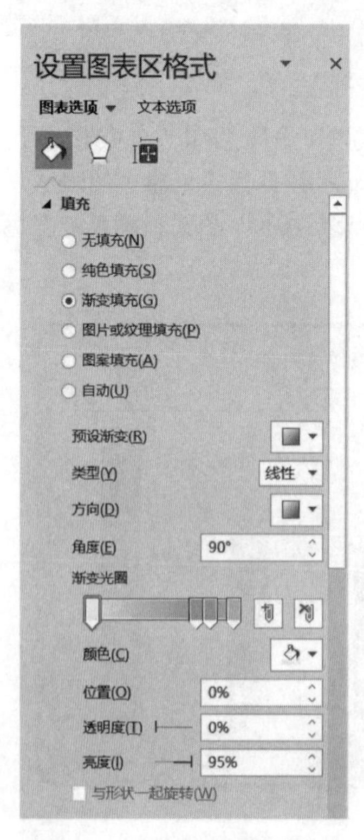

图3-3-10　图表区填充设置

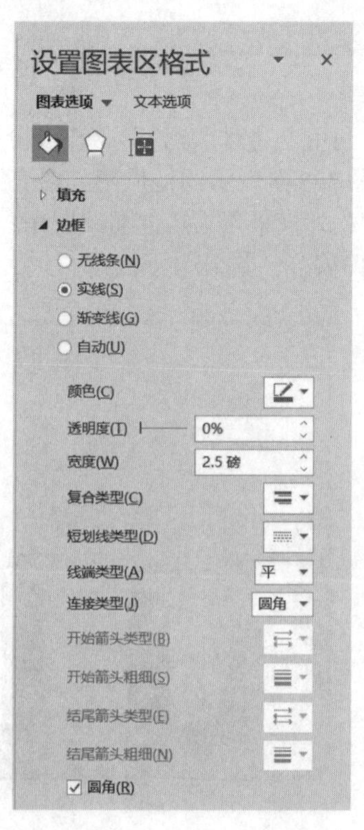

图3-3-11　图表区边框设置

（5）双击绘图区，在窗口右侧显示“设置图表区格式”窗格，选中“填充”选项组中的“图案填充”单选按钮，在“图案”列表中选中“点线:10%”。

（6）选中图表，利用“开始”选项卡“字体”组将字体大小设置为10磅，光标定位于标题中，更改标题为“行政各部门5月实发工资汇总”，选中标题文字，将字体大小设置为16。

6. 对“6月”工作表中的数据在B24单元格开始的位置制作一个如图3-3-12所示的数据透视表，透视表中的数据采用会计专用，人民币符号，保留2位小数，透视表样式采用镶边行，数据透视表样式为深色6。

平均值项:实发工资	列标签		
行标签	经理	普通员工	总计
财务部	¥ 19,147.84	¥ 14,658.20	¥ 16,903.02
厂办	¥ 22,867.36	¥ 13,263.38	¥ 18,065.37
人事部	¥ 32,968.75	¥ 14,620.44	¥ 19,207.52
生产部	¥ 21,007.60	¥ 10,682.96	¥ 14,124.51
销售部	¥ 24,107.20	¥ 12,563.58	¥ 16,411.45
研发部	¥ 25,966.96	¥ 12,650.01	¥ 15,313.40

图3-3-12　数据透视表效果图

操作步骤：

（1）单击“6月”工作表标签，然后选中该工作表中的A3:K22区域，单击“插入”选项卡“表格”组中的“数据透视表”按钮，弹出“创建数据透视表”对话框，在“选择放置数据透视表的位置”选项组中选中“现有工作表”单选按钮，然后在“位置”文本框中输入B24，如图3-3-13所示，单击“确定”按钮。

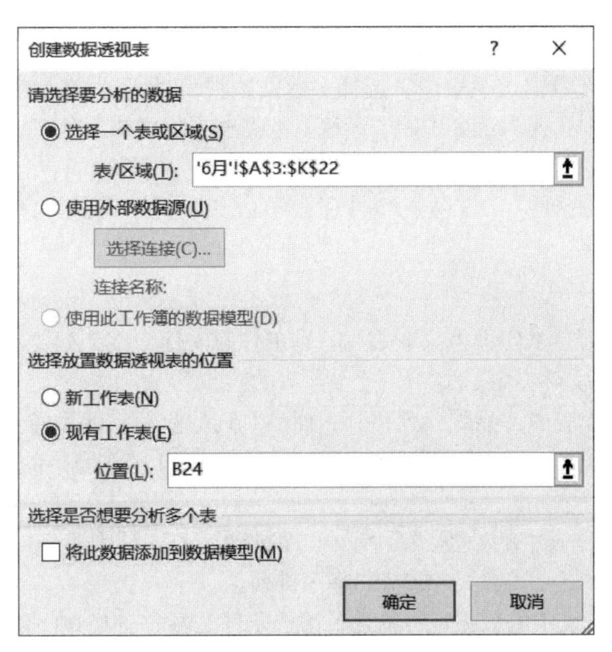

图3-3-13　“创建数据透视表”对话框

（2）在工作表窗口右侧的“数据透视表字段列表”窗口中，利用鼠标将“部门”字段拖至“行”列表中，将“职务”字段拖至“列”列表中，将“实发工资”字段拖至“值”列表中，如图3-3-14所示。

（3）单击“值”列表中的字段，在下拉列表中选择“值字段设置”命令，在弹出的对话框中将“计算类型”设置为“平均值”，单击“确定”按钮，如图3-3-15所示。

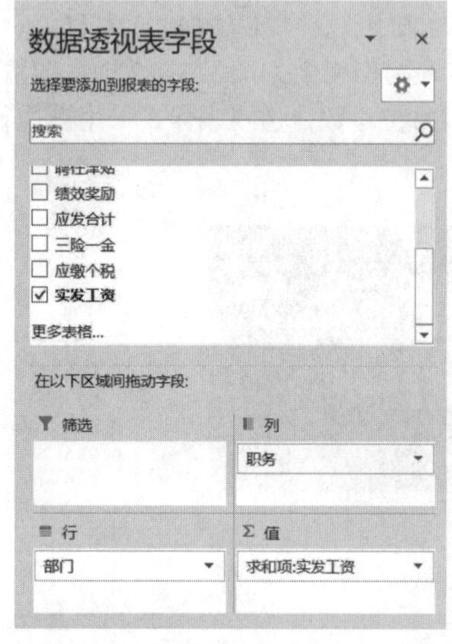

图3-3-14　数据透视表字段列表

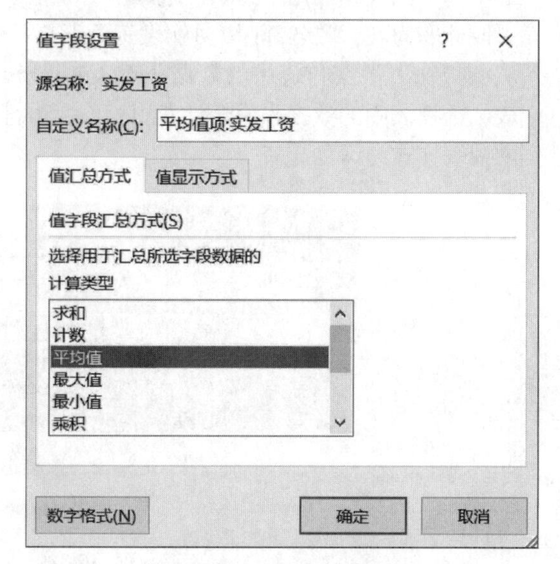

图3-3-15　值字段设置

（4）选中数据区C26:E32，右击，在弹出的快捷菜单中选择“数字格式”命令，在弹出的对话框中选择“会计专用”，人民币符号，2位小数位数。

（5）将光标停留在数据透视表内，选择“数据透视表/设计”选项卡中的“布局”组，选择“总计”下拉列表中的“仅对行启用”命令。

（6）将光标停留在数据透视表内，选择“数据透视表/设计”选项卡中的“数据透视表样式”组，在下拉列表中选择深色区中的“天蓝，数据透视表样式深色6”，勾选“数据透视表样式选项”中的“镶边行”，效果如图3-3-12所示。

（7）完成后可以选择“文件”→“另存为”命令，将该工作簿文件以原文件名保存在C:\KS文件夹中。

四、实训拓展

打开实训素材“项目3\实训3\采购表.xlsx”工作簿文件，按下列要求操作，操作完成后以原文件名保存在C:\KS文件夹中。

（1）将Sheet1工作表中“品牌”列移到“商品”列的前面，计算各个商品的采购金额（采购盒数*每盒数量*单价）；各列自动调整列宽；复制Sheet1工作表中的数据到Sheet2、Sheet3工作表中。

（2）对Sheet1工作表中的数据“品牌”升序排列，若“品牌”相同则按“商品”降序排列，若“商品”相同则按“寿命（小时）”降序排列。

（3）对Sheet1工作表中的数据进行筛选，筛选条件是寿命在15 00 h以上的白炽灯。

（4）对Sheet2工作表中的数据采用分类汇总的方法汇总各品牌中各类商品的采购总金额。

（5）对Sheet2工作表中的数据按照图3-3-16所示在K5:Q13区域内创建一个柱形图，无图例，采用圆角边框，图表样式采用“样式9”，形状样式采用“彩色轮廓-红色，强调颜色2”，标题文字更改为“飞利浦各类白炽灯采购总额”，大小为16。

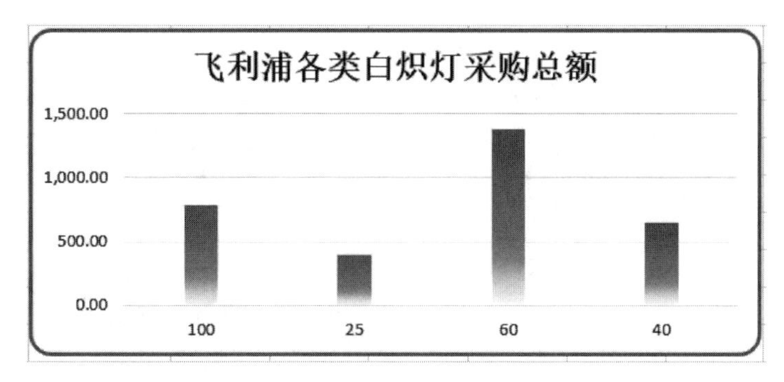

图3-3-16　“飞利浦各类白炽灯采购总额”柱形图

（6）对Sheet3工作表中的数据在K2单元格开始的区域内创建一个如图3-3-17所示的数据透视表，所有数据均保留两位小数。

求和项:采购总额	列标签				
行标签	LED灯	白炽灯	氖灯	日光灯	总计
飞利浦	2970.00	3196.80	6400.00	1260.00	13826.80
雷士	2322.00	1306.80	1200.00	3525.00	8353.80
欧普	13350.00	1770.00	2800.00	1440.00	19360.00
总计	**18642.00**	**6273.60**	**10400.00**	**6225.00**	**41540.60**

图3-3-17　数据透视表

实践项目 4 演示文稿制作

 实训 1　演示文稿的基本操作

一、实训目的与要求

1. 掌握演示文稿的新建、打开、保存和退出。
2. 掌握幻灯片母版和主题的应用。
3. 熟练掌握幻灯片的基本编辑操作。
4. 熟练掌握在幻灯片中插入各类对象。

二、实训内容

1. 演示文稿的新建和幻灯片母版的设置。
2. 文本和段落格式的设置。
3. 幻灯片的插入、复制、移动和删除。
4. 各类对象的插入与设置。
5. 应用逻辑节的制作。

三、实训范例

使用实训素材“项目4\实训1”文件夹中的相关素材，按下列要求操作，将最终结果以“慧雅诗韵.pptx”为文件名，保存在C:\KS文件夹中。

1. 新建空白演示文稿“慧雅诗韵.pptx”，将幻灯片的大小设置为“全屏显示（16∶9）”。

操作步骤：

（1）启动PowerPoint 2016，选择新建“空白演示文稿”，则创建仅包含“标题幻灯片”版式的“演示文稿1”，将该演示文稿以“慧雅诗韵.pptx”为文件名，保存在C:\KS文件夹中。

（2）调整幻灯片大小。单击“设计”选项卡“自定义”组中的“幻灯片大小”按钮，在下拉列表中选择“宽屏（16∶9）”，或选择“自定义幻灯片大小”命令，弹出如图4–1–1所示的对话

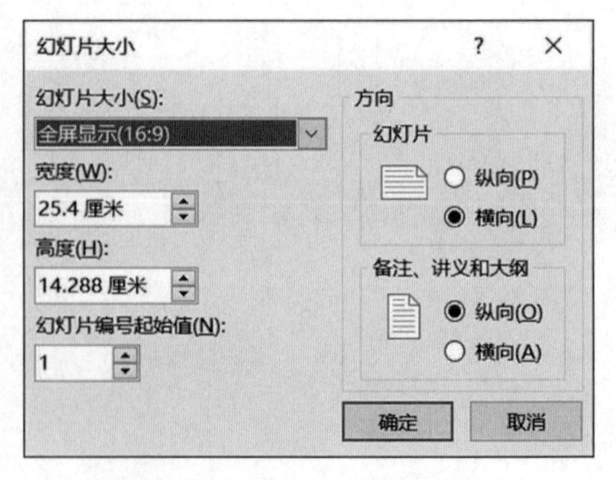

图4–1–1　“幻灯片大小”对话框

框，在“幻灯片大小”列表中选择“全屏显示（16∶9）”，然后单击“确定”按钮返回。

2. 设置幻灯片母版。将所有母版的背景色设置为渐变色（R:255、G:255、B:204，透明度：0%、50%、80%），将btbj.png图片作为“标题幻灯片”版式的背景图片，bj.png图片作为“标题和内容”和“空白”版式幻灯片的背景图片。

操作步骤：

（1）单击“视图”选项卡“母版视图”组中的“幻灯片母版”按钮，将操作界面切换到幻灯片母版编辑视图，如图4-1-2所示。

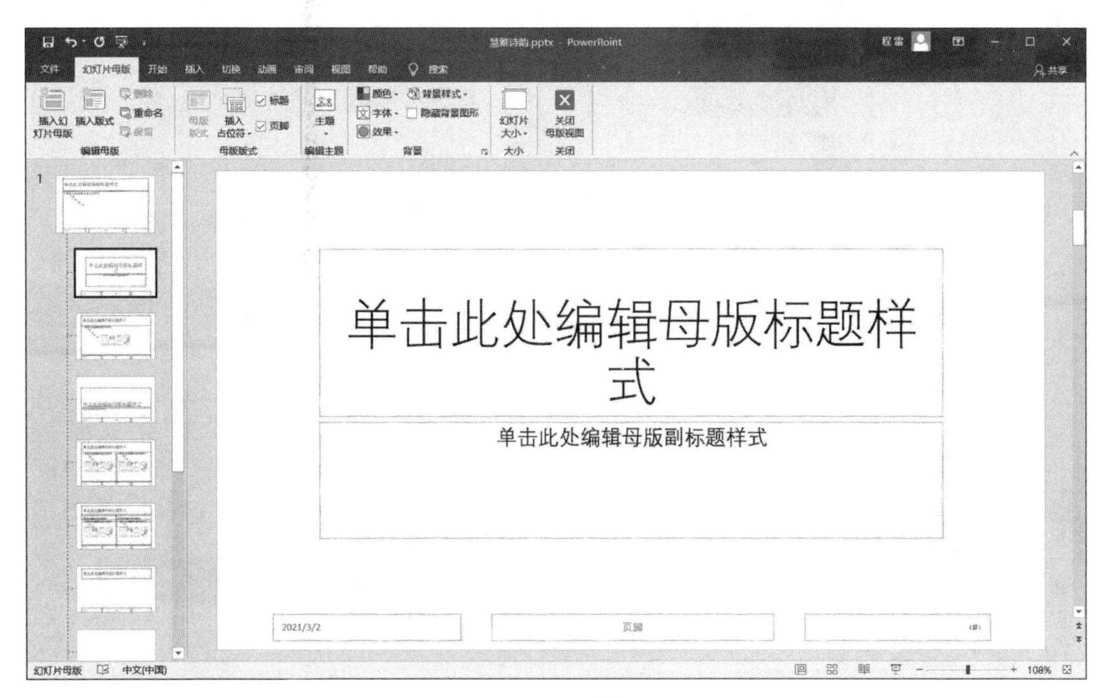

图4-1-2　母版编辑视图

（2）选择左侧版式列表中的第一个版式（Office主题 幻灯片母版，又称全局母版），单击“幻灯片母版”选项卡“背景”组中的“背景样式”按钮，在下拉列表中选择“设置背景格式”命令，在窗口右侧打开“设置背景格式”窗格。

（3）如图4-1-3所示，选中“填充”中的“渐变填充”单选按钮，在“渐变光圈”栏上删除多余的色标，只保留左、中、右三个色标，然后选择最左侧的色标，单击下面的“颜色”按钮，选择“其他颜色”命令，在弹出的“颜色/自定义”对话框中输入RGB三种颜色的数值（255、255、204），单击“确定”按钮返回，然后将透明度设置为0%。

（4）用相同的办法，将中间和右侧色块的颜色均设置为（R:255、G:255、B:204），中间色块的透明度为50%，右侧色块的透明度为80%。单击“关闭”按钮。

（5）选择左侧版式列表中的第二个版式（标题幻灯片 版式），单击“插入”选项卡“图像”组中的“图片”按钮，选择“此设备…”命令，在弹出的对话框中选择素材文件夹中的“btbj.png”图片；再选择左侧版式列表中的第三个版式（标题和内容 版式），将“bj.png”图片插入进来作为其背景图片。用相同的办法，将该图片插入到“空白”版式上。

图4-1-3　设置渐变的颜色和透明度

（6）单击“幻灯片母版”选项卡“关闭”组中的“关闭母版视图”按钮，或选择“视图”选项卡“演示文稿视图”组中的“普通”按钮，都可返回演示文稿编辑状态，如图4-1-4所示。

图4-1-4　母版设置后的普通视图

3. 在第1张标题幻灯片的标题占位符中输入“慧雅诗韵”，字体格式为华文琥珀、大小为80、艺术字样式为“填充：黑色，文字色1；阴影”，文字颜色为橙色；在副标题占位符中输入“经典古诗词欣赏”，字体格式为微软雅黑、大小为32，颜色为“黑色，文字1，淡色50%”。

操作步骤：

（1）插入点定位在标题占位符中，然后输入“慧雅诗韵”。选中这4个字，在“开始”选项卡“字体”组中设置字体格式（华文琥珀、大小为80），再利用“绘图工具/格式”选项卡“艺术字样式”列表中选择“填充：黑色，文字色1；阴影”（第1行第1列）样式，最后再设置字体颜色为“橙色”。

（2）插入点定位在副标题占位符中，然后输入“经典古诗词欣赏”。选中这7个字，在“开始”选项卡“字体”组中设置字体格式（微软雅黑、大小为32，颜色为“黑色，文字1，淡色50%”）。效果如图4-1-5所示。

图4-1-5　插入标题后幻灯片

4. 新建一张版式为“空白”的幻灯片，在页面左上方插入图片“1.png”，利用文本框在图片上方添加两个字“目录”，字体格式为微软雅黑、加粗、大小18、白色。

操作步骤：

（1）单击“开始”选项卡“幻灯片”组中的“新建幻灯片”按钮，在列表中选择“空白”版式。

（2）单击“插入”选项卡“图像”组中的“图片”按钮，插入“1.png”图片，放置在页面左上方。

（3）单击“插入”选项卡“文本”组中的“文本框”按钮，在下拉列表中选择“绘制横排文本框”命令，在指定位置光标定位后输入“目录”，并设置字体格式（微软雅黑、加粗、大小18、白色），如图4-1-6左上方所示。

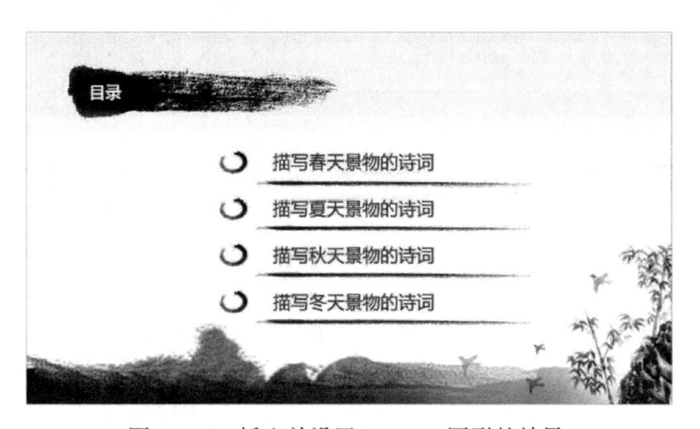

图4-1-6　插入并设置SmartArt图形的效果

5. 在页面中间插入“垂直图片列表”的SmartArt图形，根据图4-1-6所示的效果，选用“2.png”图片和输入相关文本（字体格式为微软雅黑，大小20，颜色“黑色，文字1，淡色35%”），将整个SmartArt图形的高度设为7 cm，宽度设为13 cm，将各个框的填充色和轮廓均设置为“无”，插入“3.png”图片作为文本的下画线。

操作步骤：

（1）单击“插入”选项卡“插图”组中的“SmartArt”按钮，在下拉列表中选择“垂直图片列表”样式，单击“确定”按钮。

（2）在左侧“在此处键入文字”窗格中，单击图片可选择“2.png”图片，在文本区输入文字“描写春天景物的诗词”，按【Delete】键删除下面多余的内容。

（3）使用相同的方法设置另外3个图片列表的图片和文本（默认只有3个列表，要添加列表只需在第3个列表文本的末尾按【Enter】键就可以增加一个列表项），效果如图4-1-7所示。

（4）选中整个SmartArt图，利用“开始”选项卡设置字体格式（微软雅黑，大小20，颜色“黑色，文字1，淡色35%”）；在“SmartArt工具/格式”选项卡“大小”组中调整其高度为7 cm，宽度为13 cm；适当调整其在整个页面的位置。

（5）依次选中各个矩形框，利用“SmartArt工具/格式”选项卡“形状样式”组中的“形状填充”和“形状轮廓”按钮，将各个矩形框的填充色和轮廓均设置为“无”。

（6）单击“插入”选项卡“图像”组中的“图片”按钮，插入“3.png”图片，放置在文本的下方，再复制3个调整位置即可。整体效果如图4-1-6所示。

6. 新建一张版式为“标题和内容”的幻灯片，根据图4-1-8所示的效果，在“标题”占位符中输入文字“描写春天景物的诗词”，字体大小为36，居中；在“内容”占位符中将“古诗词.txt”文档中的“咏柳”诗句复制过来，字体大小为20（作者名大小为14），标题和内容区的文本均采用微软雅黑、颜色均为“黑色，文字1，淡色35%”、居中，内容区的行间距为1.5倍；插入“3.png”图片作为标题和内容见的分割线，将其宽度更改为16 cm。

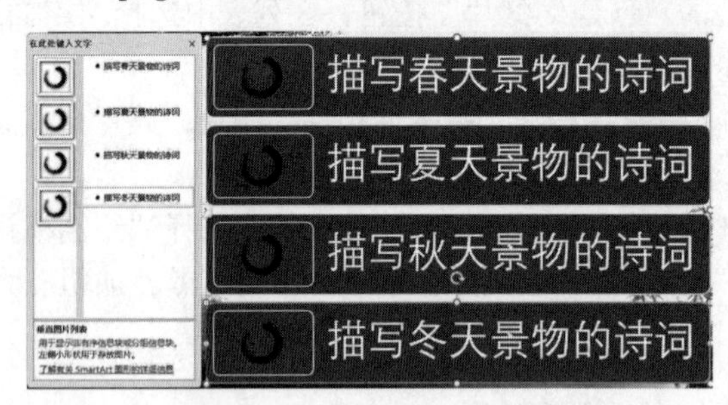

图4-1-7 设置“垂直图片列表”的图片和文本

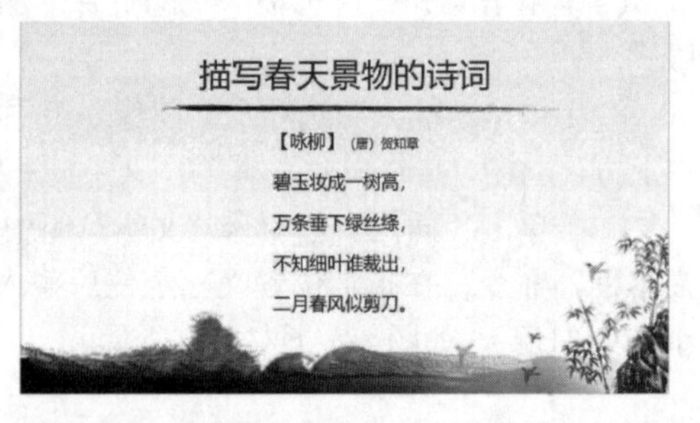

图4-1-8 “标题和内容”幻灯片的设置效果

操作步骤：

（1）单击“开始”选项卡“幻灯片”组中的“新建幻灯片”按钮，在下拉列表中选择“标题和内容”版式，如图4-1-9所示。

（2）在“标题”占位符中输入文字“描写春天景物的诗词”，在“开始”选项卡中设置其字体格式为微软雅黑，大小为36。

（3）打开素材“古诗词.txt”文档，找到“咏柳”诗句，用复制的方法将其粘贴至新建幻灯片的“内容”占位符中，在“开始”选项卡的“字体”组中设置其字体格式（微软雅黑，大小20和14，“黑色，文字1，淡色35%”颜色）；在“段落”组中设置其段落格式（居中、1.5倍行间距）。

（4）单击“插入”选项卡“图像”组中的“图片”按钮，插入“3.png”图片，放置在标题文本的下方；并单击“图片工具/格式”选项卡“大小”组中的对话框启动器按钮，在打开的对话框中设置其宽度为16 cm，高度不变。

（5）将“内容”占位符适当往下移动一些位置，最终效果如图4-1-8所示。

7. 用上述相同的办法添加后面7张“标题和内容”版式的幻灯片，有关诗句的文本可从“古诗词.txt”文档中复制。

操作步骤：

（1）重复上述方法新建第4～10张幻灯片。或者利用视图左侧“幻灯片窗格”右击第3张幻灯片，在弹出的快捷菜单中选择“复制幻灯片”命令（见图4-1-10），然后更改其中的内容即可，依次新建第5～10张幻灯片。

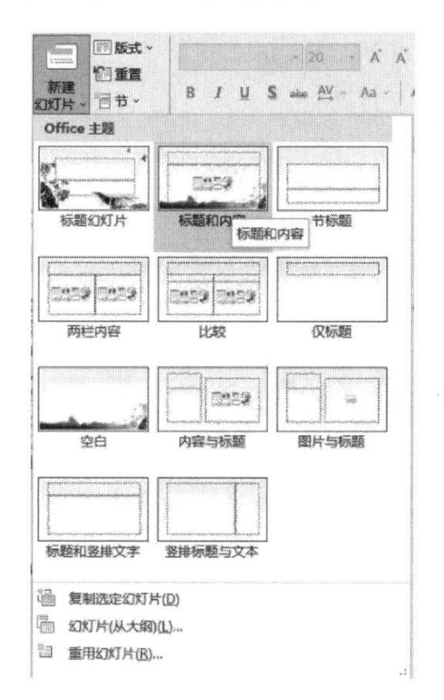

图4-1-9　新建“标题和内容”版式的幻灯片

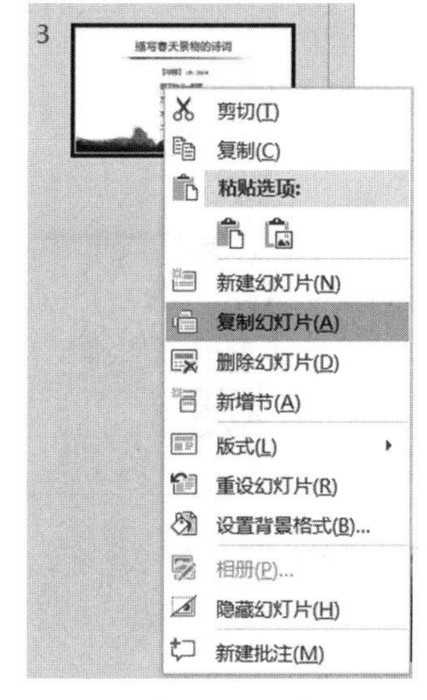

图4-1-10　复制幻灯片

（2）利用“视图”选项卡切换到“幻灯片浏览”视图，效果如图4-1-11所示。

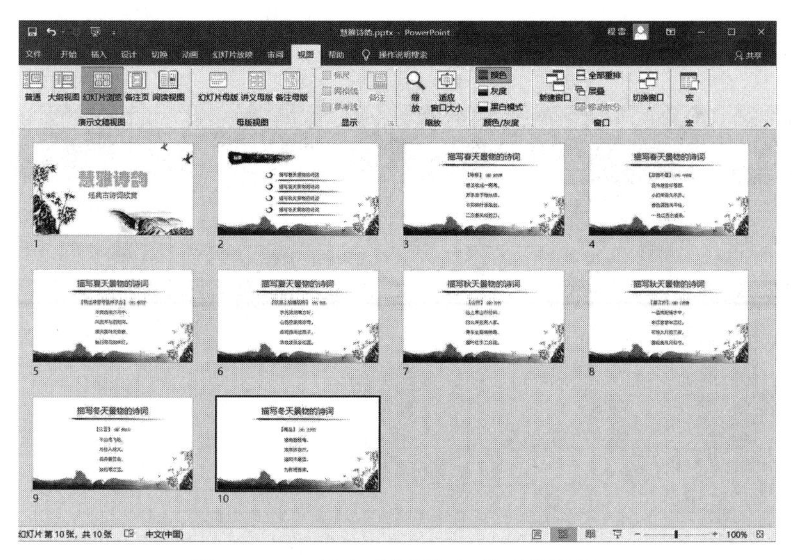

图4-1-11　新建后几张幻灯片后的效果

8. 新建一张版式为“标题”的幻灯片作为结束页，在“主标题”占位符中输入“谢谢欣赏”，设置其艺术字样式为“渐变填充，灰色”，文本效果为紧密映像，8磅偏移量，字体为华文琥珀、大小为72，颜色为橙色。

操作步骤：

（1）单击“开始”选项卡“幻灯片”组中的“新建幻灯片”按钮，在下拉列表中选择“标题”版式。

（2）在“标题”占位符中输入文本“谢谢欣赏”，在“绘图工具/格式”选项卡“艺术字样式”列表中选择“渐变填充，灰色”样式；选择“文本效果/映像”列表中的“紧密映像，8pt偏移量”效果；然后选择字体华文琥珀、大小为72，颜色为“橙色”。效果如图4-1-12所示。

图4-1-12　结束页的效果

9. 在第一张幻灯片中插入音频文件“桃李园序.mp3”，并将该音乐作为幻灯片放映时自动循环播放的背景音乐。

操作步骤：

（1）选中第1张幻灯片，单击“插入”选项卡“媒体”组中的“音频”按钮，选择“PC上的音频”命令，插入实训素材中的音频文件“桃李园序.mp3”。

（2）选中该音频，在“音频工具/播放”选项卡“音频选项”组中进行如图4-1-13所示设置：自动、跨幻灯片播放、循环播放和放映时隐藏。

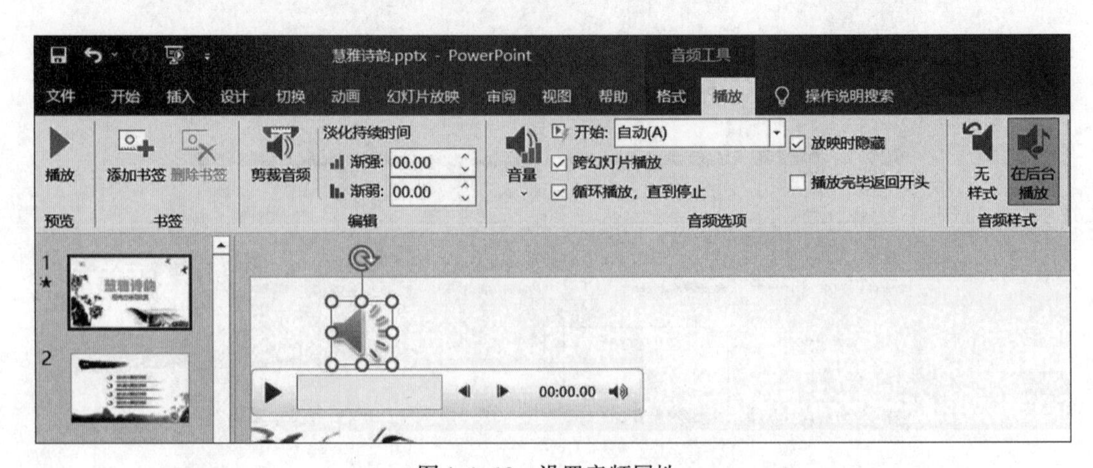

图4-1-13　设置音频属性

10. 给整个演示文稿第1、3、5、7、9、11张幻灯片设置6个逻辑节，名称分别是“开头”“春天”“夏天”“秋天”“冬天”“结尾”。

操作步骤：

（1）右击第1张幻灯片，在弹出的快捷菜单中选择“新增节”命令，在弹出的“重命名节”对话框中输入节的名称“开头”，即在第1张幻灯片前插入了一个节。

也可以右击该节，在弹出的快捷菜单中选择“重命名节”命令（见图4-1-14），输入“开头”即可。

（2）用相同的方法在第3、5、7、9、11张幻灯片前设置另5个节，节名分别为“春天”“夏天”“秋天”“冬天”“结尾”。整体效果如图4-1-15所示。

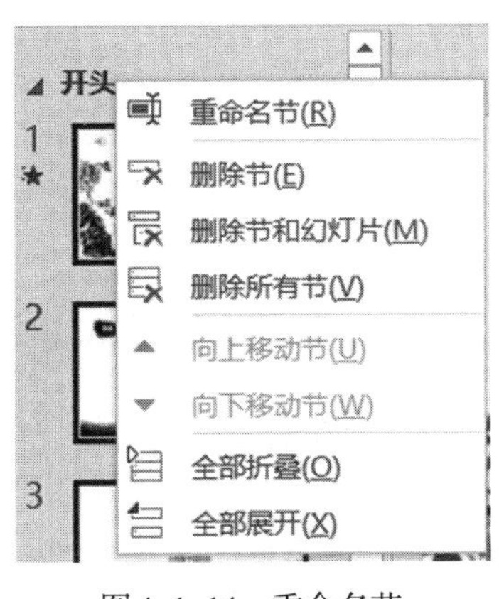

图4-1-14　重命名节

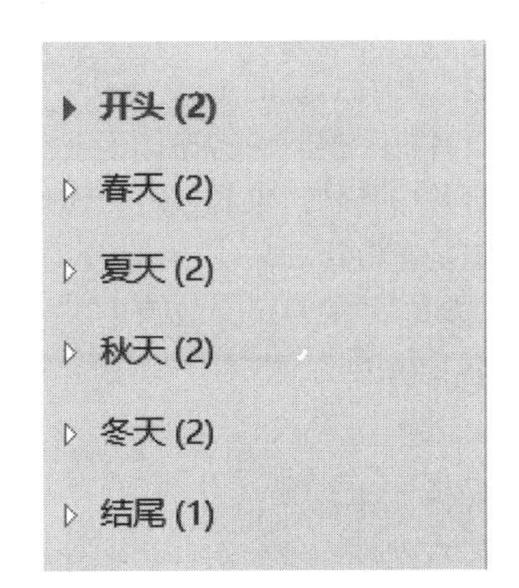

图4-1-15　设置节的效果

四、实训拓展

启动PowerPoint 2016，打开实训素材“项目4\实训1\云计算.pptx”文件，按下列要求操作，将结果以原文件名存入C:\KS文件夹。

1. 将幻灯片尺寸改为“宽屏(16:9)”，将演示文稿的主题更改为“离子”，然后将主题颜色更改为“蓝色”，主题字体更改为“华文中宋”。

2. 将第1张幻灯片的标题文字设置其字体格式为：大小80、居中，艺术字样式为列表中的第3行第4列；并插入图片“cloud.png”，适当调整大小，放置在标题文字上方。

3. 将第16张幻灯片上的图片复制到第2张幻灯片，放置在文字下方居中位置，样式设置为“松散透视，白色”效果，并适当调整文本位置。

4. 删除第3、13和第16张幻灯片（注意删除的正确性，例如可逆序删除），将第11张幻灯片移到第4张幻灯片前。

5. 第2～13张幻灯片内容区的文字大小均改为24，行间距为1.5倍，适当调整每张幻灯片中的文字位置。

6. 为第1张幻灯片添加音频“ns.wma”，并设置为幻灯片放映时的背景音乐；将第5张幻灯片的3个并列项转换为SmartArt中的“水平项目符号列表”图形。

7. 在演示文稿最后插入一张版式为“空白”的幻灯片，插入艺术字“谢谢！”，字体大小为96，字体颜色为白色，艺术字样式为列表中第3行第4列的样式。

8. 给整个演示文稿的第1、2、14张幻灯片处设置3个逻辑节，名称分别是“开头”“正文”“结尾”。

实训2　幻灯片的放映效果

一、实训目的与要求

1. 熟练掌握幻灯片切换效果的设置方法。
2. 熟练掌握幻灯片对象动画效果的设置方法。
3. 掌握对象动作和超链接的设置。
4. 掌握幻灯片放映的相关操作。

二、实训内容

1. 设置幻灯片版式的页眉/页脚。
2. 幻灯片的切换效果的操作。
3. 幻灯片中各种对象的自定义动画的操作。
4. 对象的超链接和动作按钮的设置。
5. 设置幻灯片的自定义放映。

三、实训范例

打开“项目4\实训2\慧雅诗韵.pptx”演示文稿，按下列要求进行操作，最终结果以原文件名保存在C:\KS文件夹中。

1. 为所有幻灯片添加幻灯片编号和页脚文字“领略古诗中春夏秋冬”，标题幻灯片中不显示；要求“幻灯片编号”放置在幻灯片底部中间位置，大小为16，白色，页脚文字放置在幻灯片底部左侧，微软雅黑，大小16，白色，左对齐。

操作步骤：

（1）单击“插入”选项卡“文本”组中的“页眉和页脚”按钮，弹出图4-2-1所示的对话框，在“幻灯片”选项卡中选中“幻灯片编号”和“页脚”复选框，并输入页脚内容“领略古诗中春夏秋冬”，勾选“标题幻灯片中不显示”复选框，单击“全部应用”按钮。

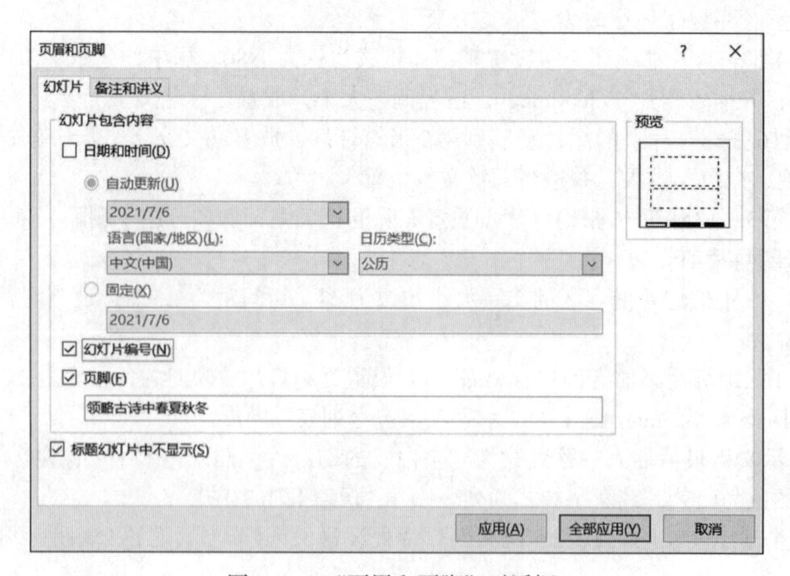

图4-2-1　“页眉和页脚”对话框

（2）单击“视图”选项卡“母版视图”组中的“幻灯片母版”按钮，切换到“幻灯片母版”视图，在左侧列表中，选中第1张母版（此为全局母版）；在编辑窗口中将三个占位符进行位置的调整；将“编号”占位符移到中间，将“页脚”占位符移到左侧，将“日期”占位符移到右侧，如图4-2-2所示。

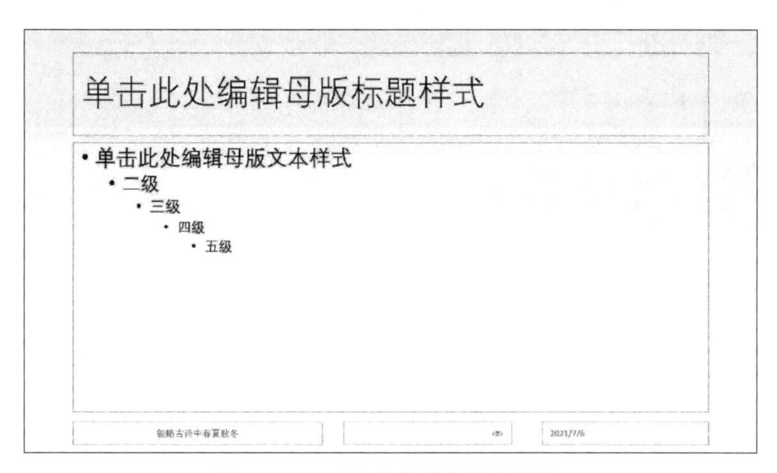

图4-2-2　三个占位符位置的调整

（3）选中“幻灯片编号”占位符，在“开始”选项卡中将其字体设置为大小16、白色、居中；再选中“页脚”占位符，在“开始”选项卡中设置其字体为微软雅黑、大小16、白色、左对齐。最后单击“幻灯片母版”选项卡“关闭”组中的“关闭母版视图”按钮返回普通视图。

2. 除了第1和第11张幻灯片采用“擦除”的切换效果外，其余幻灯片均采用“页面卷曲”的切换方式，效果为“双左”，切换的持续时间均为2 s，自动换片时间为8 s。

操作步骤：

（1）选择“切换”选项卡“切换到此幻灯片”组“预设切换效果”列表中的“页面卷曲”选项，在“效果选项”中选择“双左”效果；在“计时”组中设置“持续时间”为“02.00”，设置“设置自动换片时间”为8 s，然后单击“全部应用”按钮，如图4-2-3所示。

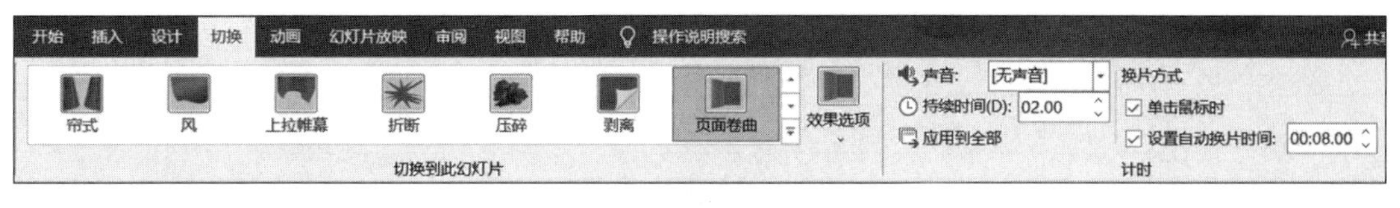

图4-2-3　切换效果的设置

（2）选中第1和第11张幻灯片，选择“切换”选项卡“切换到此幻灯片”组“预设切换效果”列表中的“擦除”选项，将“持续时间”更改为“02.00”。

3. 将第2张幻灯片中的“目录”两字和笔墨图片组合成一个对象，将SmartArt和四条分隔线组合成一个对象，然后为这2个对象设置进入的动画效果，其中标题设置为“与上一个动画同时，自左侧 擦除”的效果；SmartArt对象设置为“上一个动画1 s之后，持续2 s，自顶部擦除”的效果。

操作步骤：

（1）选择第2张幻灯片，选中“笔墨”图片，按住【Shift】键再选中“目录”两个字，选择“图片工具/格式”选项卡“排列”组中“组合”下拉列表中的“组合”命令（见图4-2-4），将两个对象组合成一个对象。同样方法将SmartArt图形和四条分隔线组合成一个对象。

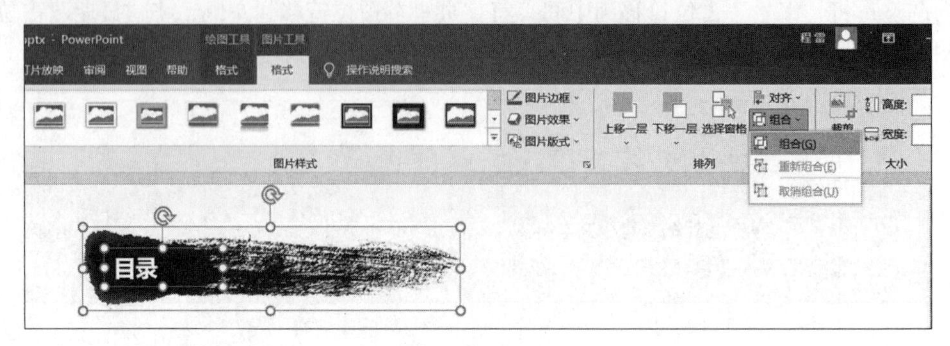

图4-2-4　对象的组合

（2）选中标题组合对象，然后单击“动画”选项卡“动画”组的快翻按钮，在列表“进入”中选择“擦除”，如图4-2-5所示，再在“效果选项”中选择“自左侧”，在“计时”组的“开始”栏中选择“与上一个动画同时”。

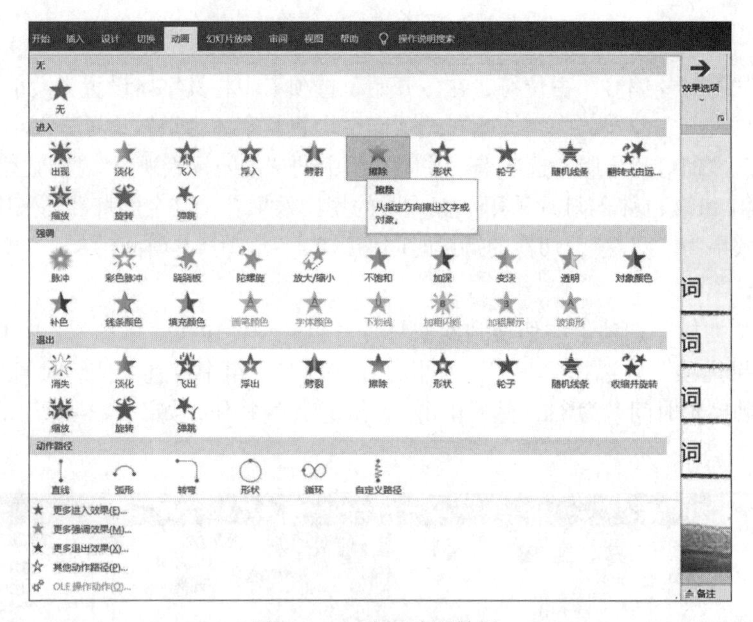

图4-2-5　选择动画效果

（3）选中SmartArt组合对象，然后单击“动画”选项卡“动画”组的快翻按钮，在列表“进入”中选择“擦除”，在“效果选项”中选择“自顶部”，再在“计时”组中按图4-2-6所示设置计时效果。

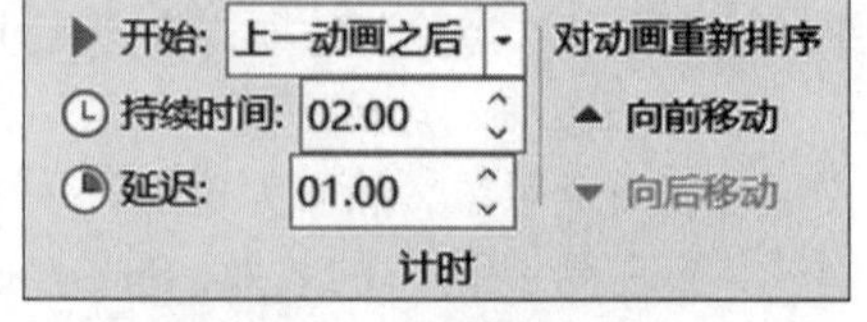

图4-2-6　设置动画计时

4. 设置第3张到第10张幻灯片中文本的动画效果为“随机线条”，文本内容采用中速、按词顺序、延迟1 s的自动播放效果。

操作步骤：

（1）单击第3张幻灯片中的文本占位符，然后选择“动画”选项卡“动画”组中的“随机线条”效果；单击“动画”选项卡“高级动画”组中的“动画窗格”按钮，如图4-2-7所示，在窗口右侧显示“动画窗格”。

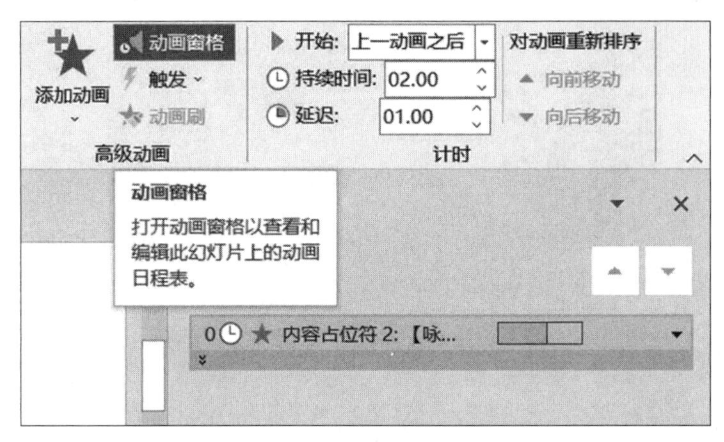

图4-2-7　显示动画窗格

（2）在“动画窗格”中双击该动画，弹出“随机线条”对话框，在“效果”选项卡中设置“动画文本”为“按词顺序”，在“计时”选项卡中选择“上一个动画之后”、延迟1 s和中速（2 s）的效果，如图4-2-8所示，最后单击“确定”按钮。

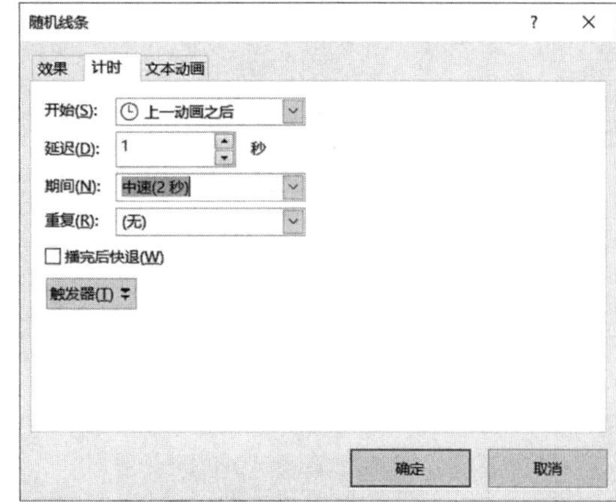

图4-2-8　“效果选项”对话框

（3）选中该文本对象，双击“高级动画”组中的“动画刷”按钮，依次单击第4～10张幻灯片中的文本对象实现动画效果的复制，最后单击“动画刷”按钮结束动画复制。

5. 在第1张幻灯片上插入4.png图片，放置在页面左下角外侧，为其设置如图4-2-9所示的自定义路径，要求与上一个动画同时，延迟1 s，持续时间5 s的动画效果。

操作步骤：

（1）选择第1张幻灯片，单击“插入”选项卡“图像”组中的“图片”按钮，插入4.png图片，将其放置在页面左下角外侧。

（2）选中该图片，选择“动画”选项卡“动画”组列表“动作路径”中的“自定义路径”，用鼠标在页面上绘制一个带有弧线的飞行路径至右上角页面外侧，双击结束绘制。

图4-2-9　自定义动画路径

（3）在“动画”选项卡“计时”组中设置：与上一个动画同时，延迟1 s，持续时间5 s的动画效果。

6. 为第2张幻灯片中的4个目录项分别设置其超链接，分别链接到第3、5、7、9张幻灯片；在第4、6、8、10张幻灯片的右下角分别添加一个“返回”的动作按钮（形状采用：圆角矩形；样式采用“细微效果-灰色，强调颜色3”，无轮廓；文字采用：微软雅黑、大小14、白色、加粗），单击可以返回到第2张幻灯片。

操作步骤：

（1）选择第2张幻灯片，选中“描写春天景物的诗词”文字，单击“插入”选项卡“链接”组中的“超链接”按钮，弹出“插入超链接”对话框，在“链接到”列表中选择“本文档中的位置”选项，在“请选择文档中的位置”列表中选择第3张幻灯片，如图4-2-10所示，然后单击“确定”按钮。使用相同的方法为另外3个目录项添加相应的超链接。

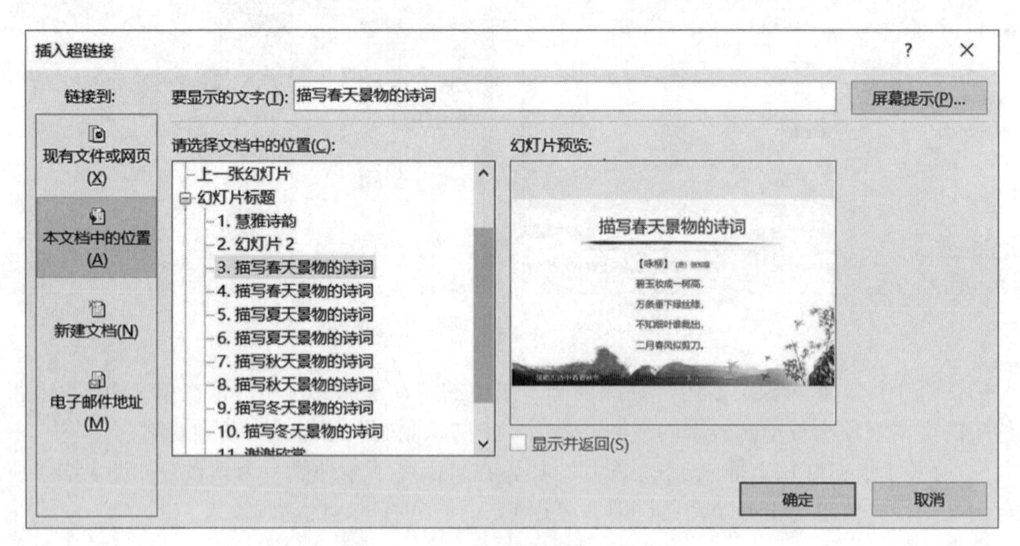

图4-2-10　“插入超链接”对话框

（2）选择第4张幻灯片，单击“插入”选项卡“插图”组中的“形状”按钮，在下拉列表“动作按钮”类中选择“自定义”动作按钮，使用鼠标在幻灯片右下角绘制一个动作按钮，释放鼠标弹出“操作设置”对话框，在“超链接到”列表中选择“幻灯片…”（见图4-2-11），在弹出的列表中选择第2张幻灯片，单击“确定”按钮返回。

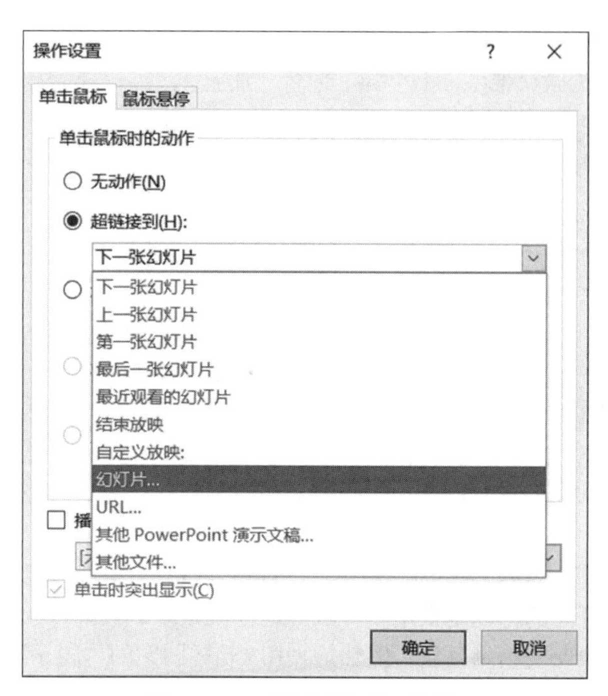

图4–2–11　“操作设置”对话框

（3）选中该动作按钮，选择“绘图工具/格式”选项卡“插入形状”组“编辑形状/更改形状”列表中的“圆角矩形”（见图4–2–12），在“形状样式”列表中选择“细微效果–灰色，强调颜色3”（第4行第4列），在“形状轮廓”中选择“无轮廓”。

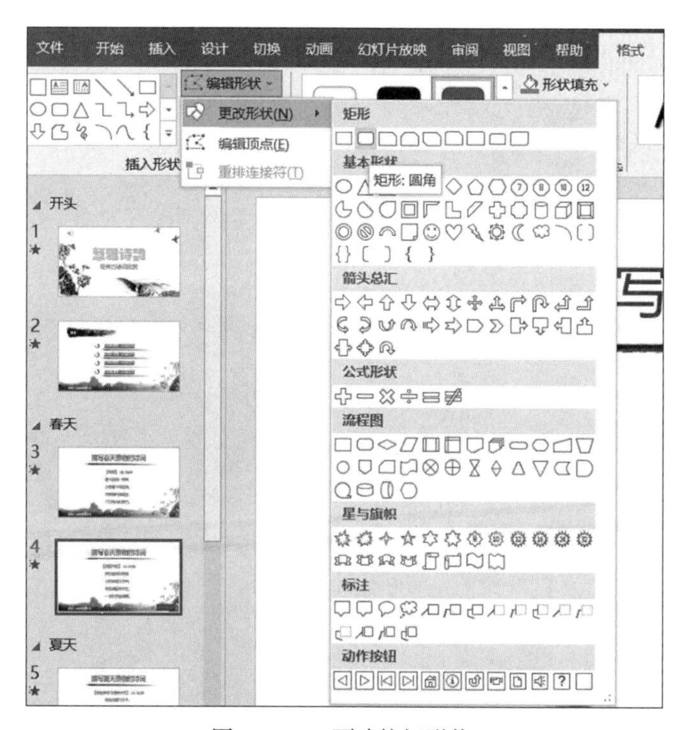

图4–2–12　更改按钮形状

（4）右击该动作按钮，在弹出的快捷菜单中选择“编辑文字”，在按钮面板上输入“返回”，并将字体设置为“微软雅黑、大小14、白色、加粗”。

（5）用上述相同的方法依次在第6、8、10张幻灯片上添加“返回”按钮。更简便的方法是通过复制上述建立的动作按钮到第6、8、10张幻灯片上。

四、实训拓展

启动PowerPoint 2016，打开实训素材“项目4\实训2\二十四节气.pptx”文件，按下列要求操作，将结果以原文件名存入C:\KS文件夹。

1. 将幻灯片的尺寸改为“宽屏(16:9)”；将第1张幻灯片的版式更改为“标题幻灯片”；将所有幻灯片的主题设置为“天体”，变体选用默认列表中的第4项。

2. 设置“标题幻灯片”的标题为“华文隶书，88号”；在副标题占位符中输入“上海工商职业技术学院 国韵坊”，字体采用微软雅黑。

3. 合理调整第2～9张幻灯片的文字和图片的布局；将第2～9张幻灯片的标题字体均设置为“华文中宋”，正文设置为“微软雅黑、18、1.5倍行距”，图片样式为“映像圆角矩形”。

4. 设置所有幻灯片的切换效果为“切换”，方向“向左”，持续时间2 s，换片时间为8 s。

5. 第2～9张幻灯片的标题均采用“浮入”的动画效果，效果选项为“下浮”，文本均采用自幻灯片中心“缩放”的动画效果，图片均采用2轮辐图案的“轮子”动画。每个动画效果均采用“上一个动画之后”。

6. 在最后添加一张版式为“空白”的幻灯片，插入第4行第5列样式的艺术字“再见！”，字体大小为96；并在右下角添加一个动作按钮，按钮文字为“结束”，单击该按钮可以结束放映。

7. 在第1张幻灯片上插入歌曲“二十四节气.mp3”，并设置其为放映时的背景音乐。

8. 设置“自定义放映1”，其放映的幻灯片次序为：第1、2、8、7、3、4、5、6、9、10张幻灯片。

9. 导出视频文件“二十四节气.mp4”，每张幻灯片放映8 s，视频文件存放在C:\KS文件夹下。

实践项目5

网络应用

 实训1　网络信息的查询

一、实训目的与要求

1. 掌握本机的网络配置信息的查询。
2. 掌握网络连通情况的测试。
3. 掌握本机IP地址的配置。

二、实训内容

1. 查看本机的物理地址、IP地址、子网掩码等网络信息。
2. 测试本机与默认网关的连通情况。
3. 查看本机IP地址的配置情况。

三、实训范例

1. 使用ipconfig命令，查看本机的物理地址、IP地址、子网掩码、默认网关、DNS服务器等完整的网络信息，并将这些信息保存在C:\KS\netinfo.txt中。

操作步骤：

（1）按【Win+R】组合键，打开“运行”对话框，输入“cmd”命令，或者在任务栏的搜索栏中输入“cmd”命令，选择“命令提示符”，都可以打开“命令提示符”窗口，如图5-1-1所示。

图5-1-1　“命令提示符”窗口

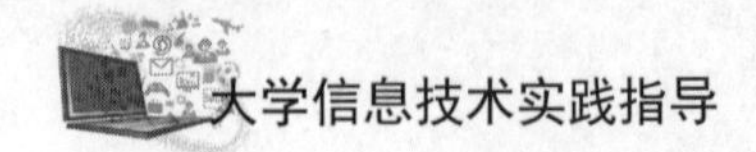

（2）在提示符状态下输入：ipconfig/all（参数/all，表示是完整的网络信息），即可得到相关的本机完整的网络信息，如图5–1–2所示。

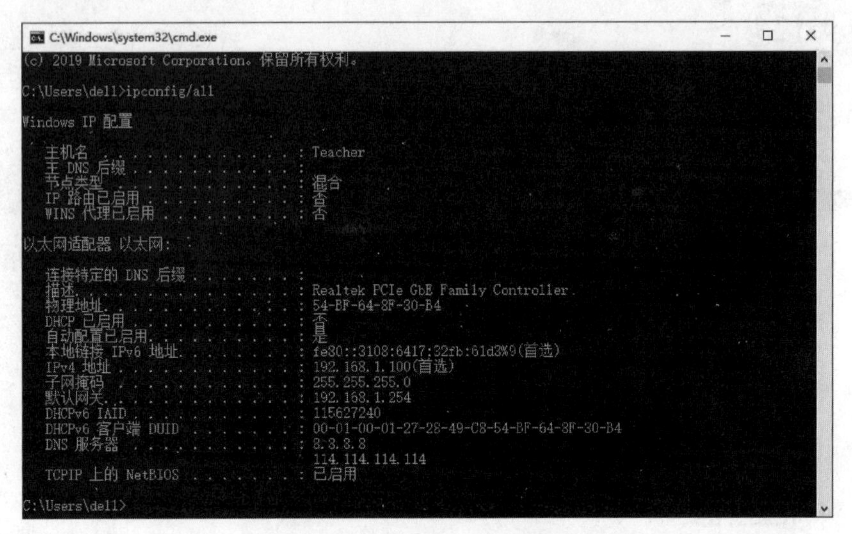

图5–1–2　查询到的网络信息

（3）在提示符窗口选中这些信息，直接右击选择“复制”命令（或按【Ctrl+C】组合键）将信息复制到“剪贴板”上，然后启动“记事本”，将信息粘贴过来，如图5–1–3所示，最后将其以“netinfo.txt”为文件名，保存C:\KS文件夹中。

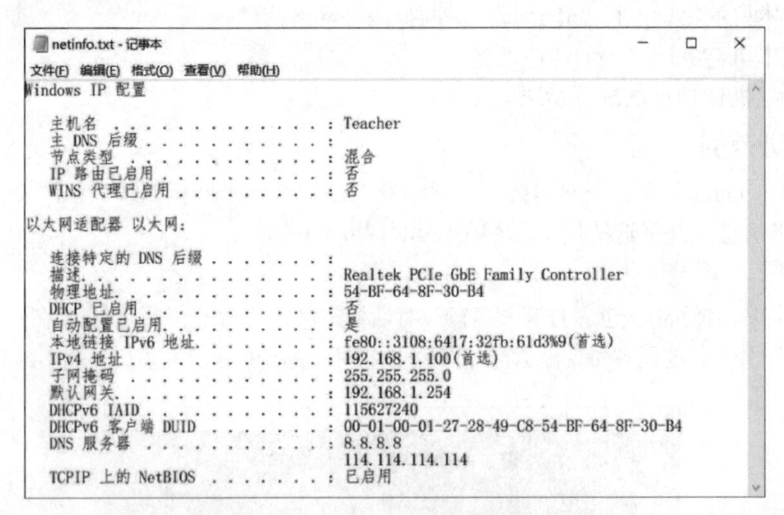

图5–1–3　“记事本”窗口

2. 使用ping命令，持续测试本机与默认网关的连通情况，直到手动结束为止，并将得到的测试结果窗口截图保存在C:\KS\ping.jpg图像文件中。

操作步骤：

（1）打开“命令提示符”窗口，在提示符状态下输入：ping –t 192.168.0.102（参数“–t”，持续测试），即可持续测试与默认网关地址的连通情况，按【Ctrl+C】组合键可结束测试，如图5–1–4所示。

```
C:\Windows\system32\cmd.exe
Microsoft Windows [版本 10.0.18363.1198]
(c) 2019 Microsoft Corporation。保留所有权利。

C:\Users\dell>ping -t 192.168.1.100

正在 Ping 192.168.1.100 具有 32 字节的数据:
来自 192.168.1.100 的回复: 字节=32 时间<1ms TTL=128
来自 192.168.1.100 的回复: 字节=32 时间<1ms TTL=128
来自 192.168.1.100 的回复: 字节=32 时间<1ms TTL=128
来自 192.168.1.100 的回复: 字节=32 时间<1ms TTL=128
来自 192.168.1.100 的回复: 字节=32 时间<1ms TTL=128
来自 192.168.1.100 的回复: 字节=32 时间<1ms TTL=128
来自 192.168.1.100 的回复: 字节=32 时间<1ms TTL=128
来自 192.168.1.100 的回复: 字节=32 时间<1ms TTL=128

192.168.1.100 的 Ping 统计信息:
    数据包: 已发送 = 8，已接收 = 8，丢失 = 0 (0% 丢失)，
往返行程的估计时间(以毫秒为单位):
    最短 = 0ms，最长 = 0ms，平均 = 0ms
Control-C
^C
C:\Users\dell>
```

图5-1-4　连通情况的测试

（2）打开“截图工具”程序，单击“新建”按钮，框选所要截取的区域（见图5-1-5），单击“保存”按钮，将其以“ping.jpg”为文件名保存在C:\KS文件夹中。

图5-1-5　“截图工具”窗口

3．查询本机在以太网中IPv4地址的配置情况，并将相关的对话框保存在C:\KS\IP.jpg图像文件中。

操作步骤：

（1）打开“控制面板”窗口，单击“查看网络状态和任务”超链接，打开图5-1-6所示窗口，单击左侧的“更改适配器设置”，打开“网络连接”窗口（见图5-1-7）。

图5-1-6　“网络和共享中心”窗口

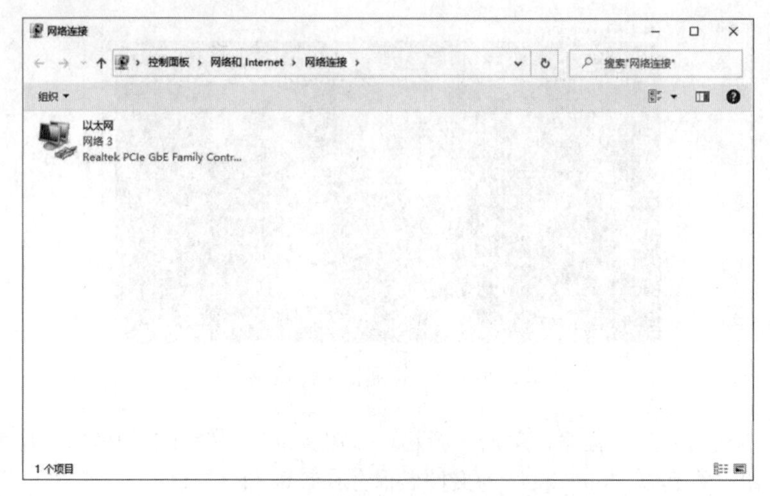

图5-1-7 “网络连接”窗口

（2）右击其中的“以太网”图标，在弹出的快捷菜单中选择“属性”命令，即可打开“以太网 属性”对话框（见图5-1-8），选择“此连接使用下列项目”列表框中的“Internet协议版本 4（TCP/IPv4）”，单击“属性”按钮，即可打开“Internet协议版本 4（TCP/IPv4）属性”对话框（见图5-1-9），在该对话框中即可了解到本机在以太网中的IP地址的配置情况。

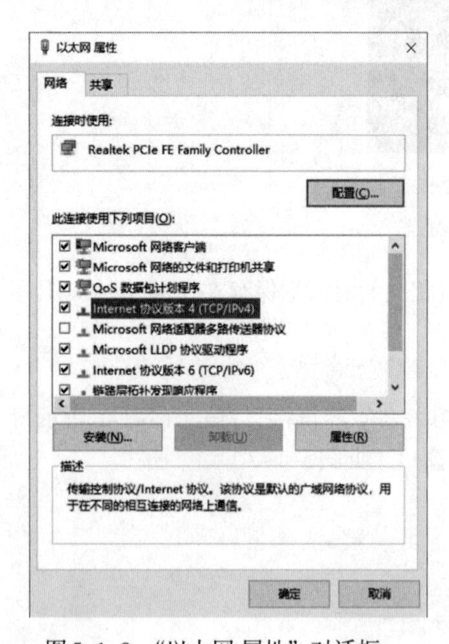

图5-1-8 “以太网 属性”对话框

Internet 协议版本 4 (TCP/IPv4) 属性
常规
如果网络支持此功能，则可以获取自动指派的 IP 设置。否则，你需要从网络系统管理员处获得适当的 IP 设置。
自动获得 IP 地址(O)
使用下面的 IP 地址(S):
IP 地址(I): 192 . 168 . 1 . 100
子网掩码(U): 255 . 255 . 255 . 0
默认网关(D): 192 . 168 . 1 . 254
自动获得 DNS 服务器地址(B)
使用下面的 DNS 服务器地址(E):
首选 DNS 服务器(P): 8 . 8 . 8 . 8
备用 DNS 服务器(A): 114 . 114 . 114 . 114
退出时验证设置(L)
高级(V)...
确定
取消

图5-1-9 “Internet协议版本4（TCP/IPv4）属性”对话框

（3）按【Alt+PrintScreen】组合键将当前窗口复制到“剪贴板”上，启动“画图”程序，选择“粘贴”命令，然后以IP.jpg为文件名保存在C:\KS文件夹中。

四、实训拓展

1. 使用ipconfig命令，查看本机基本的网络信息，并将这些信息截屏后保存在C:\KS\net.jpg图像文件中。

2. 使用ping命令，测试本机与www.baidu.com的连通情况，并将测试结果信息保存在

C:\KS\baidu.txt 中。

3. 查询本机在以太网中 IPv6 地址的配置情况，并将相关的对话框保存在 C:\KS\IPv6.jpg 图像文件中。

 实训 2　因特网的应用

一、实训目的与要求

1. 掌握因特网的访问和信息的查询。
2. 掌握搜索引擎的使用。
3. 掌握电子邮箱的注册和使用。

二、实训内容

1. 访问知网，查询有关的期刊论文。
2. 搜索引擎的使用。
3. 申请注册电子邮箱和邮件的收发。

三、实训范例

1. 访问“中国知网”（https://www.cnki.net/），检索以“课程思政”和“信息技术”为关键词，时间范围为2020年1月1日到目前为止发表的论文。在检索结果中找到引用量最高的文章打开，查看该论文的标题、摘要等信息，并把整个页面以“网页，仅HTML（*.html,*.htm）”为类型，文件名默认，保存在C:\KS文件夹中。

操作步骤：

（1）打开浏览器（本例中使用Windows 10自带的Micrisoft Edge浏览器），在地址栏中输入“中国知网”的URL（https://www.cnki.net/），打开图5-2-1所示的“中国知网”的首页。

图 5-2-1　“中国知网”的首页

（2）单击“高级搜索”按钮，打开“高级搜索”页面，然后在搜索条件中建立图5-2-2所

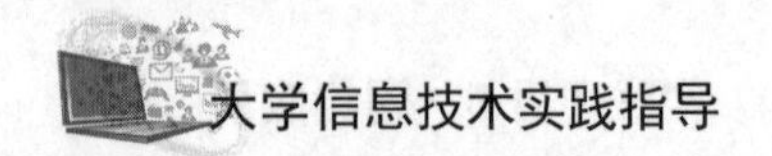

示的搜索条件，单击“检索”按钮，即可得到搜索结果，如图5-2-3所示。

图5-2-2　建立搜索条件

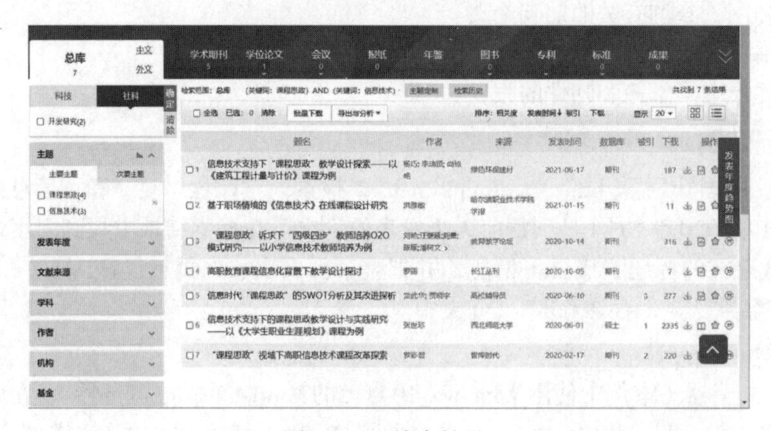

图5-2-3　搜索结果

（3）单击“被引”按钮，即可按照引用量排序，然后单击引用最多，且与关键词有关的文章“‘课程思政’视域下高职信息技术课程改革探索”，即可打开该文章的信息页面，可查看到摘要等基本信息（如需查看完整信息，则需要注册后付费下载），如图5-2-4所示。

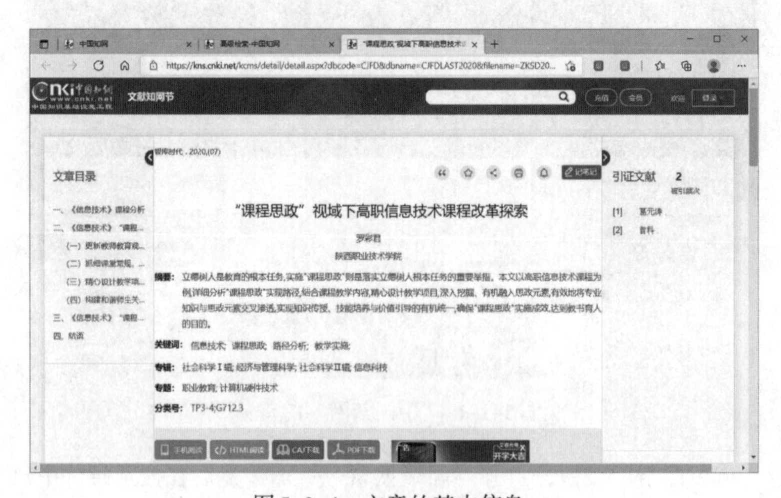

图5-2-4　文章的基本信息

（4）右击窗口任意位置，在弹出的快捷菜单中选择“另存为”命令，打开“另存为”对话框，在保存类型中选择“网页，仅HTML（*.html,*.htm）”，文件名默认，将其保存在C:\KS文件夹中。

2. 访问“百度”（http://www.baidu.com），以“二十四节气”“立秋”“习俗”为3个关键词进行搜索，从搜索结果中找到“百度百科”中的有关链接，单击打开，将文本复制到新建文本文件“立秋习俗.txt”，保存在C:\KS文件夹中。

操作步骤：

（1）打开浏览器，在地址栏中输入“百度”的URL（http://www.baidu.com），打开“百度”首页，然后在搜索栏中输入：二十四节气 立秋 习俗（关键词之间的空格，代表“与”关系），即可显示搜索结果，如图5-2-5所示。

图5-2-5　搜索结果

（2）从搜索结果中找到“百度百科”中的有关链接，单击打开“立秋(二十四节气之一) - 百度百科”，用鼠标选取所有文本，按【Ctrl+C】组合键复制到剪贴板，然后启动记事本，将文本复制到新建的文本文件中，最后以“立秋习俗.txt”为文件名保存在C:\KS文件夹中。

3. 访问“百度”（http://www.baidu.com），搜索包含“人工智能”“行业发展”两个关键词的pdf文件，找到“人工智能行业现状与发展趋势报告”文章，单击打开后以“AI.pdf”文件保存在C:\KS文件夹中。

操作步骤：

（1）利用浏览器打开“百度”首页，然后在搜索栏中输入：人工智能 行业发展 filetype:pdf，即可得到搜索结果，如图5-2-6所示。

（2）从搜索结果中找到“人工智能行业现状与发展趋势报告”文章，单击打开后在页面相应位置右击，在弹出的快捷菜单中选择“打印”命令，在弹出的“打印”对话框中，将“打印机”选择为“Microsoft Print to PDF”，如图5-2-7所示，单击“打印”按钮，弹出“将打印输出另存为”对话框，选择保存位置C:\KS文件夹，输入文件名AI.pdf，最后单击“保存”按钮。

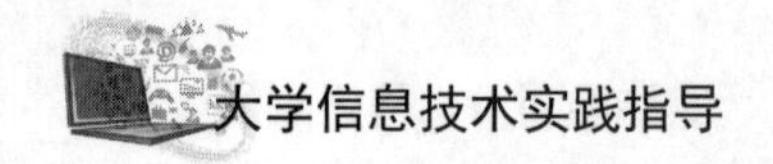

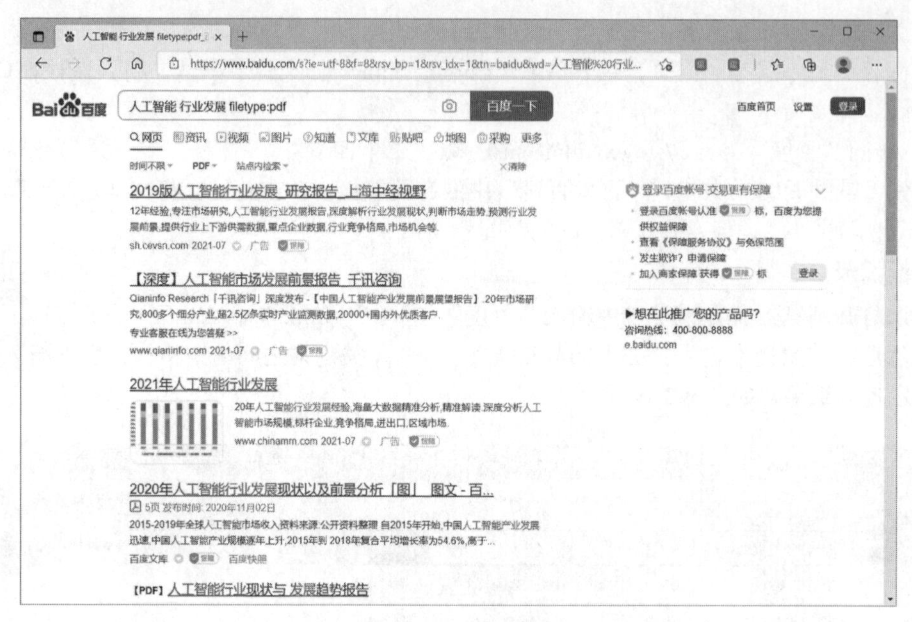

图5-2-6　搜索结果

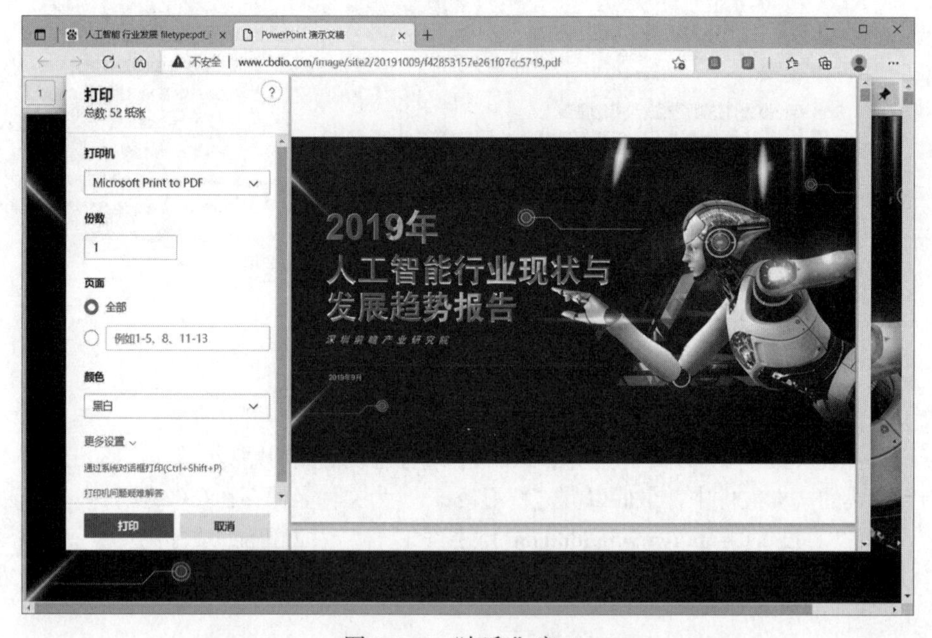

图5-2-7　“打印”窗口

4. 访问网易邮箱，首先注册一个网易邮箱账号，注册成功后向 Sicp_jsjjc@163.com 发送一份邮件，主题是“测试”，邮件内容为“网络操作实践测试（×××）”（×××表示学生姓名），并将上一题操作所保存的 AI.pdf 文件作为附件一同发送。

操作步骤：

（1）利用浏览器打开“网易邮箱”首页（https://mail.126.com），如图5-2-8所示，单击“注册网易邮箱”超链接，打开“欢迎注册网易邮箱”窗口。输入欲申请的用户名、密码和手机号，通过手机短信验证后即可进入邮箱，如图5-2-9所示。

图5-2-8　“网易邮箱”首页

图5-2-9　“用户邮箱”窗口

（2）单击左上方的“写信”按钮，打开新邮件窗口，输入收件人邮箱：Sicp_jsjjc@163.com；主题：测试；邮件内容：网络操作实践测试（×××），单击“添加附件”按钮，插入C:\KS\AI.pdf文件，如图5-2-10所示。最后单击“发送”按钮即可发送。

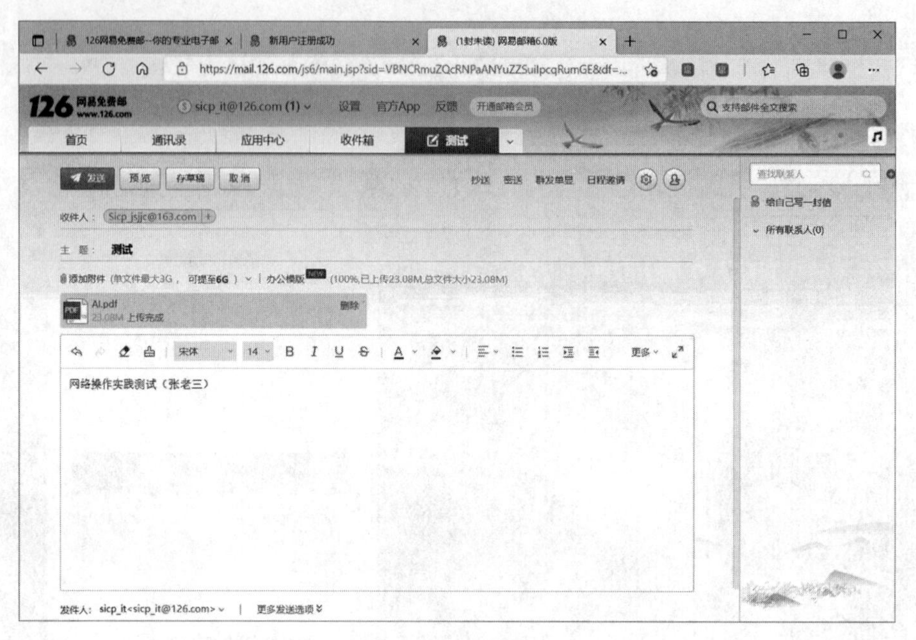

图5-2-10　新邮件窗口

四、实训拓展

1. 访问“中国高等教育学生信息网”（https://www.chsi.com.cn/），打开“研招”页面，找到“近五年考研分数线及趋势图（2017—2021）”，单击打开后将该页面以“研招.pdf”文件保存在C:\KS文件夹中。

2. 访问“百度”（http://www.baidu.com），搜索包含“专科”“信息技术”两个关键词的pdf文件，找到“高等职业教育专科信息技术_课程标准(2021年版)”文章，单击打开后将页面保存在C:\KS文件夹中，类型设置为“网页，全部（*.html,*.htm）”，文件名默认。

3. 登录腾讯邮箱，向Sicp_jsjjc@163.com发送一份邮件，主题是“课后练习”，内容是学生的学号、姓名、班级，并将上述两道题的操作结果打包压缩（压缩文件为学生姓名）后作为附件一同发送。

实践项目 6

数字图像处理

实训 1 图像的基本处理

一、实训目的与要求

1. 掌握选区工具的基本用法和选区的调整。
2. 熟练掌握工具箱中各类工具的使用。
3. 比较熟练地掌握色彩调整的基本方法。
4. 了解选区与图层的关系。

二、实训内容

1. 利用仿制图章工具抹去图像中多余的部分。
2. 利用选区工具制作夜空中的月亮。
3. 利用套索、魔棒、文字等工具进行图像的合成。
4. 利用图像色彩的调整美化汽车的颜色。

三、实训范例

1. 仿制图章和选区的应用

启动Photoshop，打开“项目6\实训1\夜.jpg”图像文件，利用仿制图章工具抹去左边的路灯，并利用选区工具制作图6-1-1所示的月亮效果。

图6-1-1 夜晚空中的月亮

操作步骤：

（1）选择工具箱中的“仿制图章工具”，按住【Alt】键，单击图片右侧黑夜的某一部位，释放【Alt】键；然后按住鼠标左键，在图片左侧路灯的位置进行涂抹，将路灯抹去。

注意：涂抹前适当调整画笔的大小，用鼠标涂抹过程中要观察十字光标的位置。

（2）在“图层”面板的下方单击“创建新图层”按钮来新建一个图层，在工具箱中选择“椭圆”选区工具，在选项面板上设置羽化为2像素，然后在新图层上利用“椭圆选框工具”绘制一个大小如图6-1-2所示的圆形选区（按住【Shift】键拖动鼠标，可以绘制出一个正圆选区）。

图6-1-2　建立一个圆形选区

（3）通过“工具箱”设置前景色为“白色”，使用“油漆桶工具”在圆形选区内单击填充颜色或通过【Alt+Delete】组合键进行前景色填充。

（4）通过选择“选择/修改/羽化（Shift+F6）”命令，对选区进行3个像素左右的羽化，再通过选择“选择/修改/扩展”命令，将选区扩展5个像素左右。

（5）选择“椭圆选框工具”，利用鼠标或键盘的方向键将选区拖动至左上方，如图6-1-3所示，按【Delete】键删除图层1内选区的像素，然后按【Ctrl+D】组合键取消选择。

图6-1-3　选区的羽化、扩展 和移动

（6）使用“移动工具”适当移动“月牙儿”的位置，最终效果见图6-1-1。将最终结果以JPEG格式保存在C:\KS文件夹下，命名为“夜晚的月亮.jpg”。

2. 套索、魔棒和文字工具

启动Photoshop，打开实训素材“项目6\实训1\”文件夹中的三个图像文件（沙滩.jpg、贝壳.jpg、海螺.jpg）进行合成，并输入文字“保护海洋生态系统”，字体为微软雅黑，大小48，颜色为#b09172，扇形的变形文字，效果如图6-1-4所示。

图6-1-4　图像合成效果图

操作步骤：

（1）选择“贝壳.jpg”图像，利用“磁性套索工具”在贝壳的边缘处单击，拖动鼠标指针沿着贝壳的边缘移动，当鼠标指针回到起点时，再次单击，自动吸附的线将会形成一个选区，从而将“贝壳”从背景中选中，如图6-1-5所示。

注意：磁性套索跟踪线上的锚点尽量贴近选取对象的边界处，在有些位置上可单击让锚点定位。

（2）选择“编辑/拷贝”命令，然后切换到“沙滩.jpg”图像文件的选项卡上，选择“编辑/粘贴”命令（注：也可以使用“移动工具”，将选区直接拖动到目标图像上）。

（3）选择“编辑/自由变换（Ctrl+T）”命令，按住【Shift】键，利用鼠标拖动图层1中“贝壳”四个角上的控制句柄来改变对象的大小，然后按【Enter】键确认，使用“移动工具”适当调整位置。

注意：按住【Shift】键可以等比例进行缩放；按住【Alt】键可以使对象围绕中心进行缩放。

（4）切换到“海螺.jpg”图像，选择“魔棒工具”，选项面板上选中“添加到选区”，将容差设置为16，然后通过多次单击“海螺”外的不同像素，使之连成一个选区，利用“选择/反选”命令建立“海螺”的选区，如图6-1-6所示。

图6-1-5　使用“磁性套索”工具建立选区

图6-1-6　使用“魔棒”工具建立选区

（5）利用前面两个步骤，将该选区复制到“沙滩.jpg”图像文件上，并调整大小、位置和角度，如图6-1-4所示。

（6）选择工具箱中的“横排文字工具”，在文字选项栏中设置字体为“微软雅黑”，大小48点，文本颜色为#b09172，光标定位后输入文字“保护海洋生态系统”，输入完成后，再单击文字选项栏上的“变形”按钮，弹出图6-1-7所示的“变形文字”对话框，样式选择“扇形”，弯曲改为“40”，单击“确定”按钮返回，最后选择“移动工具”将其适当调整位置，最终效果如图6-1-4所示。

注意观察图层面板中各图层的顺序关系，如图6-1-8所示。

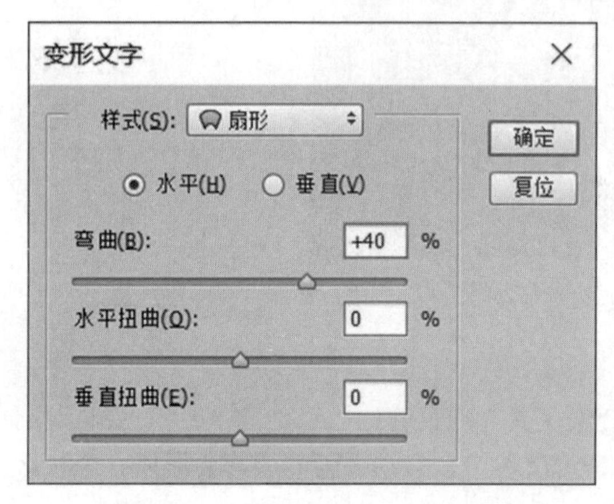

图6-1-7 “变形文字”对话框

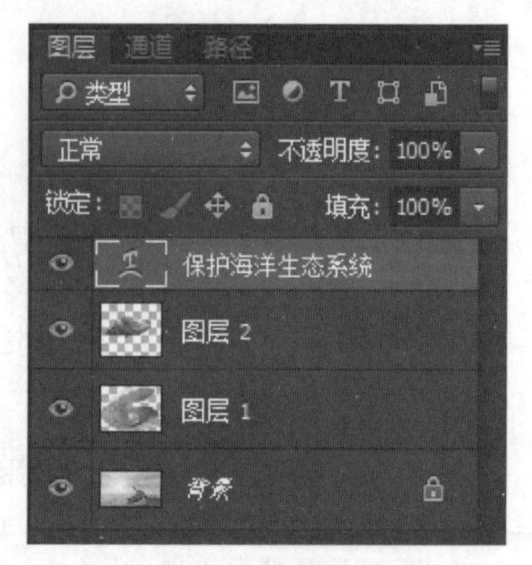

图6-1-8 图层的关系

（7）将文件以JPEG格式保存在C:\KS文件夹下，文件名为“保护海洋.jpg”。

3. 图像色彩的调整

启动Photoshop，打开实训素材“项目6\实训1”文件夹中的“汽车.jpg”和“街道.jpg”两个图像文件，先将“汽车.jpg”合成到“街道.jpg”中，调整大小、方向和位置，然后再分别对其进行色阶、色相/饱和度、色彩平衡等的调整，将车身的颜色分别调整为蓝色和白色，最后将文件以JPEG格式保存在C:\KS文件夹下，命名为“变色汽车.jpg”。效果如图6-1-9所示。

图6-1-9 街道上的车辆

操作步骤：

（1）图像合成。选择“汽车”图像，利用“魔棒”工具单击白色区域（注意顶部选项工具栏上勾选“连续”），选择“选择/反选”命令，即可选中汽车；然后利用“编辑/拷贝”命令（或直接按【Ctrl+C】组合键）复制选区，切换到“街道”图像，利用“编辑/粘贴”命令（或直接按【Ctrl+V】组合键）粘贴选区。

（2）图像调整。首先利用“编辑/变换/水平翻转”命令，然后利用“编辑/自由变换”，按住【Shift】键等比缩小，并调整合适的位置，如图6-1-10所示。

图6–1–10　经过调整后的街道上的汽车

（3）色相/饱和度的调整。选择“图像/调整”菜单中的“色相/饱和度”命令，打开“色相/饱和度”对话框，按图6–1–11所示设置“红色”的色相、饱和度和明度参数，可以发现调整后的“汽车”的颜色变成了蓝色。

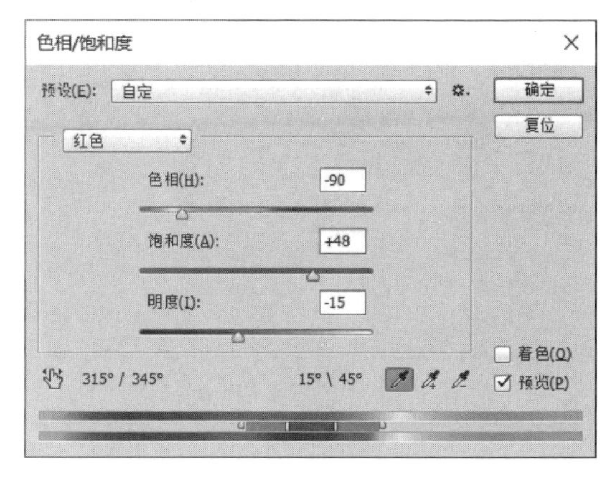

图6–1–11　“色相/饱和度”对话框

（4）色阶的调整。选择“图像/调整/色阶”命令，打开“色阶”对话框，如图6–1–12所示。设置“蓝”通道的“输入色阶”和“输出色阶”，调整图像的暗调、中间调和高光的参数，达到改变图像的色调范围和色彩平衡的目的，效果见图6–1–13所示。

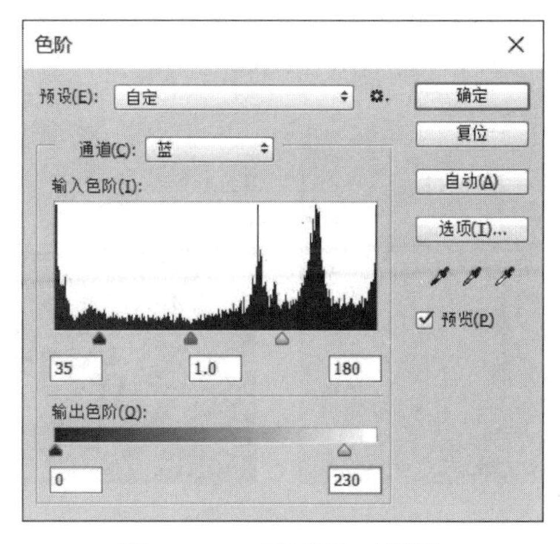

图6–1–12　“色阶”对话框

图6-1-13　调整色阶后的效果

（5）色彩平衡的调整。选择“图像/调整/色彩平衡”命令，打开“色彩平衡”对话框，如图6-1-14所示，设置图像的“中间调”的色彩平衡，通过改变青色与红色、洋红与绿色、黄色与蓝色这三对互补颜色的平衡来调整图像的颜色。

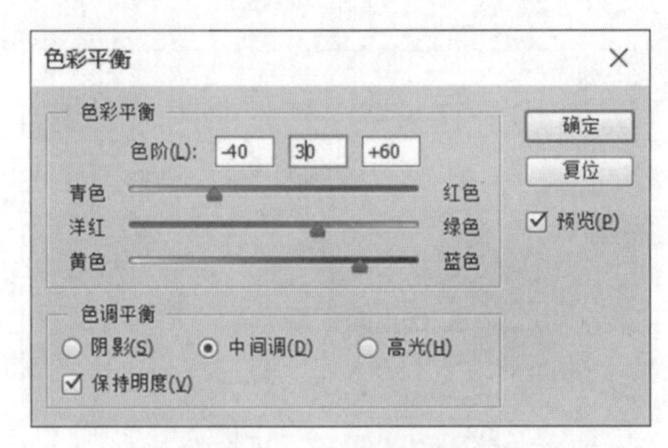

图6-1-14　“色彩平衡”对话框

（6）在图层面板复制“图层1”，先利用“图像/调整/去色”命令，使汽车成为灰色，然后可以利用“色阶”或“曲线”的调整，使汽车成为白色。调整好大小和位置后，效果如图6-1-9所示。最后将结果以JPEG格式保存在C:\KS文件夹下，命名为“变色汽车.jpg”。

四、实训拓展

打开实训素材“项目6\实训1”文件夹中的“校园.jpg”和“石头.jpg”图像文件，利用PS中相关的工具进行合成处理，最后将以JPEG格式保存在C:\KS文件夹下，文件名为“匠心筑梦.jpg”，原始图和效果图如图6-1-15、图6-1-16所示。

（a）校园

（b）石头

图6-1-15　原始素材

图6-1-16　合成处理后的效果图

实训 2　图层的各种处理

一、实训目的与要求

1. 熟练掌握图层的基本操作。
2. 掌握图层混合模式和图层透明度的设置。
3. 熟练掌握图层样式的设置。
4. 熟练掌握图层蒙版的基本用法。

二、实训内容

1. 制作“父爱如山”的宣传画。
2. 制作“上海城市精神”的宣传画。
3. 制作“致青春”的宣传画。

三、实训范例

1. 图层混合模式和图层透明度的调整

启动Photoshop，打开实训素材“项目6\实训2”文件夹中的“父子.jpg”和“星星.jpg”两个图像文件，利用图层混合模式、透明度，以及文字工具，制作图6-2-1所示的效果图。

图6-2-1　“父爱如山”效果图

操作步骤：

（1）选择“星星.jpg”图像，利用“选择/全部”命令选中整个图像，然后利用复制和粘贴的方法，将整个图像复制到“父子.jpg”的画面上。

（2）在“父子.jpg”图像的“图层”面板上选中“图层1”，然后在图层混合模式列表中选择“叠加”，调整该图层的不透明度为90%，如图6-2-2所示。

图6-2-2 图层的设置

（3）在工具箱中选择“直排文字工具”，在文字选项面板上，选择字体为华文隶书，大小60，颜色蓝色（#2874f0），光标定位后输入“父爱如”。

（4）在工具箱中选择“横排文字工具”，先定位光标，然后在文字选项面板上，选择字体为华文行楷，大小108，颜色红色，光标定位后输入“山”。

（5）选择“山”字所在的图层，然后打开“图层/图层样式”菜单中的“描边”命令，弹出图6-2-3所示的对话框，更改大小和颜色，再在样式列表中选择“投影”，如图6-2-4所示，更改角度、距离、扩展和大小，单击“确定”按钮。

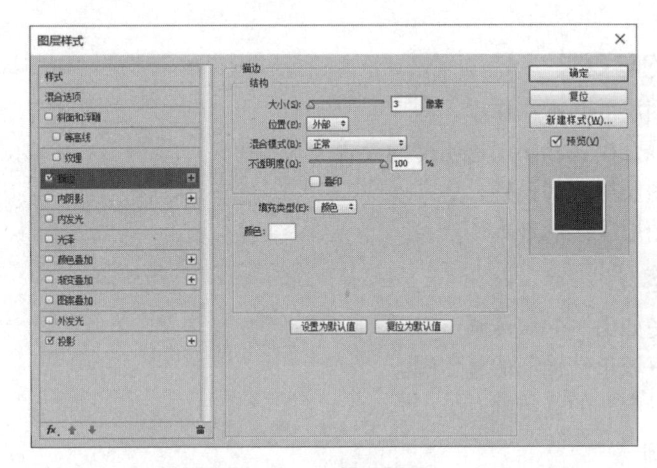

图6-2-3 描边设置

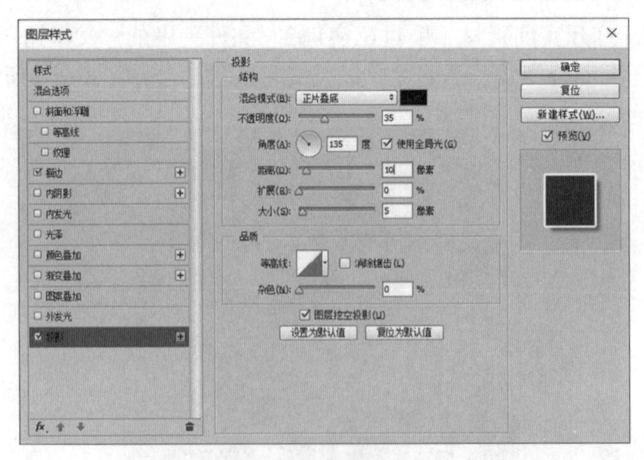

图6-2-4 投影设置

（6）选择“文件/存储为”命令，将操作结果以JPEG格式保存在C:\KS文件夹下，文件名为“父爱如山.jpg”。

2. 图层样式和蒙版文字

启动Photoshop，打开实训素材“项目6\实训2\上海.jpg”图像文件，利用文字工具和蒙版文字工具等制作图6-2-5所示的效果图。

图6-2-5 “上海城市精神”效果图

操作步骤：

（1）选择“文字”工具中的“横排文字蒙版工具”，在选项栏中设置文字的字体为微软雅黑，Bold、大小为120点，在图像相应位置上单击，此时整个图像被一层透明的红色覆盖，录入文字“上海城市精神”，如图6-2-6所示。

图6-2-6 输入蒙版文字

（2）退出文字蒙版状态，可以看到文字选区，适当调整文字选区的位置，如图6-2-7所示。

图6-2-7 蒙版文字建立的文字选区

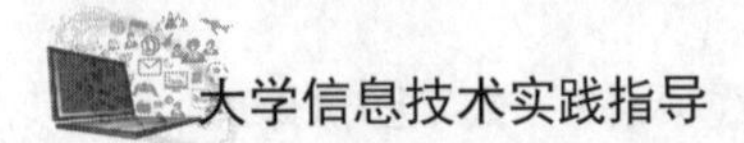

（3）利用复制和粘贴的方法产生一个新图层（由于复制的区域在位置上重叠于背景图层，似乎看不到东西，如果隐藏背景图层，就能看到），图层面板如图6–2–8所示。

（4）选中“图层1”，选择“图层/图层样式/描边”命令，弹出“图层样式”对话框，如图6–2–9所示，将大小更改为5，颜色更改为#faa238；再选择“外发光”样式，更改其颜色为#faa238、扩展10%、大小64，其他参数默认，单击“确定”按钮返回。效果如图6–2–5所示。

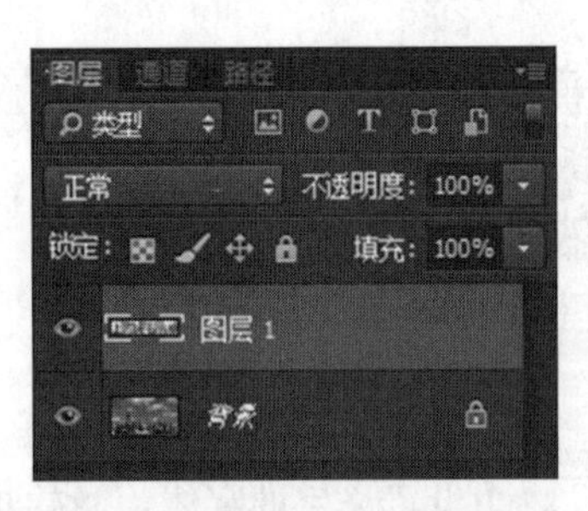

图6–2–8　复制选区产生的新图层

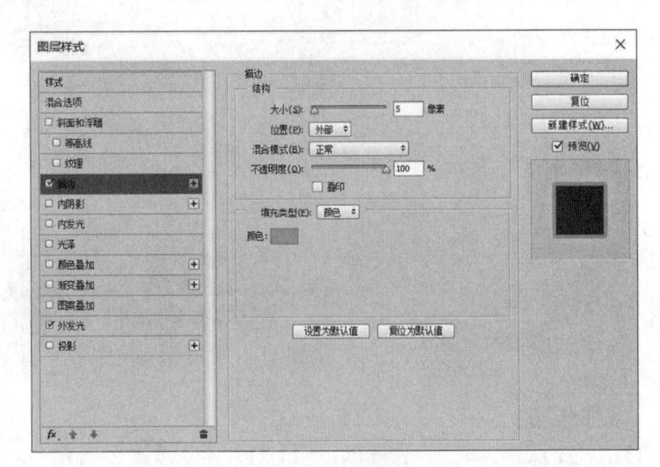

图6–2–9　描边设置

（5）选择“文字”工具中的“横排文字工具”，在选项栏中设置文字的字体为微软雅黑、Bold、大小为64点，在相应位置上单击，输入文字“海纳百川 追求卓越 开明睿智 大气谦和”。

（6）选择“图层/图层样式/描边”命令，弹出“图层样式”对话框，设置大小为5，颜色为白色，再选择“外发光”样式，更改其颜色为白色、扩展20%、大小60，单击“确定”按钮返回。然后在图层面板上，将该图层的“填充”设置为0%，如图6–2–11所示。最终效果如图6–2–5所示。

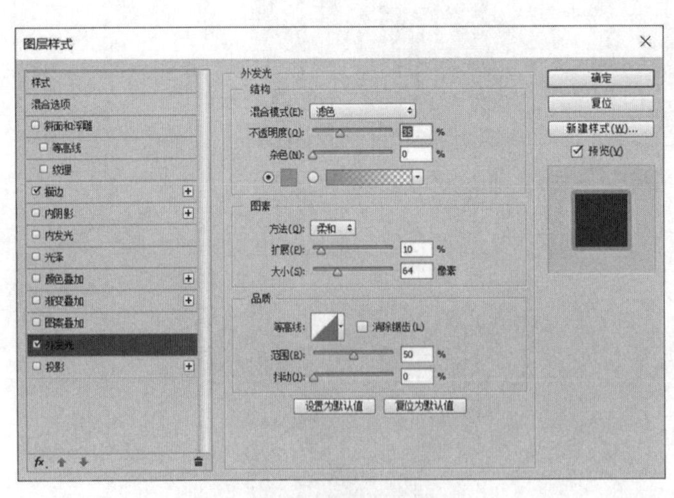

图6–2–10　外发光设置

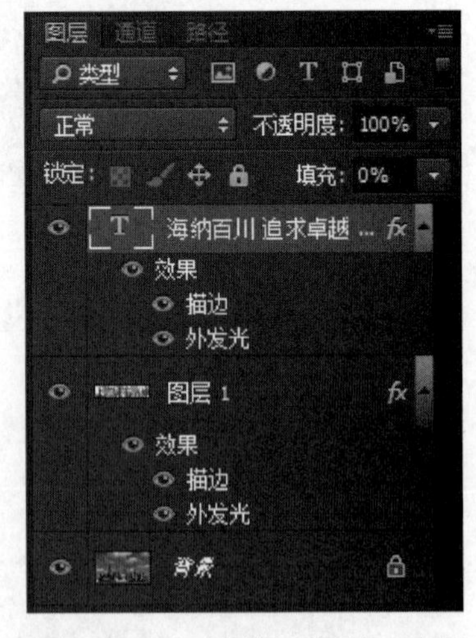

图6–2–11　文字图层面板的“填充”

（7）选择“文件/存储为”命令，将操作结果以JPEG格式保存在C:\KS文件夹下，文件名为“上海城市精神.jpg”。

3. 图层蒙版的使用

启动Photoshop，打开实训素材“项目6\实训2”中的“背景.jpg”和“青春.jpg”两个图像文件，利用图层蒙版等工具制作如图6-2-12所示的效果图。

图6-2-12　宣传画效果图

操作步骤：

（1）选择“青春.jpg”图像，利用“选择/全部”命令选中整个图像，然后利用复制和粘贴的方法，将整个图像复制到“背景.jpg”的画面上，适当调整位置（居中），如图6-2-13所示。

图6-2-13　图像复制后

（2）选中“青春”所在的图层，单击“图层”面板底部的“添加图层蒙版”按钮（见图6-2-14），为该图层添加了一个图层蒙版（见图6-2-15）。

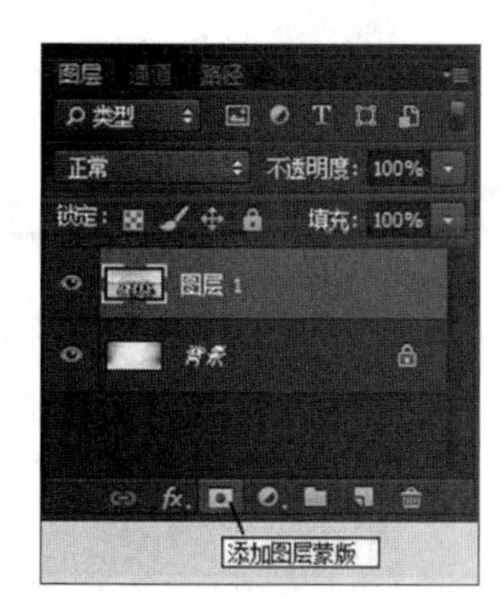

图6-2-14　“添加图层蒙版”按钮

图6-2-15　添加蒙版后的面板

（3）保持图层蒙板为选中状态，选择“渐变工具”，在选项面板“可编辑渐变”列表中选择“黑，白渐变”，方向选“线性”，利用鼠标从“青春”图像顶部垂直向下到2/3位置拉出一条直线，释放鼠标，效果如图6-2-16所示，发现两张图上方在色彩上自然混合。

（4）选择“画笔”工具，在选项面板上设置画笔大小为150，硬度为0%，如图6-2-17所示，将前景色改为“黑色”；然后利用画笔在“青春”图像的两侧进行涂抹，效果如图6-2-18所示，使得图像两侧的色彩能自然混合。

图6-2-16　图层蒙版上的“黑到白”渐变效果

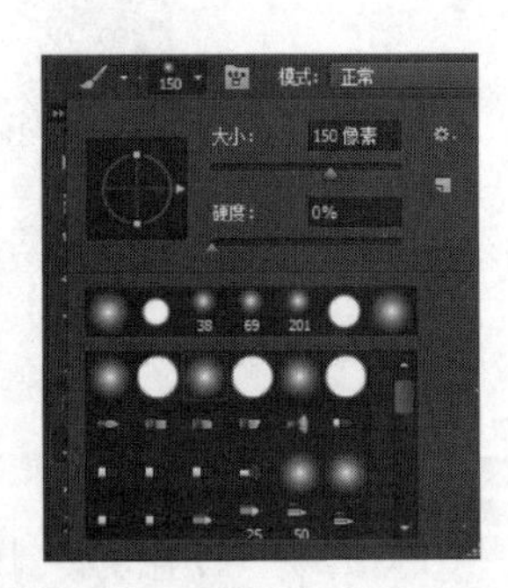

图6-2-17　“画笔”选项的设置

图6-2-18　图层蒙版上画笔的涂抹

（5）选择“横排文字工具”，在选项面板上选择“华康宋体W12”字体，大小56，颜色为蓝色，光标定位后输入文字“激昂青春志 共筑中国梦”；然后选择“图层/图层样式”中的“描边”，大小为5、白色，效果如图6-2-12所示，此时整个图层面板如图6-2-19所示。

注意：如果字体列表中没有“华康宋体W12”，可事先利用提供的素材来安装该字体。

（6）最后选择“文件/存储为”命令，将操作结果以JPEG格式保存在C:\KS文件夹下，文件名为“致青春.jpg”。

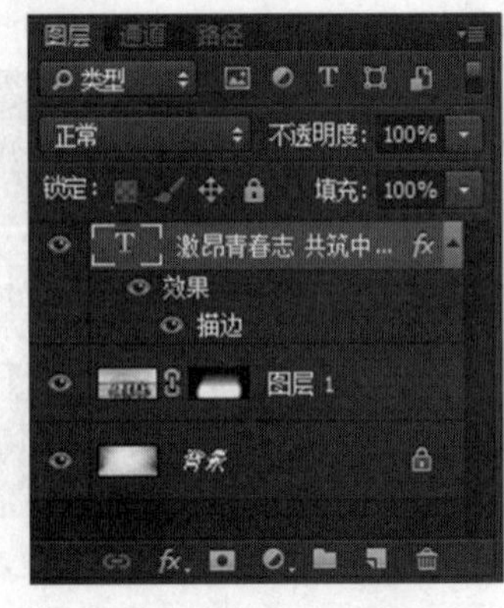

图6-2-19　操作完成后的图层

四、实训拓展

在 Photoshop 中利用“项目 6\实训 2”文件夹中的实训素材“垃圾房.jpg”“地球.jpg”“手.jpg”“白云.jpg”，运用图层混合模式、图层样式、图层蒙板等方式，并结合文字工具完成相关操作，制作如图 6-2-20 所示的“垃圾分类”宣传画。

提示：图像宽度为 854 像素、高度为 1 280 像素，分辨率为 150 像素/英寸，背景利用蓝（#95d8fb）到白的渐变效果。

图 6-2-20　“垃圾分类”宣传画

 实训 3　图像的综合处理

一、实训目的

1. 掌握 Photoshop 中滤镜的使用。
2. 熟练掌握各类工具和选区的应用。
3. 熟练掌握图层蒙版和图层样式的综合运用。

二、实训内容

1. 制作大剧院的水中倒影的景象。
2. 制作江南古镇的宣传相框。
3. 制作青花瓷的画册。

三、实训范例

1. 利用滤镜制作水中倒影

启动Photoshop打开实训素材“项目6\实训3\大剧院.jpg”图像文件，利用滤镜和图层透明度制作如图6-3-1所示的水中倒影效果。

图6-3-1 “大剧院”效果图

操作步骤：

（1）新建一个宽800像素，高700像素，RGB模式，背景色为# 8ea2fb的图像，将“大剧院”的图像移到背景图层上，调整位置，顶端对齐。

（2）复制该图层（产生“图层1 拷贝”图层），然后选择“编辑/变换/垂直翻转”命令，将复制的图像垂直翻转，如图6-3-2所示，放置在下方，形成倒影的效果。

图6-3-2 倒影效果

（3）选中“图层1 拷贝”图层，利用“图层”面板为其添加图层蒙版，在图层蒙版上添加黑到白的线性渐变，效果如图6–3–3所示，图层的效果如图6–3–4所示。

图6–3–3　添加黑白渐变后的效果

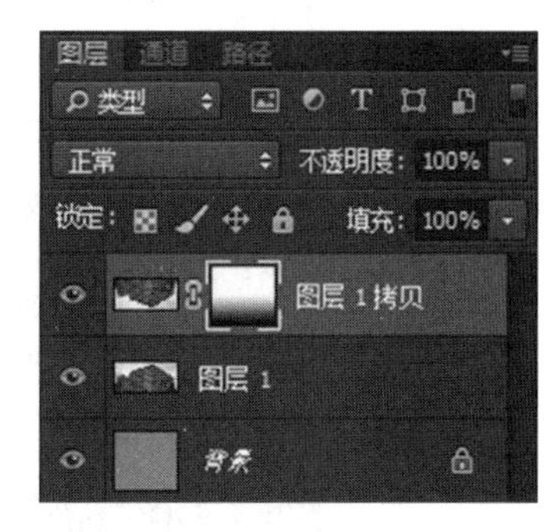

图6–3–4　图层效果

（4）选中“图层1 拷贝”图层（不是该图层添加的蒙版），选择“滤镜/模糊/动感模糊”命令，在弹出的对话框中进行设置，如图6–3–5所示。

（5）仍然选中“图层1 拷贝”，选择“滤镜/扭曲/水波”命令，在弹出的对话框中进行设置，如图6–3–6所示；选择“滤镜/扭曲/波纹”命令，在弹出的对话框中进行设置，如图6–3–7所示。

（6）保持“图层1 拷贝”图层的选中，选择“滤镜/模糊/高斯模糊”命令，半径值取1像素，单击“确定”按钮；最后适当调整该图层的透明度和图层顺序。最终结果如图6–3–1所示。

（7）选择“文件/存储为”命令，以JPEG格式将其保存在C:\KS文件夹中，文件名为“水中倒影.jpg”。

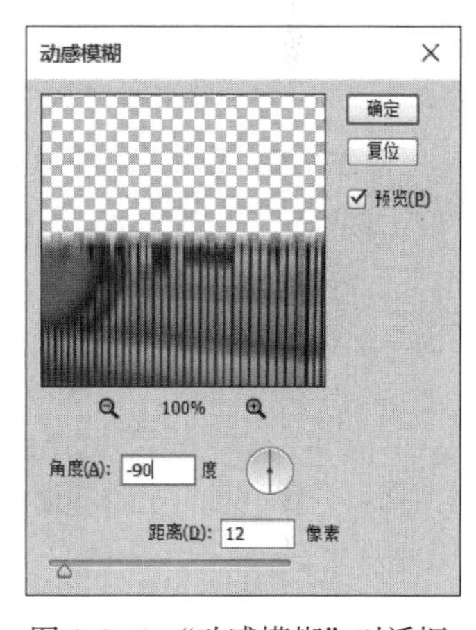

图6–3–5　“动感模糊”对话框

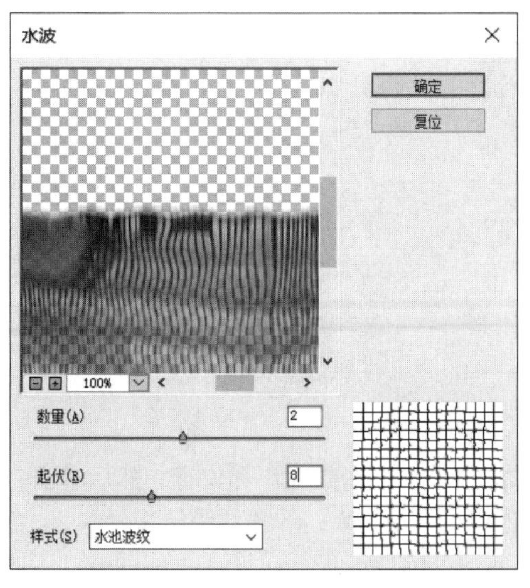

图6–3–6　“水波”对话框

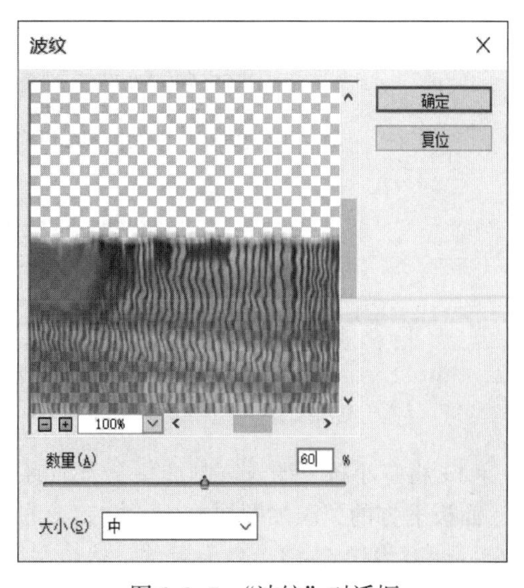

图6–3–7　“波纹”对话框

2. 制作江南古镇的宣传相框

启动Photoshop，打开实训素材“项目6\任务3”文件夹中的“小河.jpg”“小桥.jpg”“小船.jpg”3个图像文件，参照图6-3-8所示的样张，按照下列要求进行操作。

图6-3-8 “江南古镇”效果图

操作步骤：

（1）对“小河.jpg”图像，选择“滤镜/渲染/镜头光晕”命令，打开如图6-3-9所示的对话框，将中心点移至右上角，亮度为100%，“镜头类型”为50～300 mm变焦。

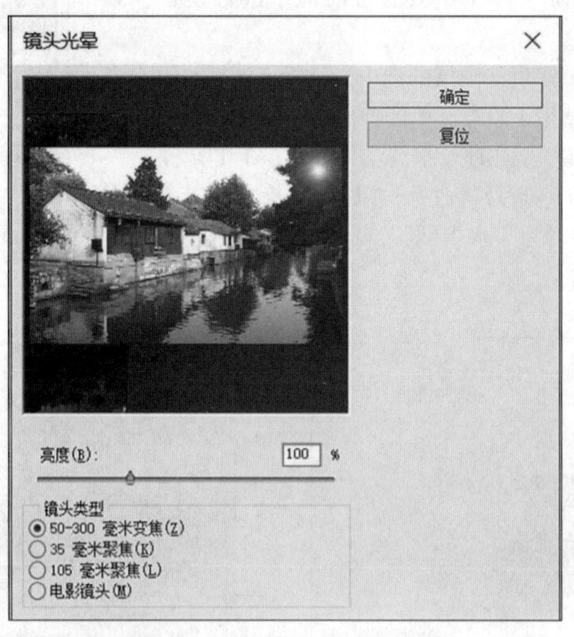

图6-3-9 “镜头光晕”对话框

（2）将“小桥”图像复制或移至“小河”图像的右上方，调整大小和位置，然后单击“图层”面板下方的“添加图层蒙版”按钮，为该图层添加图层蒙版；选择“画笔工具”，主直径为65，硬度为0%，前景色为黑色，然后在“小桥”图像的四周进行涂抹，使小桥很自然地合成到“小河”图像中，如图6-3-10所示。

图6-3-10　小桥的合成

（3）用相同的办法将“小船”图像合成到“小河”图像中，如图6-3-11所示。

图6-3-11　小船的合成

（4）利用“直排文字工具”，采用华文行楷，大小60，白色，输入“江南古镇”四个字；给文字图层添加投影和大小3像素、灰色（# 7a7a7a）描边的图层样式。

（5）新建一个图层，利用矩形选区的方法，选择四周的边框（见图6-3-12），然后利用“编辑/填充”命令，选择“木质”图案给该选区填充。再给此方框添加“斜面和浮雕”和“颜色叠加（#818181）”的图层样式。最终效果如图6-3-8所示。

图6-3-12　选区的效果

（6）选择“文件/存储为”命令，以JPEG格式将其保存在C:\KS文件夹中，文件名为“江南古镇.jpg”。

3. 制作青花瓷瓶

启动Photoshop，打开实训素材“项目6\实训3”文件夹中的“仕女.jpg”“花瓶.jpg”两个图像文件，参照图6-3-13所示的样张进行操作。

图6-3-13　青花瓷瓶

操作步骤：

（1）对“仕女”图像选择“滤镜/纹理/颗粒”菜单命令，打开“颗粒”对话框，直接单击“确定”按钮返回。

注意：默认“滤镜”菜单中无“纹理”选项，可事先通过“编辑/首选项/增效工具”命令，在打开的对话框中勾选“显示滤镜库的所有组和名称”复选框（见图6-3-14）。

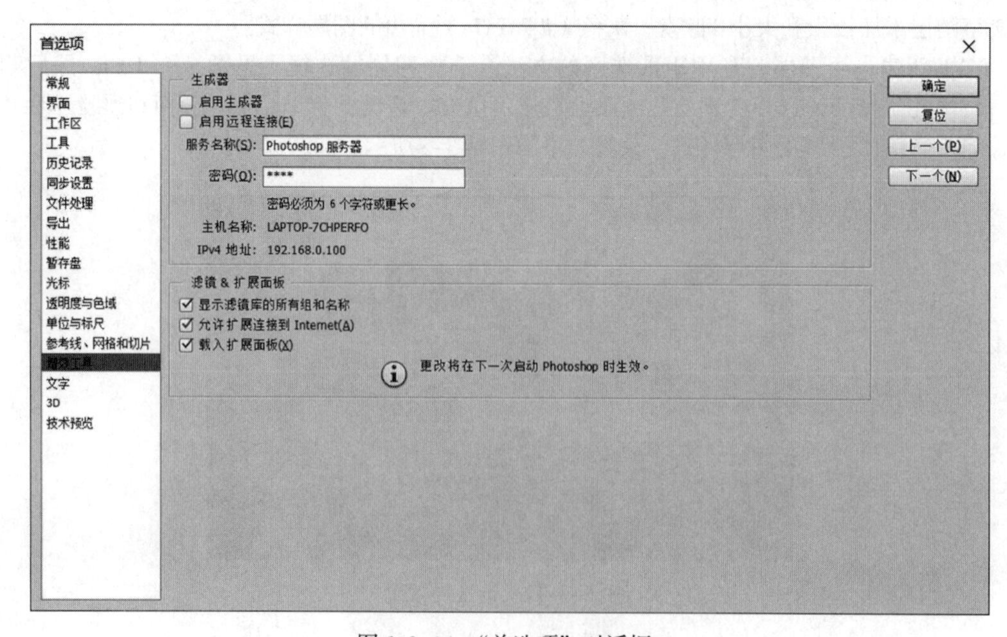

图6-3-14　“首选项”对话框

（2）切换到“花瓶”图像，利用魔棒或套索工具选取青花瓷瓶，将其合成到仕女图像中并适当调整大小，设置图层样式中的“投影”效果（距离2）。

（3）添加一个图层，利用“椭圆”选区工具，设置羽化值为5，绘制椭圆形瓷瓶阴影，用颜色（#808080）来填充，并调整图层顺序，如图6-3-15所示。

（4）输入文字：青花瓷（华文行楷，60点，颜色#0f3778），设置文字的“投影”图层样式（不透明度40%，175度、距离5）；再通过图层复制，按样张调整文字位置，如图6-3-16所示。

图6-3-15　花瓶的阴影效果

图6-3-16　文字效果

（5）最终效果如图6-3-13所示，最后“青花瓷.jpg”为文件名保存在C:\KS文件夹中。

四、实训拓展

学院宣传部门要求制作一张用于电子屏幕显示的宣传画，要求利用提供的素材设计如图6-3-17所示的宣传画，设计中要有一定的创意，并掌握相应的设计技巧。

提示：图像宽度为1 280像素、高度为720像素，分辨率为150像素/英寸，添加相应的滤镜效果，保存的文件名为“谢师恩.jpg”。

图6-3-17　宣传画效果图

实践项目 7 二维动画制作

实训 1 基本动画的制作

一、实训目的与要求

1. 熟悉Animate的工作界面，会使用各种工具、面板和菜单。
2. 熟悉并掌握逐帧动画的制作方法。
3. 熟悉并掌握形状补间动画的制作方法。
4. 熟悉并掌握传统补间动画的制作方法。
5. 理解并掌握图层、时间轴的概念和基本操作。

二、实训内容

1. 利用逐帧动画制作小狗走路的动画。
2. 利用变形动画制作抗击疫情的动画。
3. 利用传统补间动画制作汽车广告的动画。

三、实训范例

1. 在Animate中，利用提供的素材01.png ~20.png，采用逐帧动画来制作小狗走路的动画。舞台大小为600像素 ×400像素。实例效果见“小狗走路.swf”。

操作步骤：

（1）创建一个新的ActionScript 3.0文档。在启动Animate时的初始界面中选择“ActionScript 3.0”文档，或利用“文件”菜单中的“新建”命令来新建一个ActionScript 3.0文档。

（2）导入动画素材。选择“文件/导入/导入到库”命令，在弹出的“导入到库”对话框中选择素材文件夹中的01.png ~20.png这20个图像文件，然后单击“打开”按钮，导入的文件显示在“库”面板的列表中。

（3）修改文档属性。选择“修改/文档”命令，在弹出的“文档设置”对话框中，根据实例的要求将舞台的尺寸改为宽600像素，高400像素，帧频为12 fps，其他默认，如图7-1-1所示。

（4）制作第一个关键帧。将“01.png”文件从“库”面板中拖动到舞台上，并调整位置。位置的调整既可以手工大致调整，也可以通过“对齐”面板（见图7-1-2）或“属性”面板进行精确调整。

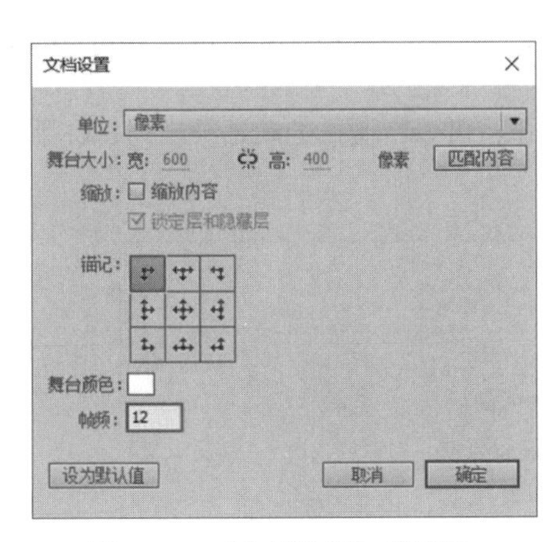

图 7–1–1　“文档设置”对话框

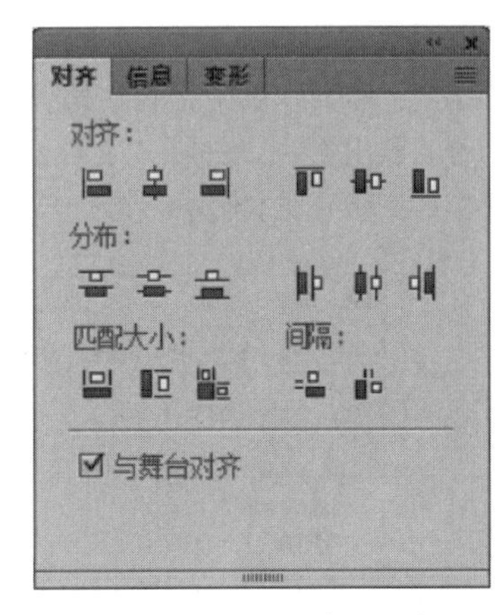

图 7–1–2　“对齐”面板

（5）制作其余关键帧。在时间轴第 2 帧的位置上右击，在弹出的快捷菜单中选择“插入空白关键帧”命令（或按【F7】键），将“02.png”文件从“库”面板中拖动到舞台上，并调整位置。用类似的方法分别建立其余 18 个关键帧，最后时间轴上就会出现如图 7–1–3 所示的连续的 20 个关键帧。

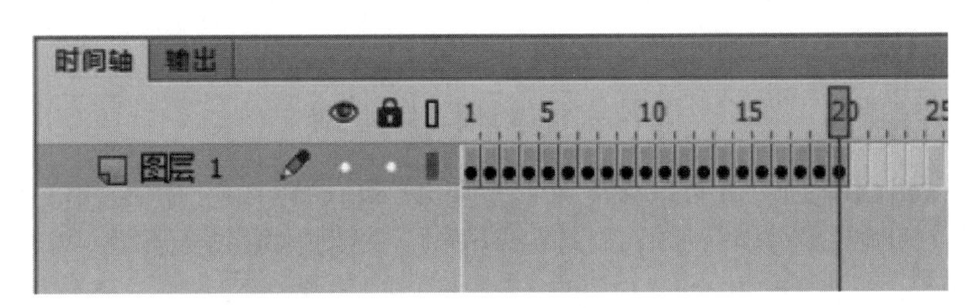

图 7–1–3　时间轴

（6）测试动画。选择“控制 / 播放”命令进行测试（或按【Enter】键）；也可以选择“控制 / 测试”命令在播放环境中进行测试（或按【Ctrl+Enter】组合键），如图 7–1–4 所示。

图 7–1–4　测试窗口播放

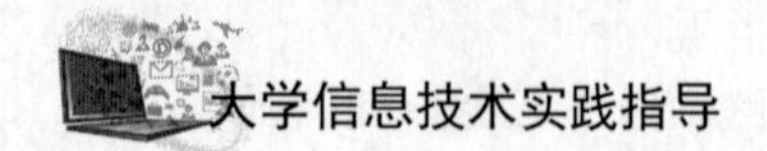

（7）保存文档。选择“文件”菜单中的“另存为”命令，将文档保存为“Animate文档（*.fla）”文件。本例中将其文档保存为“小狗走路.fla”。

（8）导出影片。选择“文件/导出/导出影片”命令，可以将制作的动画导出为SWF影片，如图7-1-5所示。本例中将影片导出为“小狗走路.swf”。

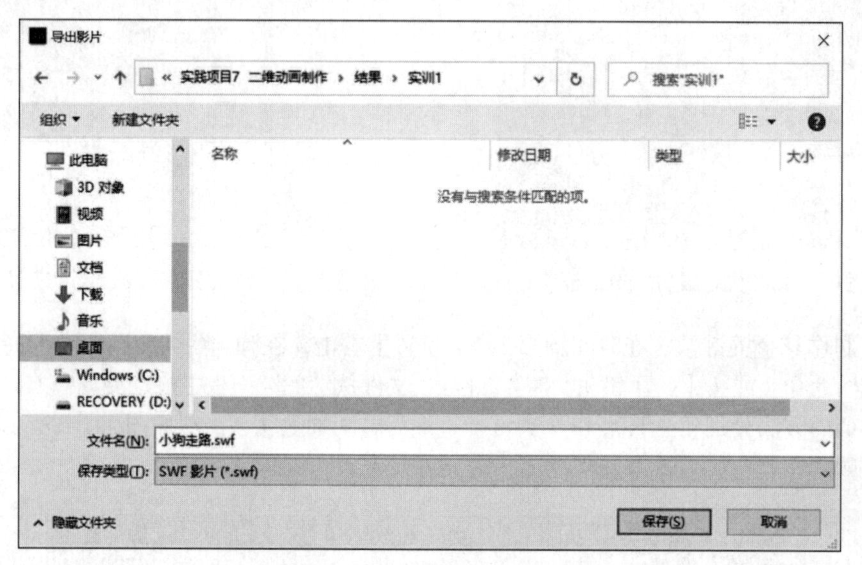

图7-1-5 “导出影片”对话框

如果需要导出GIF动画，则可以选择“文件/导出/导出动画 GIF”命令，单击“保存”按钮就可以将制作的动画导出为GIF动画，如图7-1-6所示。本例中将影片导出为“小狗走路.gif”。

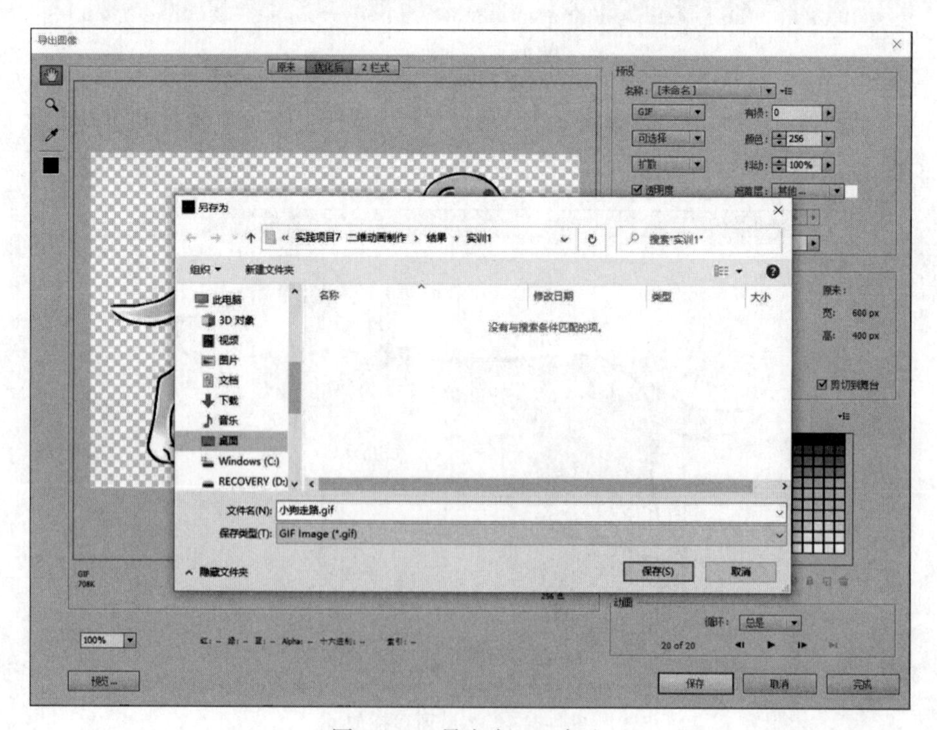

图7-1-6 导出为GIF动画

本例逐帧动画的制作还有一个更为便捷的方法：

（1）利用图像处理工具编辑图像。将逐帧动画中要用到的各个图像设置为高宽相同，文件名按照动画的先后顺利依次命名。如本例中，先将图像大小都设置为600像素 ×400像素，文件依次命名为01.png ～20.png。

（2）新建ActionScript 3.0文档，导入素材到舞台。在新建的文档中，选择“文件/导入/导入到舞台”命令，在弹出的对话框中，选择第1张图像，如本例中选择“01.png”，单击“打开”按钮，此时弹出一个提示对话框，如图7–1–7所示，单击“是”按钮。Animate将自动建立若干个关键帧，且将图像按照序列顺序分排在各个关键帧中。

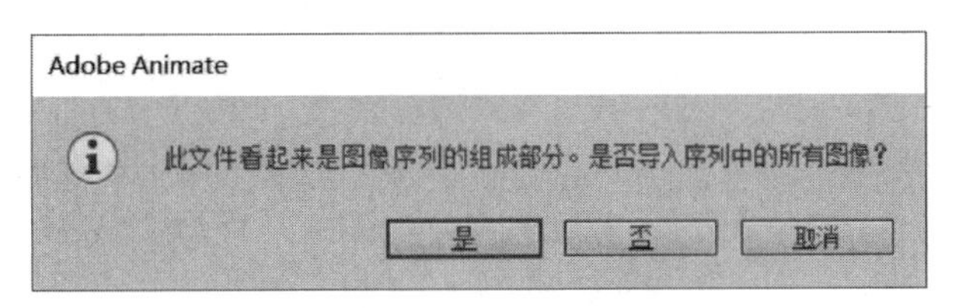

图7–1–7　打开序列图像的提示框

（3）更改文档属性。选择“修改/文档”命令，在弹出的对话框中单击“匹配内容”按钮（可以根据导入图像的尺寸来自动设置舞台大小）和帧频，经测试无误后即可保存文档并导出影片。

2. 在Animate中，利用提供的素材：防疫.jpg、口罩.png、病毒.png，采用形状补间来制作变形的动画。舞台大小为800像素 ×400像素，动画总长50帧，帧频为12 fps，前后10帧为静止帧。实例效果见“抗击疫情.swf”。

操作步骤：

（1）新建文档并更改属性。创建一个新的ActionScript 3.0文档，然后选择“文件/导入/导入到库”命令，将素材文件夹中的“防疫.jpg、口罩.png、病毒.png”三个文件导入到“库”面板；选择“修改/文档”命令，在弹出的“文档设置”对话框中，根据实例的要求将舞台的尺寸改为宽800像素，高600像素，帧频为12　　fps，其他为默认。

（2）制作“背景”层。在“图层”面板上双击“图层1”，将名称更改为“背景”，将“库”面板中的“防疫.jpg”图像拖至舞台上，并通过“对齐”面板调整位置使其覆盖整个舞台，右击背景层第50帧，在快捷菜单中选择“插入帧”命令，锁定“背景”层。

（3）制作“图形变换”层。

① 在“图层”面板上单击左下角的“新建图层”按钮，然后双击新建的“图层2”将名称更改为“图形变换”；选中该图层第1帧，从“库”中将“病毒.png”图片文件拖至舞台右侧靠上的位置，执行“修改/位图/转换位图为矢量图”命令，右击该图层第10帧，在弹出的快捷菜单中执行“插入关键帧”命令。

② 在该图层第40帧处右击，在弹出的快捷菜单中执行“插入空白关键帧”命令，然后从“库”中将“口罩.png”图片文件拖至舞台右侧靠上的位置（原“病毒”图片位置），执行“修改/位图/转换位图为矢量图”命令，（本软件已根据背景层自动在第50帧处插入了静止帧）。

③ 在该图层第10帧到40帧键间右击，在弹出的快捷菜单中选择“创建补间形状”命令，实现图形变换，并锁定该图层，如图7–1–8所示。

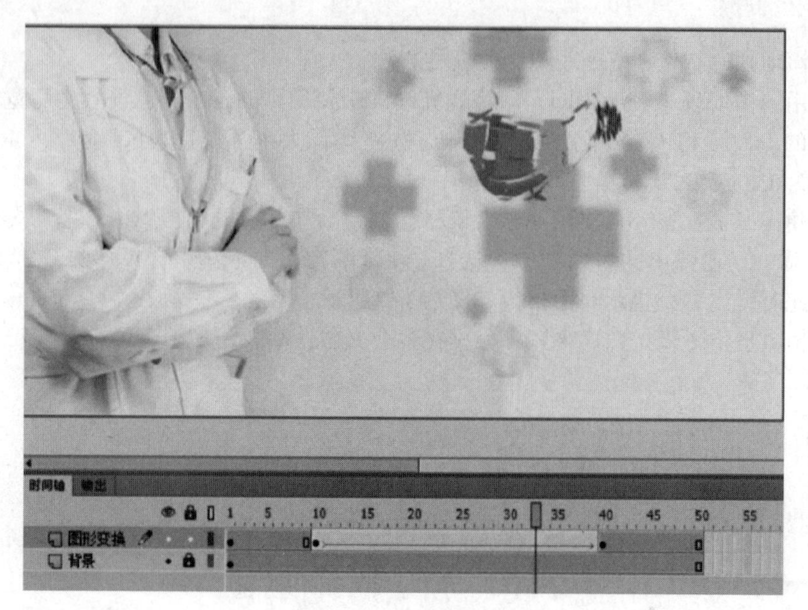

图7-1-8　图像的变换

（4）制作“文字变换”层。

① 在“图层”面板上单击左下角的“新建图层”按钮，然后双击新建的“图层3”，将名称更改为“文字变换”；选中该图层第1帧，选择工具箱中的“文字”工具，在如图7-1-9所示的“属性”面板上更改字体为“华文琥珀”，大小80，字间距为5，颜色为#39799C，然后在舞台右侧靠下的位置输入文字“抗击疫情”。

图7-1-9　文字属性面板

② 在该图层第10帧、第40帧处分别右击，在弹出的快捷菜单中选择“插入关键帧”命令，将第40帧处的四个字改为“人人有责”。

③ 选择该图层第10帧处的文字，利用“修改/分离（Ctrl+B）”命令将其打散（需要执行多次该命令，直至该命令无效），然后选择第40帧处的文字，同样多次利用“修改/分离”命令将文字打散。

④ 在该图层第10帧到40帧之间右击，在弹出的快捷菜单中选择“创建补间形状”命令，实现文字的变换，并锁定该图层，如图7-1-10所示。

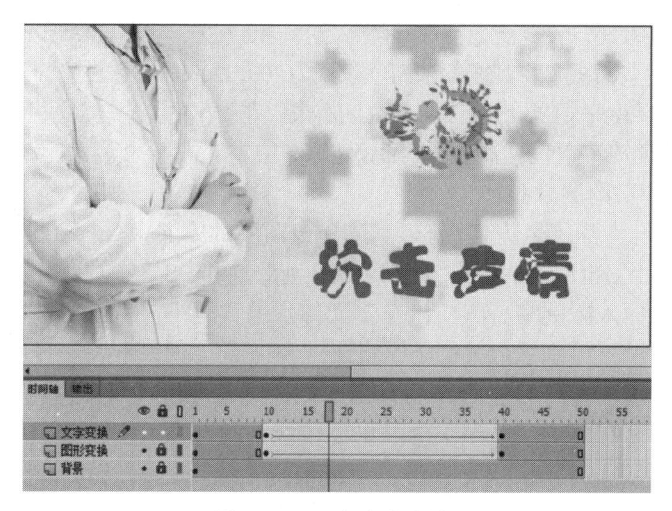

图7-1-10　文字的变换

（5）测试、保存和导出影片。

选择“控制/测试”命令在播放环境中进行测试，测试无误后选择“文件/另存为”命令，将文档保存为“抗击疫情.fla”文件。再选择“文件/导出/导出影片”命令，将设计制作的动画导出为“抗击疫情.swf”影片文件。

3. 打开“汽车广告.fla”文件，利用库中提供的素材，采用传统补间动画来制作一则汽车广告，实例效果如图7-1-11所示。舞台大小为550像素 × 150像素，帧频为默认，动画总长为50帧。

图7-1-11　实例效果

制作步骤：

（1）打开文档并更改属性。

启动Animate，选择“文件/打开”命令，打开实训素材中的“汽车广告.fla”文件；选择“修改/文档”命令，在弹出的“文档设置”对话框中，将舞台的尺寸改为宽550像素，高150像素，其他为默认。

（2）编辑“背景”图层。

将“图层1”名称改为“背景”，选择该图层的第1帧，然后从库中将“背景”元件拖至舞台，调整位置使其覆盖整个舞台，再在该图层第50帧的位置右击，在弹出的快捷菜单中选择“插入帧”命令，最后锁定该图层。

（3）编辑“光圈”图层。

新增一个图层，将其改名为“光圈”。选择该图层的第15帧，右击，在弹出的快捷菜单中选择“插入空白关键帧”命令，然后从库中将“光圈”元件拖至舞台中央，在“属性”面板上将其宽度和高度设置为50；右击该图层第40帧，选择“插入关键帧”命令，在“属性”面板上将其宽度和高度设置为200，Alpha样式为0%（见图7–1–12）；在第15帧和40帧之间右击，在弹出的快捷菜单中选择“创建传统补间”命令，然后锁定该图层。

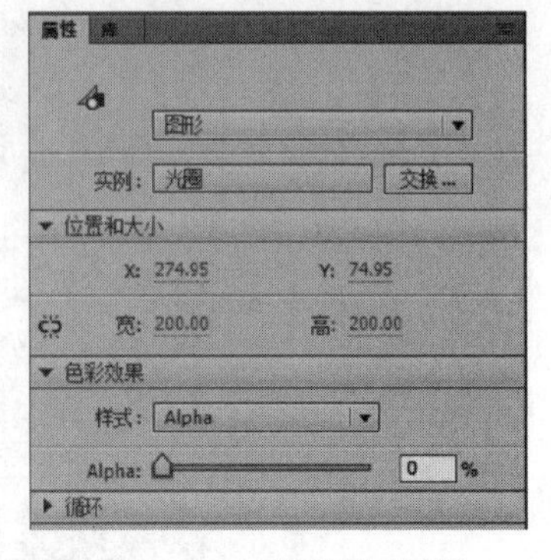

图7–1–12　“属性”面板

（4）编辑“汽车”图层。

新增一个图层，将其改名为“汽车”。选择该图层的第1帧，然后从库中将“汽车”元件拖至右侧舞台外，如图7–1–13所示。在第15帧处插入关键帧，将“汽车”元件水平移至中间，在第30帧和50帧处分别插入关键帧，将第50帧处的“汽车”元件水平移到舞台左侧的外面，然后在1～15帧之间和30～50帧之间，选择右键快捷菜单中的“创建传统补间”命令。最后锁定该图层。

图7–1–13　汽车的起始位置

（5）编辑“文字”图层。

新增了一个图层，将其改名为“文字”。在该图层的第30帧处插入空白关键帧，从库中将“文字”元件拖至舞台中央；选择第45帧，在右键快捷菜单中选择“插入关键帧”命令，然后再选中第30帧上的“文字”元件，利用“修改/变形/缩放和旋转”命令，将其缩放至30%，利用“属性”面板将其色彩效果中的Alpha设置为0%（即“透明”效果），在30～45帧之间选择右键快捷菜单中的“创建传统补间”命令。最后锁定该图层。

时间轴最终效果如图7–1–14所示。

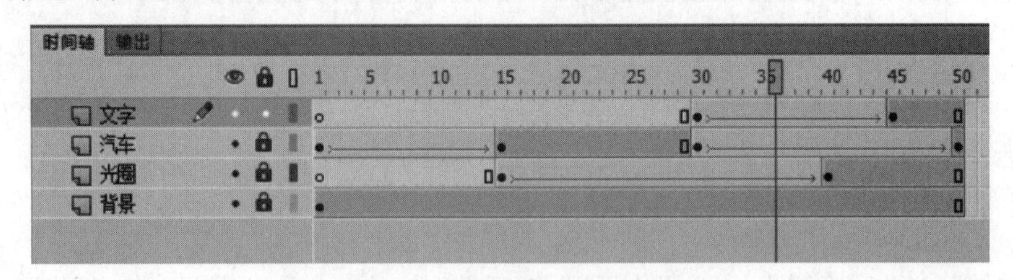

图7–1–14　图层和时间轴

（6）测试、保存并导出影片。

选择“控制/测试”命令进行播放测试，测试无误后可以选择“文件/另存为”命令，将文档保存为“汽车广告.fla”，最后选择“文件/导出/导出影片”命令，将该文档导出为“汽车广告.swf”。

四、实验拓展

1. 在Animate中，参照样例（创新创业-样例.swf）制作逐帧动画（“样例”文字除外），整个动画50帧，制作结果以“创新创业.swf”为文件名导出影片并保存在C:\KS文件夹中。

操作提示：

（1）打开实训素材中的“创新创业.fla”文件，设置影片大小为600像素×200像素，帧频为12 fps。

（2）将库中的“背景”图片作为整个动画的背景，显示至第50帧。

（3）新建图层，从第5帧到第33帧逐字出现“大众创业 万众创新”效果，字体采用“华文中宋、大小60、颜色为蓝色”。

（4）从第33帧到第45帧，文字闪烁3次，最后静止显示到50帧。

2. 在Animate中，参照样例（四季变换-样例.swf）制作动画（“样例”文字除外），实现“春”“夏”“秋”“冬”文字不断更替的动画，整个动画58帧。制作结果以“四季变换.swf”为文件名导出影片并保存在C:\KS文件夹中。

操作提示：

（1）打开实训素材中的“四季变换.fla”文件，设置影片大小为550像素×440像素，帧频为8 fps。

（2）将“春”图片放置在图层1的第1帧，并转换为元件，覆盖整个背景，制作在第1～6帧由20%透明度逐渐变换成100%，第6～11帧保持静止，第11～16帧由100%透明度逐渐变换成20%。

（3）新建图层，将“夏”图片放置在图层2的第15帧，转换为元件后，制作在第15～20帧由20%透明度逐渐变换成100%；第20～25帧保持静止；第25～30帧由100%透明度逐渐变换成20%。

（4）新建图层，将“秋”图片放置在图层3的第29帧，转换为元件后，制作在第29～34帧由20%透明度逐渐变换成100%；第34～39帧保持静止；第39～44帧由100%透明度逐渐变换成20%。

（5）新建图层，将“冬”图片放置在图层4的第43帧，转换为元件后，制作在第43～48帧由20%透明度逐渐变换成100%；第48～53帧保持静止；第53～58帧由100%透明度逐渐变换成20%。

（6）新建图层，输入字体为“华文琥珀”，大小为“100点”的绿色文字“春”，在第1～8帧保持静止；第8～15帧逐渐变换成红色的“夏”字；在第15～22帧保持静止；第22～29帧逐渐变换成橙色的“秋”字；在第29～36帧保持静止；第36～43帧逐渐变换成白色的“冬”字；在第43～50帧保持静止；第50～58帧逐渐变换成绿色的“春”。

3. 在Animate中，参照样例（垃圾分类-样例.swf）制作动画（“样例”文字除外），制作结果以“垃圾分类.swf”为文件名导出影片并保存在C:\KS文件夹中。注意：添加并选择合适的图层，帧频为12 fps，动画总长为70帧。

操作提示：

（1）打开实训素材中的“垃圾分类.fla”文件，将“背景”放置在第1帧，设置舞台大小与其相匹配，显示到70帧。

（2）新建图层，将“元件1”放置在舞台左上角，大小为原来的10%，Alpha为10%；第1帧到35帧顺时针旋转2圈至左下方，大小放大到原来的20%，Alpha为100%；第35帧到60帧平移到右下方，静止显示到70帧。

（3）新建图层，“文字1”元件从第30帧到45帧逐字出现，然后从50帧到60帧逐渐变形为“文字2”元件，静止显示到70帧。

实训 2　遮罩和引导动画的制作

一、实训目的与要求

1. 理解并掌握影片剪辑的插入、转换和使用。
2. 熟悉并掌握利用遮罩来制作特殊效果的动画。
3. 熟悉并掌握引导层和传统引导的动画制作。
4. 了解为动画添加音效或声音。

二、实训内容

1. 制作一个自转的地球和文字出现的遮罩动画。
2. 制作一个伴随着鸟鸣的小鸟飞翔的引导动画。

三、实训实例

1. 在Animate中打开实训素材中的“绿色地球.fla”文件。利用库中提供的素材，制作一个自转的地球和文字出现的遮罩动画，帧频为12 fps，整个动画共40帧。实例效果参照“绿色地球-样例.swf”。

操作步骤：

（1）编辑“背景”图层。将“图层1”名称改为“背景”，然后从库中将“背景.jpg”拖至舞台，使其覆盖整个舞台，再在该图层第40帧的位置插入帧，最后锁定该图层。

（2）制作“地球自转”的影片剪辑。选择“插入/新建元件”命令，在图7-2-1所示的对话框中，将名称改为“地球自转”，类型选择“影片剪辑”，单击“确定”按钮。

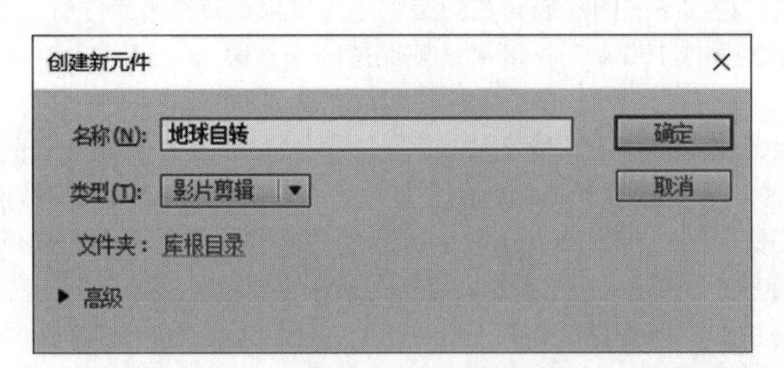

图7-2-1　“创建新元件”对话框

① 将图层1改名为“地球”，从库中分两次将“地球平面图.jpg”拖动到舞台上，调整位置使两张图水平无缝拼接，然后选择“修改/组合”命令将两张图组合在一起，利用“对齐”面板设置“右对齐”和“垂直居中”。在第40帧处插入“关键帧”，利用“对齐”面板设置“左对齐”和“垂直居中”，最后在第1～40帧之间创建传统补间动画。

② 创建一个新图层，改名为“遮罩”。选择“椭圆”工具（无笔触色，填充色任意）按住【Shift】键绘制一个128像素×128像素的正圆，利用“对齐”面板设置水平、垂直均居中，最后锁定该图层。

③ 选择“地球”图层，使用键盘上的水平方向键分别将第1帧和第40帧的地图移至图7-2-2、图7-2-3所示的位置（目的是循环播放时能无缝连接）。

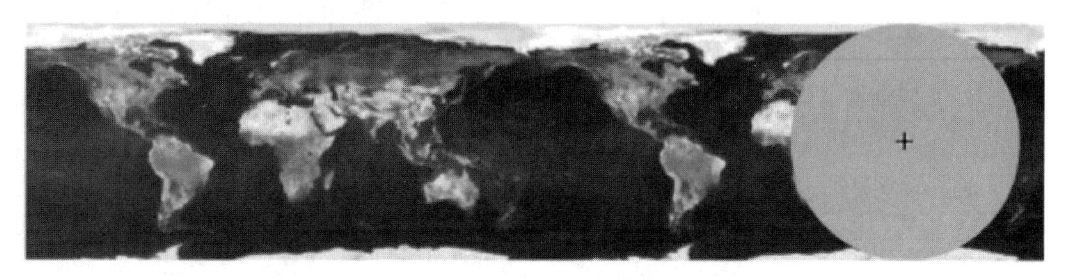

图7-2-2　地球的起始位置

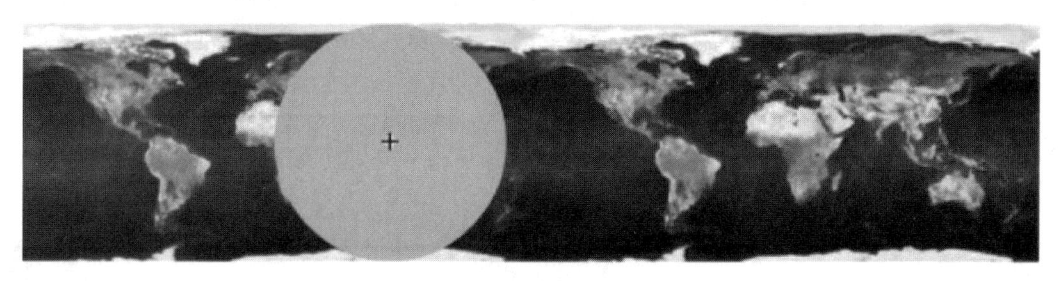

图7-2-3　地球的结束位置

④ 在图层控制区右击“遮罩”图层，选择右键快捷菜单中的“遮罩层”命令。遮罩效果和时间轴设置如图7-2-4所示。

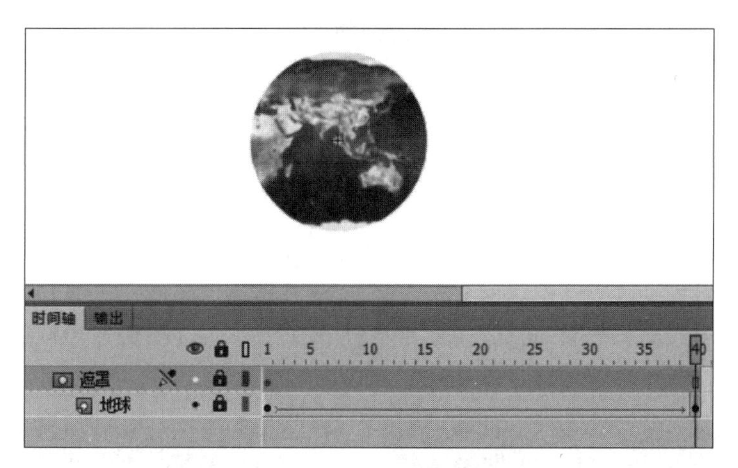

图7-2-4　利用遮罩的效果

（3）编辑“地球自转”图层。

① 返回场景，创建新图层，改名为“地球自转”，然后从库中将“地球自转”元件拖至舞台，并调整旋转中心点、大小、位置。

② 右击该图层，在弹出的快捷菜单中选择“创建补间动画”命令，再选择该图层第40帧，将“地球”影片剪辑平移至舞台右侧，此时，舞台上出现一条路径线，如图7-2-5所示。

③ 选择“选择工具”，将路径线路上的中间点拖至上方，如图7-2-6所示。将第1帧和第40帧的地球适当旋转一下角度，如图7-2-7所示。

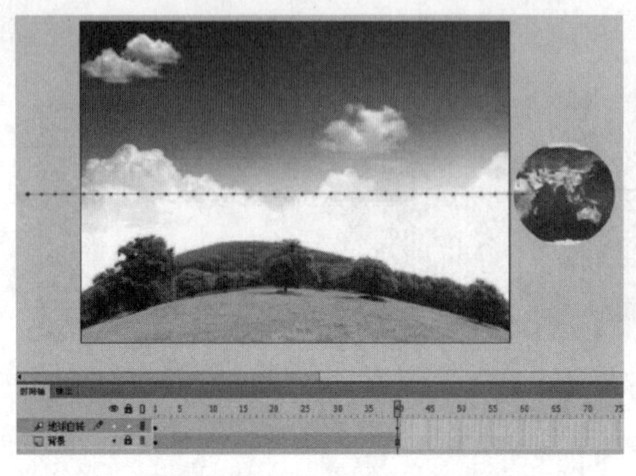

图7-2-5　补间动画的路径图

图7-2-6　调整补间动画的路径

（a）第1帧

（b）第40帧

图7-2-7　首尾两帧的旋转角度

（4）编辑“文字”图层。创建新图层，改名为“文字”，利用“文字工具”输入“参与绿色行动 保护美丽家园”。选中输入文字，利用属性面板更改字体格式（华文行楷、大小36点、颜色#00CC00）。

（5）编辑“文字遮罩”图层。

① 创建新图层，改名为“文字遮罩”。利用“矩形工具”（无笔触色，填充色任意）绘制一个比文字区域大一些矩形（罩住全部文字），将其转换为元件；在第40帧处插入关键帧，然后将第1帧的矩形宽度缩小在文字左侧（露出全部文字），第1帧和第40帧的效果如图7-2-8所示。

（a）第1帧

（b）第40帧

图7-2-8　遮罩图层的制作

② 在第1～40帧之间创建传统补间动画，然后在图层控制区右击“文字遮罩”图层，选择快捷菜单中的“遮罩层”命令，即实现文字的逐渐出现。最终的效果和时间轴如图7-2-9所示。

图7-2-9　图层效果和时间轴

（6）保存文档并导出影片。选择“文件/另存为”命令，将文档保存为“绿色地球.fla”，利用“文件/导出/导出影片”命令，将该文档导出为“绿色地球.swf”。

2. 利用提供的素材，采用补间动画制作一段在水墨画背景的衬托下，小鸟的歇息和自由飞翔，并伴有鸟鸣的声音。舞台大小为500像素×315像素，帧频为12 fps，整个动画共60帧。实例效果参照“鸟语花香-样例.swf”。

操作步骤：

（1）打开实训素材“鸟语花香.fla”文件，选择“修改/文档”命令，将舞台大小设置为500像素×315像素，帧频为12 fps。

（2）编辑“背景”图层。将“图层1”名称改为“背景”，然后从库中将“水墨画.png”拖至舞台，使其覆盖整个舞台，在第60帧的位置插入帧。

图7-2-10　树叶上的小鸟

（3）编辑“休息的小鸟”图层。新建一个图层并改名为“歇息鸟”，在第1帧上从库中将“休息的小鸟”元件拖动到舞台上，调整大小和位置，效果如图7-2-10所示。

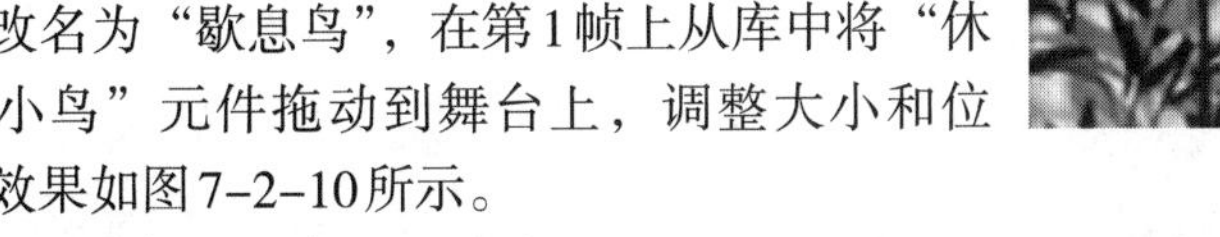

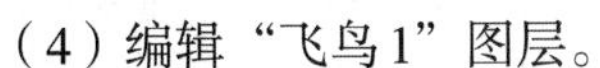

（4）编辑“飞鸟1”图层。

① 新建一个图层并改名为“飞鸟1”，在第1帧上从库中将“飞翔的小鸟”元件拖动到舞台右上角的画面外，调整大小、方向和角度。在该图层时间轴上右击，选择快捷菜单中的“创建

补间动画”命令，再选择第60帧，将该元件从右上角拖动到舞台左下角的画面外，此时画面上出现一条带控制点的路径，如图7–2–11所示。

② 在第30帧处执行右键快捷菜单中的“插入关键帧/位置”命令，然后使用“选择工具”拖动路径上的控制点，调整小鸟的飞翔路径，效果如图7–2–12所示。

图7–2–11　小鸟直线飞行路径

图7–2–12　小鸟弧线飞行路径

（5）编辑“飞鸟2”图层。

① 新建一个图层并改名为“飞鸟2”，在第1帧上从库中将“飞翔的小鸟”元件拖动到舞台左上角的画面外，调整大小、方向和角度。右击第60帧插入关键帧，将“飞翔的小鸟”元件拖动至舞台右侧画面外中间位置，然后在第1～60帧之间创建传统补间。

② 在图层控制区右击“飞鸟2”图层，在弹出的快捷菜单中选择“添加传统运动引导层”命令，如图7–2–13所示，此时在图层控制区中新增了一个“引导层”，如图7–2–14所示。

③ 在“引导层”上利用“铅笔工具”绘制一条自左向右的路径，然后选择“飞鸟2”图层，分别在第1帧和第60帧上用鼠标将“小鸟”的中心点移至绘制的路径线上，如图7–2–15所示，即可实现小鸟沿着绘制的自由路径运动。

（6）编辑“音效”图层。新建一个图层并改名为“音效”，从库中将“鸟鸣”声音元件拖动到舞台上，选定声音图层上的关键帧，在属性面板上如图7–2–16所示选择“同步”为“数据流”，重复2次，确保声音的播放长度与动画相一致。最终的时间轴面板效果如图7–2–17所示。

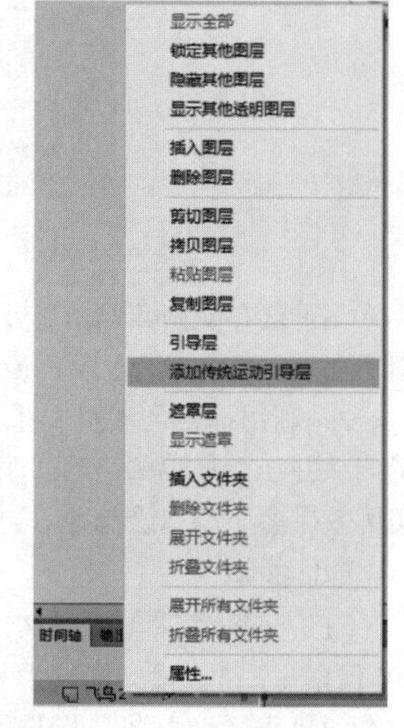

图7–2–13　“添加传统运动引导层”命令

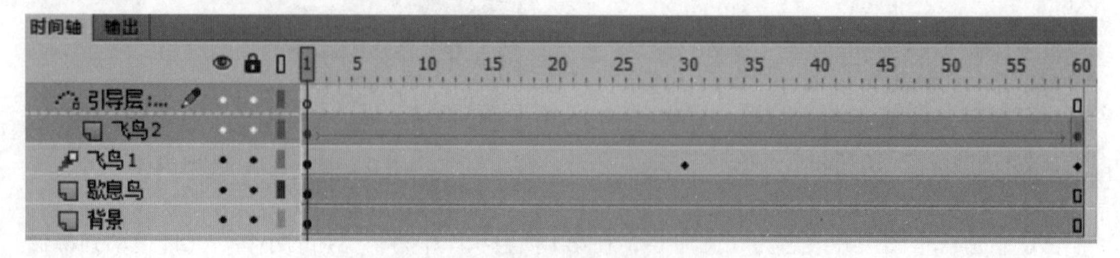

图7–2–14　“引导层”图层和时间轴

图7-2-15　元件中心点移至自由路径上

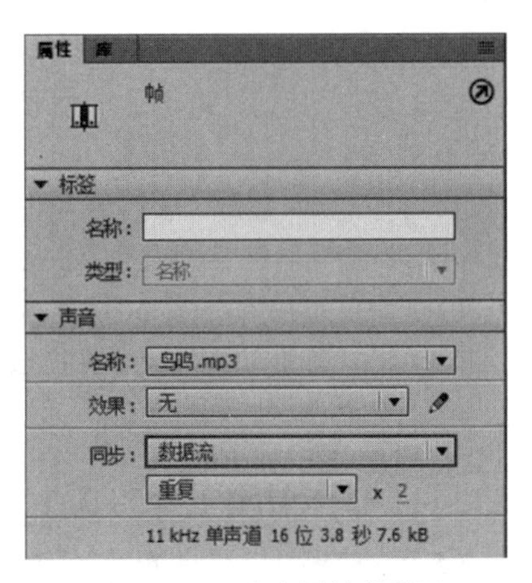

图7-2-16　声音属性的设置

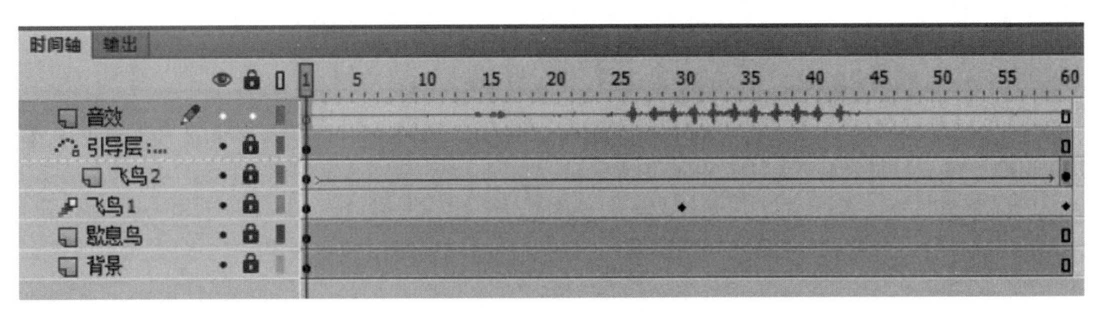

图7-2-17　图层和时间轴

（7）保存文档并导出影片。利用“文件/另存为”命令将文档保存在C:\KS文件夹中，名为“鸟语花香.fla”，选择“文件/导出/导出影片”命令，将该文档导出为“鸟语花香.swf”。

四、实训拓展

1. 打开实训素材“项目7\实训2”文件夹中的Ansx2-1.fla，按下列要求制作动画，效果参见Ansx2-1样例.swf，制作结果以Ansx2-1.swf为文件名导出影片并保存在C:\KS文件夹下。

（1）设置影片大小为500像素×375像素，背景色为#999933，动画总长为60帧。

（2）将“茶1”元件放置在图层1，第1～30帧显示“从大到小，从有到无”的动画效果。

（3）新建图层，将“茶2”元件放置在图层2，第31～60帧显示“从小到大，从无到有”的动画效果。

（4）新建图层，第1～10帧静止显示“文字1”元件；第11～50帧由“文字1”元件逐渐变化到“文字2”元件，静止显示至第60帧。

2. 打开实训素材“项目7\实训2”文件夹中的Ansx2-2.fla，按下列要求制作动画，效果参见Ansx2-2样例.swf，制作结果以Ansx2-2.swf为文件名导出影片并保存在C:\KS文件夹下。

（1）设置影片大小为550像素×400像素，动画总长为60帧，在图层1制作一个颜色为#993300的框架，显示至60帧。

（2）新建图层2，将“fnxn.jpg”元件放置在图层2，让框架作为“fnxn.jpg”的边框，参照样张。

（3）新建图层3，将“元件1”元件自第10帧至45帧由左下向右上运动，顺时针翻转2圈，静止显示至第60帧。

（4）新建图层4，从45帧到55帧由小变大显示橙色文字“GAME OVER”（字体为：Algerian），显示至60帧。

3. 打开实训素材“项目7\实训2”文件夹中的Ansx2-3.fla，按下列要求制作动画，效果参见Ansx2-3样例.swf，制作结果以Ansx2-3.swf为文件名导出影片并保存在C:\KS文件夹下。

（1）设置影片大小为450像素 × 450像素，帧频为12 fps，动画总长为30帧。

（2）将“首饰”元件放置在图层1，显示至30帧。

（3）新建图层，将“文字”元件放在舞台上静止显示至第6帧，从第7帧至第26帧制作逐渐放大4倍并变淡的动画。

（4）利用多图层，复制该动画效果过程4次，制作如样例所示的幻影效果。

（5）新建图层，将“光影”元件放置在该图层，旋转–45°，透明度30%，从第1帧到第30帧实现从右上角到左下角的动画效果。

4. 打开实训素材“项目7\实训2”文件夹中的Ansx2-4.fla，按下列要求制作动画，效果参见Ansx2-4样例.swf，制作结果以Ansx2-4.swf为文件名导出影片并保存在C:\KS文件夹下。

（1）设置影片大小为650像素 × 405像素，帧频为12 fps。

（2）将库中的“赛车”元件放置在图层1，并显示至60帧。

（3）新建图层，将“元件1”元件放置在该图层，从第1 ~ 20帧由透明变为不透明，第21 ~ 40帧从左向右移动，第41 ~ 60帧逐渐变成透明。

（4）新建图层，将“文字”元件放置在该图层上，显示至60帧。

（5）新建一个图层，参照样例用遮罩的方法实现文字逐渐出现的效果。

 实训3　动画的综合应用

一、实训目的与要求

1. 熟练掌握制作各种动画的基本方法。
2. 熟练掌握动画的各类综合应用。

二、实训内容

1. 制作汽车尾气排放的动画。
2. 制作大国工匠的动画。

三、实训范例

1. 打开实训素材“项目7\实训3\保护环境.fla”文件，参照样张（保护环境–样例.swf）制作动画（“样例”文字除外），制作结果以“环保.swf”为文件名导出影片并保存在C:\KS文件夹中。

注意：添加并选择合适的图层。

操作步骤：

（1）设置影片大小为400像素 × 300像素，帧频为10 fps。

启动Animate，选择“文件/打开”命令打开实训素材中的“保护环境.fla”文件，选择“修改/文档”命令，在弹出的图7–3–1所示的对话框中设置舞台大小和帧频，然后单击“确定”按钮返回。

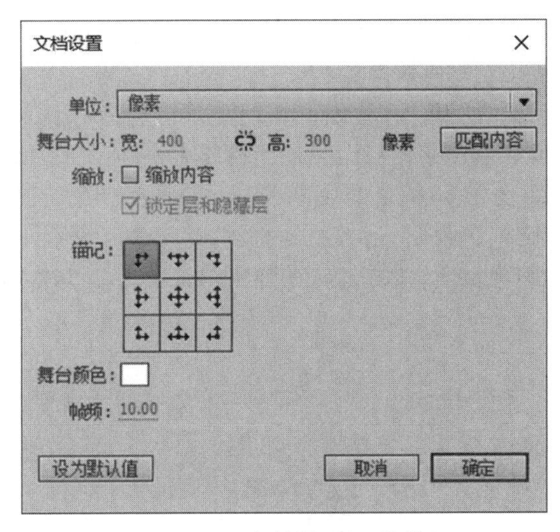

图 7–3–1　“文档设置”对话框

（2）将“公路”元件放置在该图层，调整大小与影片大小相同，作为整个动画的背景，显示至第 60 帧。

打开“库”面板，从“库”中将“公路”元件拖至图层 1 的第 1 帧，利用“对齐”面板，使该元件水平、垂直均居中，覆盖整个舞台；右击第 60 帧，在弹出的快捷菜单中选择“插入帧”命令，最后锁定该图层。

（3）新建图层，将“元件 1”元件放置在该图层，适当调整大小，创建第 1 ~ 60 帧从左向右运动驶出场景的动画效果。

单击“图层控制区”左下方的“新建图层”按钮来创建一个新图层，从“库”中将“元件 1”元件放置在该图层第 1 帧的左侧，水平翻转并适当调整大小，如图 7–3–2 所示；右击第 60 帧，在弹出的快捷菜单中选择“插入关键帧”命令，将“元件 1”拖至场景右侧外面；在第 1 帧到第 60 帧之间右击，在弹出的快捷菜单中选择“创建传统补间”命令，最后锁定该图层。

图 7–3–2　小车的位置

（4）新建图层，将“元件2”元件放置在该图层，创建尾气从第25帧到第40帧逐渐变大，从第41帧到第50帧从有到无的动画效果。

新建一个图层，右击第25帧，在弹出的快捷菜单中选择“插入空白关键帧”命令，从“库”中将“元件2”元件放置在该图层上，适当调整大小和位置，如图7-3-3所示；用鼠标在第40帧处插入关键帧，将第40帧上的元件放大，并适当调整位置，如图7-3-4所示；用鼠标在第50帧处插入关键帧，利用“属性”面板将第50帧上该元件的Alpha值设置为0%；在第25～40帧和第40～50帧之间，右击，在弹出的快捷菜单中分别选择“创建传统补间”命令，最后锁定该图层。

图7-3-3　尾气的位置

图7-3-4　尾气的放大

（5）新建图层，创建文字“环境卫生 人人有责”，华文琥珀，大小36，使文字从第1帧到第60帧由红色变为绿色。

新建一个图层，选择“文本工具”，在图7-3-5所示的“属性”面板上选择字体为“华文琥珀”，大小为36，颜色为红色，在舞台相关位置输入文字“环境卫生 人人有责”；用鼠标在第60帧处插入关键帧，利用“属性”面板将文字颜色更改为绿色；然后分别将第1帧和第60帧的文字连续两次选择“修改/分离”命令，将其打散；在第1～60帧之间，右击，在弹出的快捷菜单中选择“创建补间形状”命令，锁定该图层。最终得到的时间轴如图7-3-6所示。

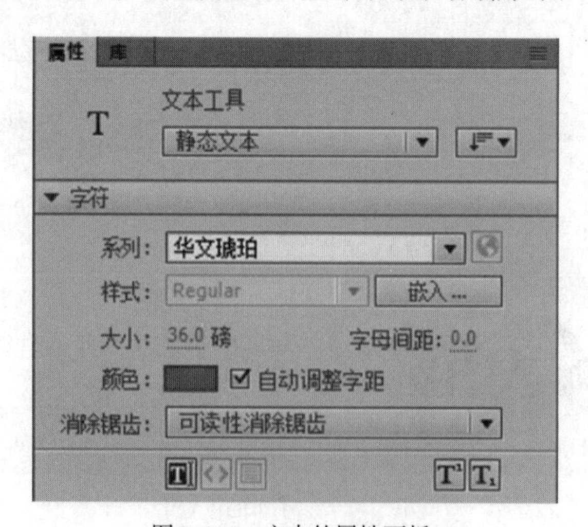

图7-3-5　文本的属性面板

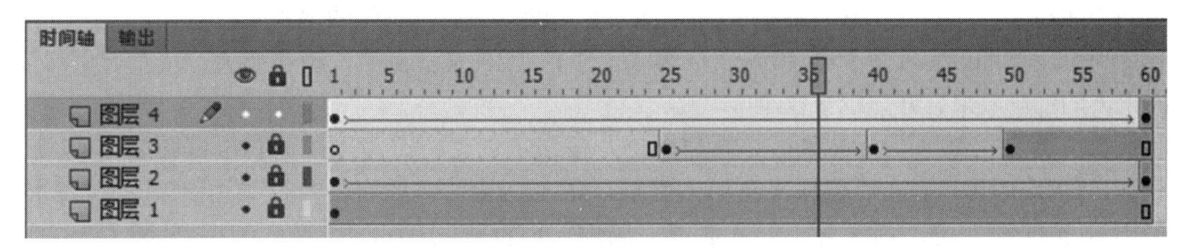

图7-3-6　图层和时间轴

（6）最后选择“文件/导出/导出影片”命令，在图7-3-7所示的“导出影片”对话框中选择存储位置为C:\KS文件夹，保存类型为“SWF影片（*.swf）”，文件名为“环保”，单击“保存”按钮。

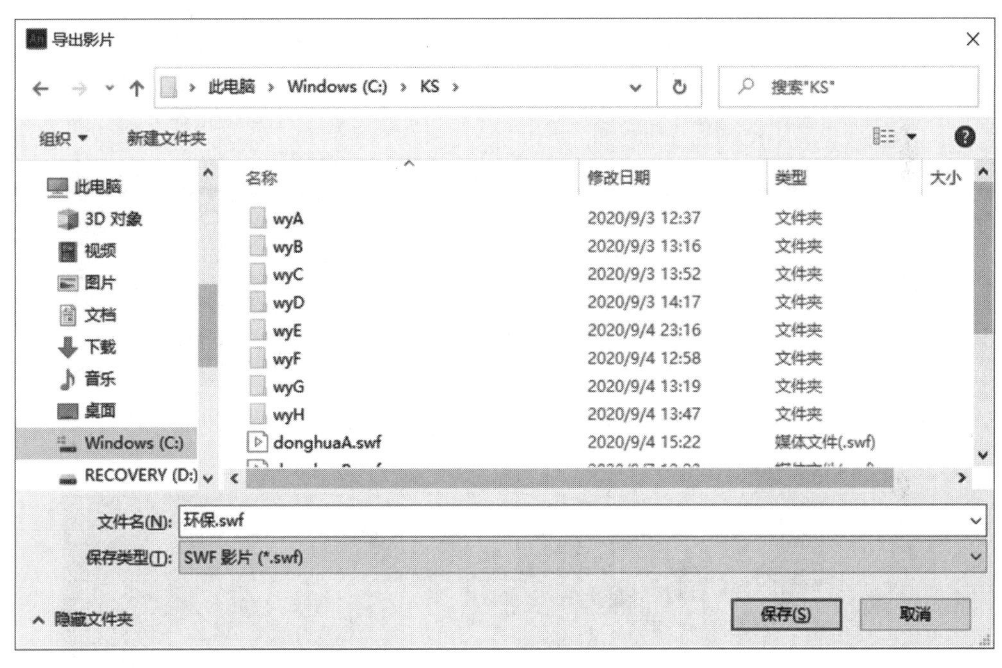

图7-3-7　“导出影片”对话框

2. 打开实训素材“项目7\实训3\工匠精神.fla”文件，参照样张（工匠精神-样例.swf）制作动画（“样张”文字除外），制作结果以“工匠.swf”为文件名导出影片并保存在C:\KS文件夹中。

注意：添加并选择合适的图层。

操作步骤：

（1）设置影片大小为750像素×400像素，舞台颜色为#dddddd，帧频为8 fps。

启动Animate，利用“文件/打开”命令打开实训素材中的“工匠精神.fla”文件，选择“修改/文档”命令，在“文档属性”对话框中设置舞台大小为750像素×400像素，舞台颜色为#dddddd，帧频为8 fps，然后单击“确定”按钮返回。

（2）在第1～30帧，制作“元件2”从无到有的动画，并静止显示至60帧。

从“库”面板中将“元件2”元件拖至图层1的第1帧，调整位置与舞台右对齐；在第30帧处插入关键帧，将第1帧上的“元件2”利用“属性”面板将其Alpha设置为0%，在第1～30帧之间创建传统补间动画；然后在第60帧处插入普通帧。最后锁定该图层。

（3）新建图层，在第10～40帧，制作“元件1”元件从无到有、由小变大、从左上角移至左上方的动画效果，并显示至60帧。

在“图层控制区”下方单击“新建图层”按钮来创建一个新图层，右击该图层第10帧，在弹出的快捷菜单中选择“插入空白关键帧”命令，从“库”面板中将“元件1”拖至该图层第10帧的左上角，调整大小，并通过“属性”面板将其Alpha设置为0%（见图7-3-8），在第40帧处插入关键帧，将该元件移至左侧上方，调整大小，并将其Alpha设置为100%（见图7-3-9），然后在第10～40帧之间创建“传统补间动画”。最后锁定该图层。

图7-3-8 “元件1”在第10帧的位置和透明度

图7-3-9 “元件1”在第40帧的位置和透明度

（4）新建图层，在第1帧中间靠左的位置输入文字“大国工匠”，字体为：华康宋体W12(P)、大小60、颜色红色，制作该文字从第1～20帧从无到有，第21～40帧逐渐变换为蓝色的文字“匠心筑梦”，并显示至60帧。

创建一个新图层，选择“文本工具”，利用属性面板设置字体格式（华康宋体W12、大小

60、红色)，然后光标定位后输入文字“大国工匠”，如图 7–3–10 所示，并将其转换为元件。在第 20 帧和 21 帧处分别插入关键帧，再将第 1 帧的文字元件的 Alpha 值设置为 0%，然后在第 1 ~ 20 帧之间创建传统补间动画。

在第 40 帧处插入“空白关键帧”，利用文本工具输入文字“匠心筑梦”，字体格式同上，颜色改为蓝色；利用“修改 / 分离”命令分别将第 21 帧和 40 帧的文字打散，然后在第 21 ~ 40 帧创建补间形状动画。最后锁定该图层。

图 7–3–10　输入文字“大国工匠”

(5) 新建图层，在第 30 ~ 60 帧下方左侧显示文字“追求卓越 精益求精 用户至上”，字体为：华康宋体 W12(P)、大小 32、颜色 #FF9900，白色投影效果。

创建一个新图层，在第 30 帧处插入一个空白关键帧，选择“文本工具”，利用属性面板设置字体格式（华康宋体 W12、大小 32、颜色 #FF9900），然后光标定位后输入文字“追求卓越 精益求精 用户至上”，单击“属性”面板“滤镜”中的“+”按钮，在列表中选择“投影”，在下面颜色项中选择“白色”（见图 7–3–11）。文字效果如图 7–3–12 所示。

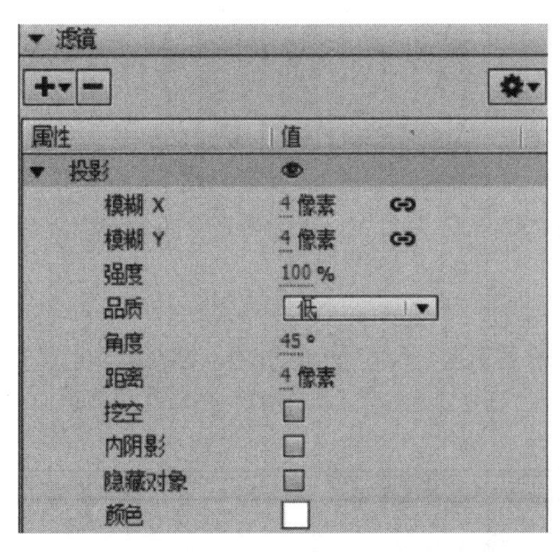

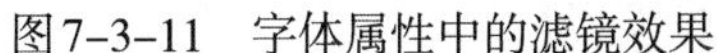

图 7–3–11　字体属性中的滤镜效果

图 7–3–12　添加投影效果后的文字

(6) 新建一个图层，在第 30 ~ 50 帧之间用遮罩的方法实现文字“追求卓越 精益求精 用户至上”从中间逐渐展开的效果。

创建一个新图层，在第 30 帧处插入一个空白关键帧，绘制一个矩形能覆盖文字“追求卓越 精益求精 用户至上”，并将其转换为元件，如图 7–3–13 所示。

图7-3-13　矩形覆盖文字

在该图层的第50帧处插入关键帧，再选择第30帧上的矩形。利用“任意变形工具”使其左右同时缩进变窄（最后可通过属性面板将其宽度设置为1），位置在两个字之间，如图7-3-14所示。

图7-3-14　矩形变窄

在第30～50帧之间创建传统补间动画；然后在“图层控制区”上右击该图层，在弹出的快捷菜单中选择“遮罩层”，即可实现文字从中间展开的效果。最终得到的时间轴如图7-3-15所示。

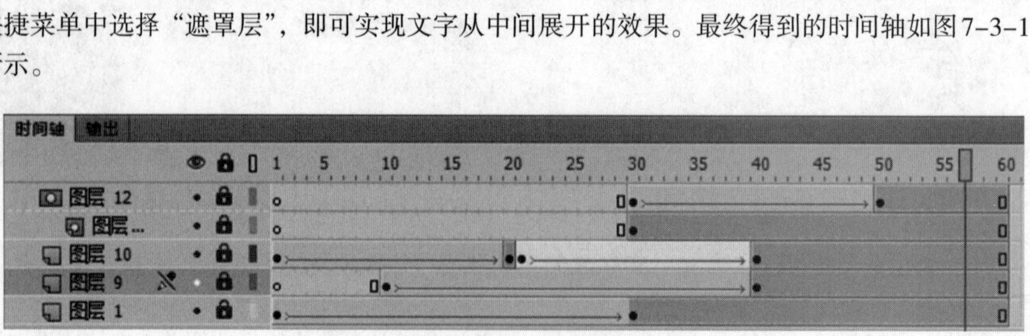

图7-3-15　图层和时间轴

（7）经测试无误后，选择“文件/导出/导出影片”命令，在“导出影片”对话框中选择存储位置为C:\KS文件夹，保存类型为“SWF影片（*.swf）”，文件名为“工匠”，单击“保存”按钮。

四、实训拓展

1. 打开实训素材“项目7\实训3\Ansx3-1.fla”文件，参照样张（Ansx3-1样例.swf）制作动画（“样张”文字除外），制作结果以donghua1.swf为文件名导出影片并保存在C:\KS文件夹中。注意：添加并选择合适的图层，动画总长72帧。

操作提示：

（1）将“背景.jpg”图片作为整个动画的背景，显示至第72帧。

（2）新建图层，将“鸽子元件”元件放置于舞台右侧外面，创建从第1帧到第48帧由小变大、从无到有飞至舞台右上角的动画效果，显示至第72帧。

（3）新建图层，将“标题文字”元件放置于舞台中靠上的位置，创建从第1帧到第48帧由小变大、从无到有的动画效果，显示至第72帧。

（4）新建图层，将“解释文字”元件放置于舞台中央，创建从第1帧到第48帧从无到有的动画效果，显示至第72帧。

（5）新建图层，将“24个字”元件放置在第10帧中间靠下的位置，显示至第72帧。

（6）新建图层，在10～48帧之间用遮罩的方法实现“24个字”从左到右逐渐展开的效果。

2. 打开实训素材“项目7\实训3\Ansx3-2.fla”文件，参照样张（Ansx3-2样例.swf）制作动画（“样张”文字除外），制作结果以donghua2.swf为文件名导出影片并保存在C:\KS文件夹中。

注意：添加并选择合适的图层，动画总长60帧。

操作提示：

（1）设置影片大小为400像素×550像素，帧频为10 fps，用“元件1”元件作为整个动画的背景，在舞台上水平、垂直居中，静止显示至第60帧。

（2）新建图层，将“台布”元件靠下放置在该图层，创建“台布”自第1帧到第50帧从上到下逐步变窄的动画效果，并静止显示至第60帧。

（3）新建图层，将“卷轴”元件放置在该图层，位置与顶端对齐，静止显示至第60帧。

（4）新建图层，将“卷轴”元件放置在该图层，位置与顶端的卷轴紧靠，创建该卷轴自第1～50帧从上向下运动的动画效果，静止显示至第60帧。

（5）新建图层，将“文字1”元件放置在该图层，创建文字自第15～50帧从无到有的动画效果，并显示至第60帧。

3. 打开实训素材“项目7\实训3\Ansx3-3.fla”文件，参照样张（Ansx3-3样例.swf）制作动画（“样张”文字除外），制作结果以donghua3.swf为文件名导出影片并保存在C:\KS文件夹中。

注意：添加并选择合适的图层，动画总长60帧。

操作提示：

（1）将“背景”放置在第1帧，设置舞台大小与图片大小一致，居中放置，显示到60帧。

（2）新建图层，在第1帧插入“扇子”图片，设置第1～25帧扇子淡入的动画效果。

（3）新建图层，从第15～40帧，“元件1”自右上角由大变小，逆时针旋转2圈停留在扇面上，透明度变为50%。

（4）新建图层，在第20帧输入文字“人无信不立”（隶书、60、颜色#666666），从第20～40帧逐字出现，从第40～55帧闪烁3次，静止显示到60帧。

4. 打开实训素材“项目7\实训3\Ansx3-4.fla”文件，参照样张（Ansx3-4样例.swf）制作动画（“样张”文字除外），制作结果以donghua4.swf为文件名导出影片并保存在C:\KS文件夹中。

注意：添加并选择合适的图层，动画总长50帧。

操作提示：

（1）设置舞台大小为600像素×400像素，帧频8 fps；将库素材“垃圾分类.jpg”设置为背景，并显示至第50帧。

（2）新建图层，在第1帧输入黑色文字“垃圾分类”（文字字体为隶书，大小为40），并制作从第10～25帧逐渐变形为红色文字“就是新时尚”的动画效果，从第25～40帧闪烁3次，并显示至第50帧。

（3）新建图层，利用库素材“文字”元件，从第20～40帧制作文字从完全透明到完全不透明，并从舞台下方移动到舞台中间的动画效果，并显示至第50帧。

（4）新建图层，利用库中的“图片”素材，在舞台左下角从第35～50帧制作从透明到不透明的动画效果。

实践项目 8

数字媒体 Web 集成

实训 1　网站建设和网页布局

一、实训目的与要求

1. 熟悉Dreamweaver 2018的工作界面和站点的建立。
2. 熟练掌握网页文档的新建、打开、保存和页面属性的设置。
3. 掌握页面中表格的制作和表格的基本操作。
4. 掌握网页基本元素的插入方法。

二、实训内容

1. 站点的新建和管理。
2. 网页的创建和页面属性的设置。
3. 利用表格进行页面布局。
4. 各类网页元素的插入。

三、实训范例

1. 站点的新建和管理

准备工作：首先在C盘上建立一个名为MySite的文件夹，作为该站点的根文件夹，然后将实训素材中“项目8\实训1\范例”文件夹中的所有内容复制到MySite文件夹中。

操作步骤：

（1）启动Dreamweaver 2018，选择“站点”菜单中的“新建站点”命令，弹出“站点设置对象 未命名站点1”对话框。

（2）在左侧列表中选择“站点”，在右侧“站点名称”文本框中输入“节约粮食”，在“本地站点文件夹”文本框中输入：C:\MySite，如图8-1-1所示。

（3）单击“保存”按钮返回，这时窗口右侧的“文件”窗格的面板如图8-1-2所示。

（4）如果需要编辑和管理站点，则可以选择“站点”菜单中的“管理站点”命令，弹出图8-1-3所示的“管理站点”对话框，在该对话框中可以新建、编辑、复制、删除、导入和导出站点。

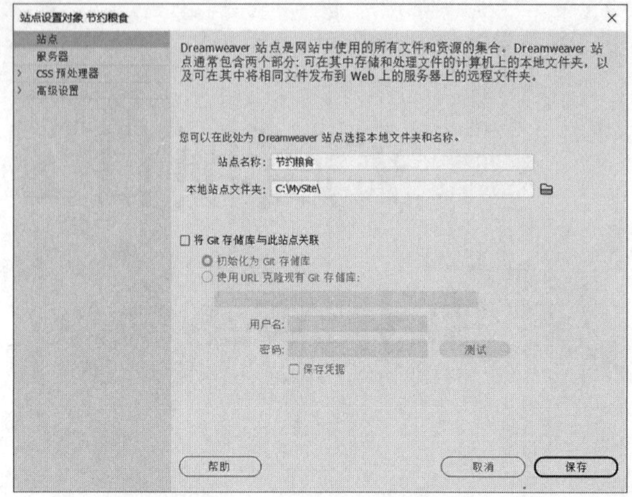

图8-1-1 “站点定义”对话框

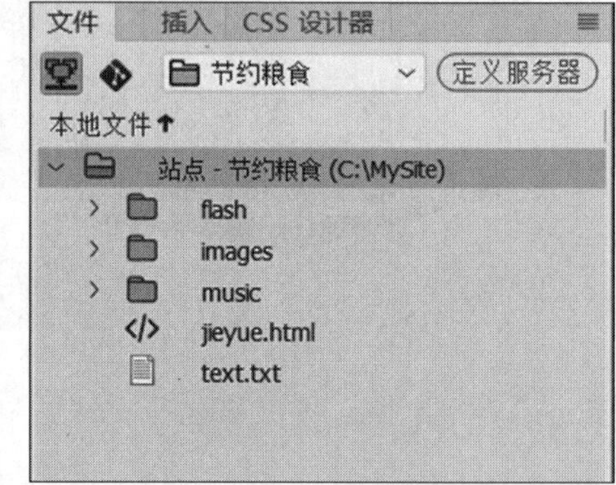

图8-1-2 “文件”面板

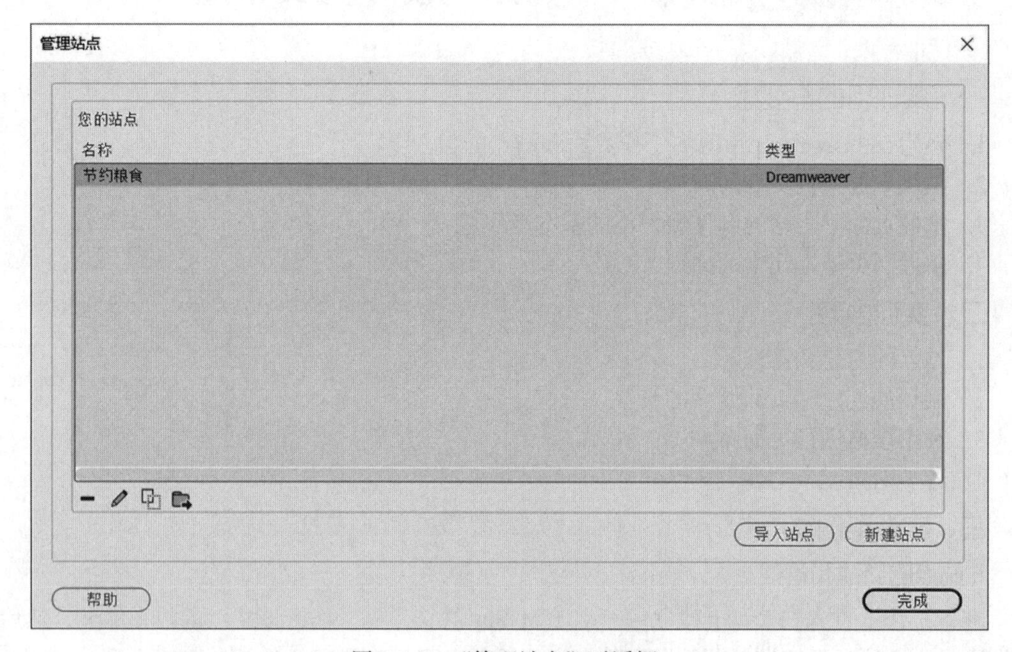

图8-1-3 “管理站点”对话框

2. 网页的创建和页面属性

操作步骤：

（1）创建空白页面：选择“文件/新建”菜单命令，在弹出的图8-1-4所示的“新建文档”对话框中，选择左侧的“新建文档”，在“文档类型”中选择“</>HTML”，单击“创建”按钮。

（2）网页的保存：选择“文件/另存为”命令，在“另存为”对话框中选择保存的位置“C:\MySite”文件夹，在“文件名”框中输入文件名“index.html”，单击“保存”按钮。

（3）设置页面属性：单击“属性”面板上的“页面属性”按钮，或选择“文件/页面属性”命令，打开图8-1-5所示的“页面属性”对话框。

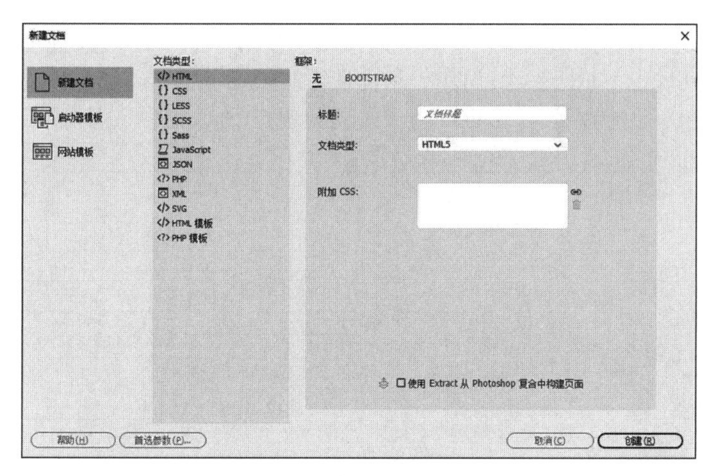

图8-1-4　“新建文档”对话框

① 在“外观（CSS）”分类中设置页面字体为“默认字体”、大小为“12”、背景颜色为“#B0F0A0”，如图8-1-5所示。

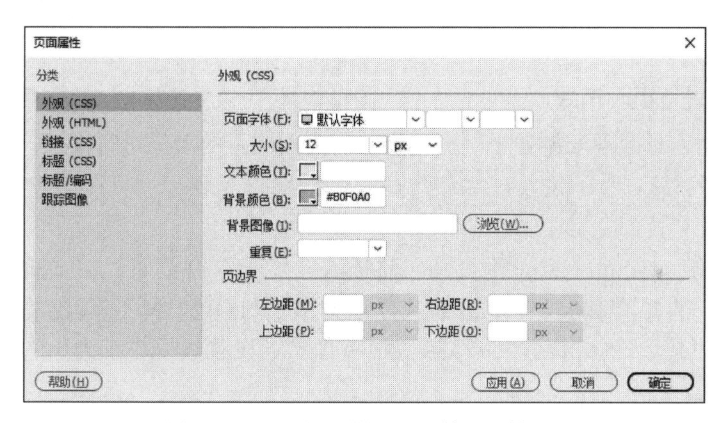

图8-1-5　“页面属性”对话框-“外观”

② 在“链接（CSS）”分类中将“链接颜色”“已访问链接”“活动链接”的颜色设置为“#FFFFFF”，将“下画线样式”设置为“始终无下画线”，如图8-1-6所示。

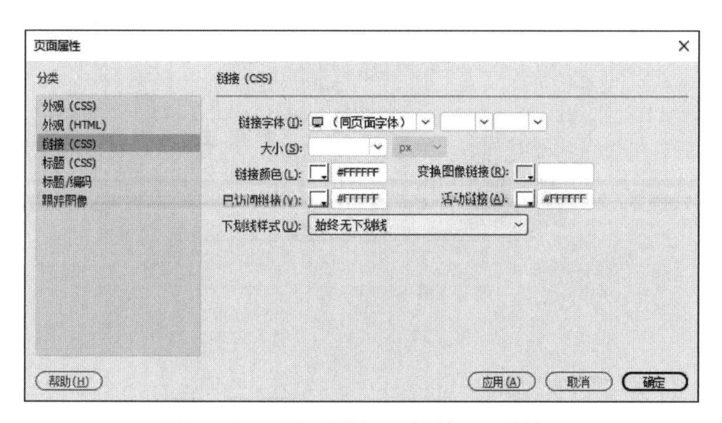

图8-1-6　“页面属性”对话框-“链接”

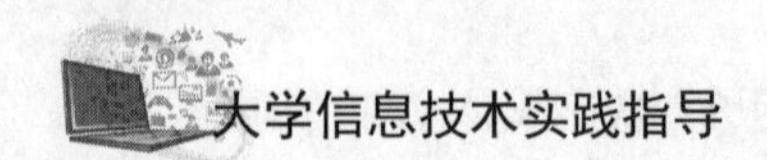

③ 在分类“标题/编码”中在“标题”框内输入标题“欢迎访问我们的站点”，编码选择“简体中文（GB2312）”，如图8-1-7所示，最后单击“确定”按钮。

注意：页面标题也可以在属性面板的“文档标题”文本框中直接输入。

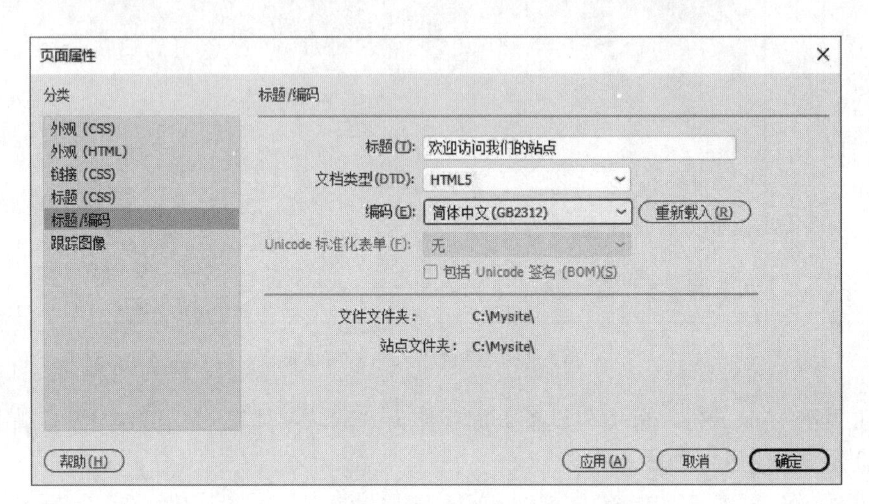

图8-1-7 “页面属性”对话框-“标题/编码”

3. 利用表格进行页面布局

在网页设计中为了合理安排各个网页元素，需要对网页的布局进行设计，目前最基本的布局方式是利用表格。

操作步骤：

（1）插入表格：在index.html网页中，将插入点置于空白页面，在“插入”面板中选择“HTML”子面板，选择“Table”项，或者选择“插入/Table”命令，在弹出的“Table”对话框中设置表格参数为5行5列，设置表格宽度为945像素，设置边框粗细为0，如图8-1-8所示，单击“确定”按钮。

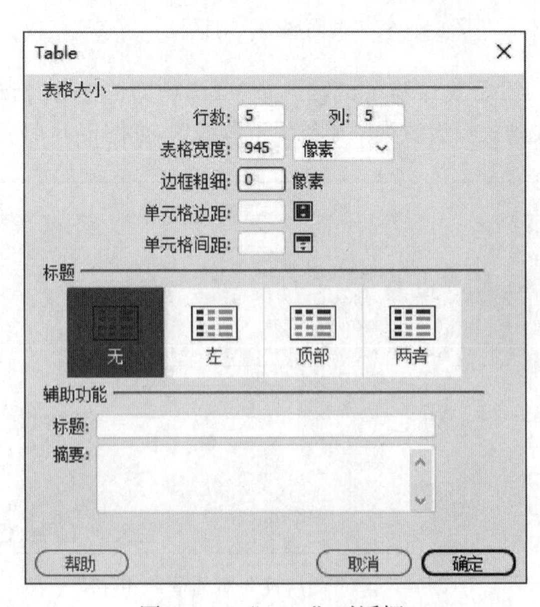

图8-1-8 “Table”对话框

（2）设置表格属性：在表格“属性”面板中，设置Align（对齐）为“居中对齐”，CellPad（填充）和CellSpace（单元格间距）均为0，如图8-1-9所示。

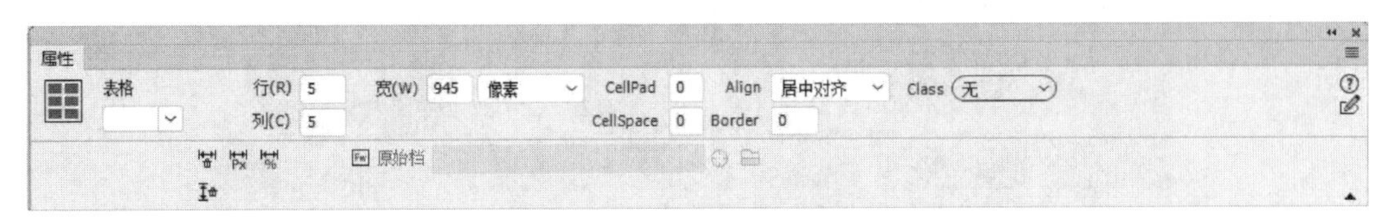

图8-1-9　表格“属性”面板

（3）合并单元格：利用鼠标选中表格第1行的5个单元格，然后选择右键快捷菜单中的“表格/合并单元格”命令，或利用单元格“属性”面板左下角的“合并单元格”按钮。用同样的方法分别合并第4行、第5行所有单元格。

（4）单元格属性设置：选中所有单元格，在“属性”面板“水平”列表中选择“居中对齐”，宽度设置为189，选中表格的第2行，在单元格“属性”面板上将行高设置为30，如图8-1-10所示。

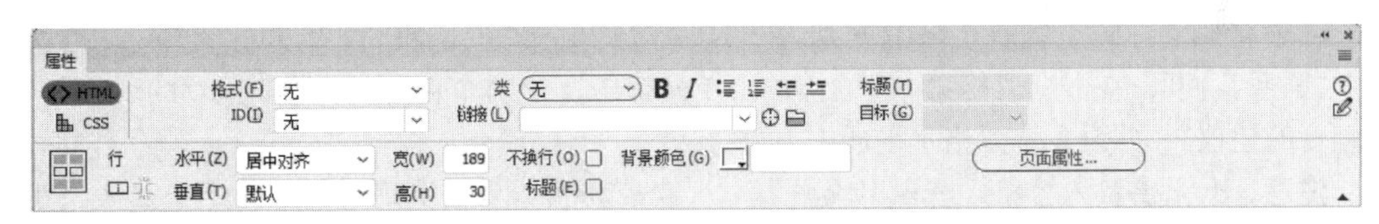

图8-1-10　单元格“属性”面板

（5）插入嵌套表格：将插入点置于第4行，用上述方法插入一个3行5列的嵌套表格，并设置表格宽度为945像素，边框粗细为1像素。

（6）嵌套表格的设置：如图8-1-11所示，用上述的方法分别将相关的单元格合并；然后选中嵌套表格的所有单元格，在“属性”面板上将所有单元格的背景颜色设置为“#CCCCCC”。

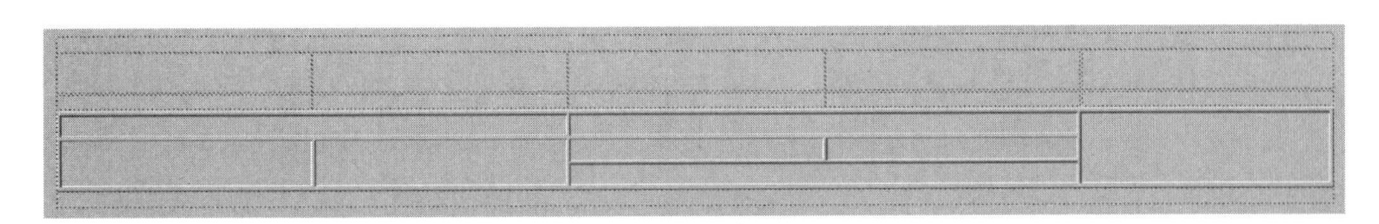

图8-1-11　嵌套表格的插入和设置

4. 插入网页基本元素

操作步骤：

（1）插入图像。

将光标定位在表格第1行，选择“插入/Image”命令，在“选择图像源文件”对话框中选择“images”文件夹中的“dz.jpg”图像文件，单击“确定”按钮。用同样的方法在表格第3行相关单元格内依次插入“s1.jpg”“s2.jpg”“s3.jpg”“s4.jpg”“s5.jpg”图像文件，效果如图8-1-12所示。

用上述的方法将“ban.jpg”图片添加到嵌套表格的第2行第3列单元格中，并通过属性面板将该图像的宽设置为12，高设置为120，将该单元格的列宽设置为36，水平居中对齐。

图8-1-12　插入图片后的效果

注意：通过右侧的“文件”面板，将站点文件夹中的图像文件直接拖至相关的单元格，从而实现图像的快速插入。

（2）插入文本。

在表格第2行的5个单元格中分别输入文字“首页”“关于粮食”“厉行节约”“光盘行动”“联系我们”；在嵌套表格第1行的前两个单元格中，分别输入文字“浪费粮食的现象”“节约粮食的建议”，并设置单元格水平居中。

注意：如果要插入空格，一般只允许插入一个空格，如果需要连续插入若干个空格，可事先通过“首选项”对话框（见图8-1-13），勾选“允许多个连续的空格”复选框。

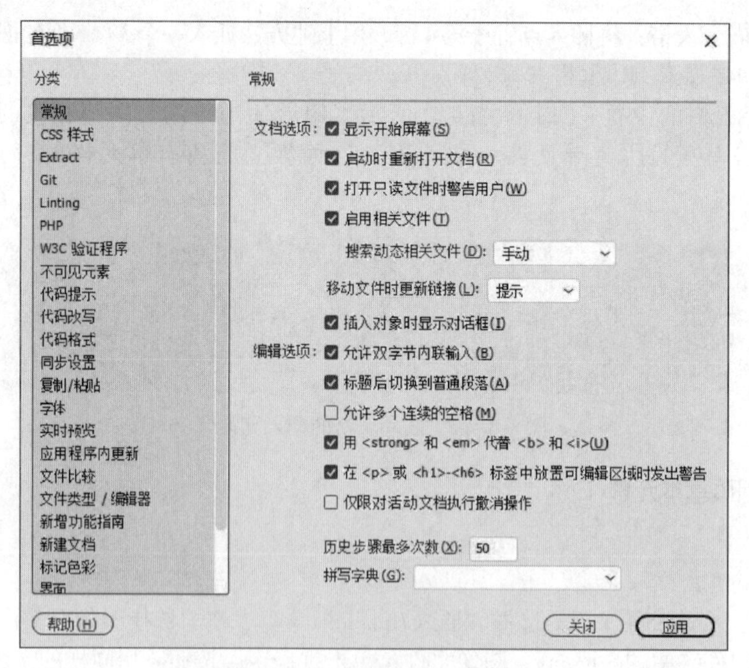

图8-1-13　“首选项”对话框

（3）插入列表文字。

在嵌套表格第2行的第2和第4个单元格内分别输入列表内容（或从text.txt文件中获取），如图8-1-14所示，并设置这两个单元格内容左对齐。

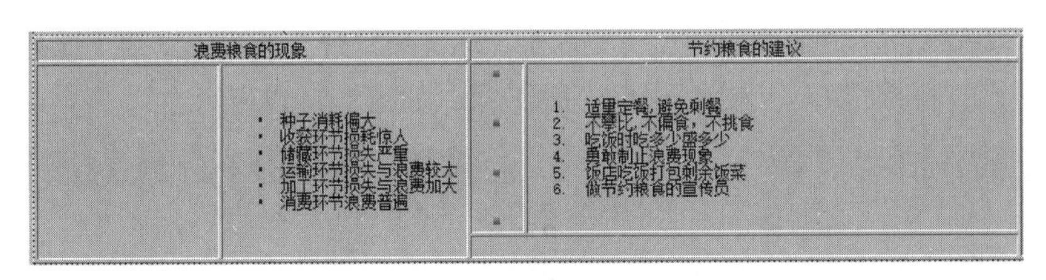

图 8-1-14　设置项目列表的效果

选择第 2 行第 2 列中的文本，单击“属性”面板上的“项目列表”按钮，建立项目列表。再选择第 2 行第 4 列中的文本，单击“属性”面板上的“编号列表”按钮。

注意：复制进入的文本中的软回车【Shift+Enter】可以人工将其改为硬回车【Enter】。

5. 插入网页其他元素

操作步骤：

（1）插入鼠标经过的图像。

将光标定位在嵌套表格的第 2 行第 1 列单元格中，选择“插入/HTML/鼠标经过图像”命令，弹出图 8-1-15 所示的对话框，单击“原始图像”右侧的“浏览”按钮，选择“s6.jpg”图像，单击“鼠标经过图像”栏中选择“s7.jpg”图像，最后单击“确定”按钮，在“属性”面板上设置其宽为 180、高为 270。

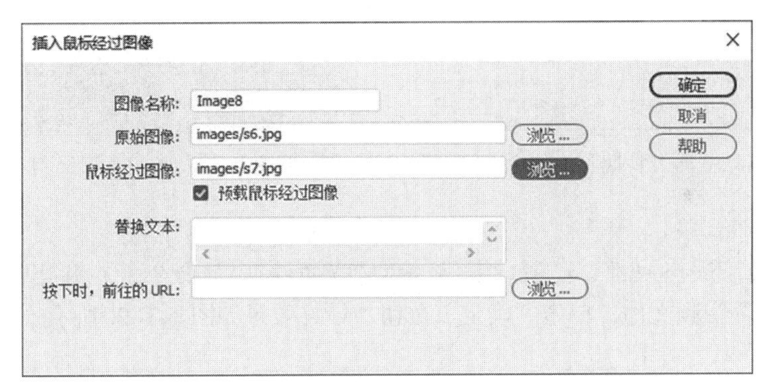

图 8-1-15　“插入鼠标经过图像”对话框

（2）插入 SWF 动画。

将插入点置于嵌套表格的第 3 行第 4 列单元格内，选择“插入/HTML/Flash SWF(F)”命令，在弹出的对话框中选择“liangshi.swf”文件插入。选中 flash 对象，在图 8-1-16 所示的“属性”面板上设置其宽为 340、高为 120、品质为“高品质”、比例为“无边框”等，适当调整各列列宽。

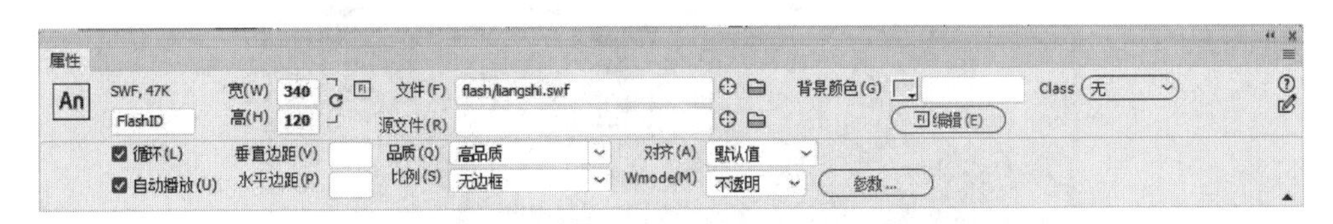

图 8-1-16　Flash 元素的“属性”面板

（3）插入水平线并设置属性。

插入点置于表格第 5 行，先在下方插入一个空行。将第 5 行的行高设为 20，然后选择“插入/HTML/水平线”命令，或利用“插入”面板来插入水平线，利用水平线“属性”面板设置其宽为945像素、高为2像素、水平居中、阴影效果，如图8-1-17所示。

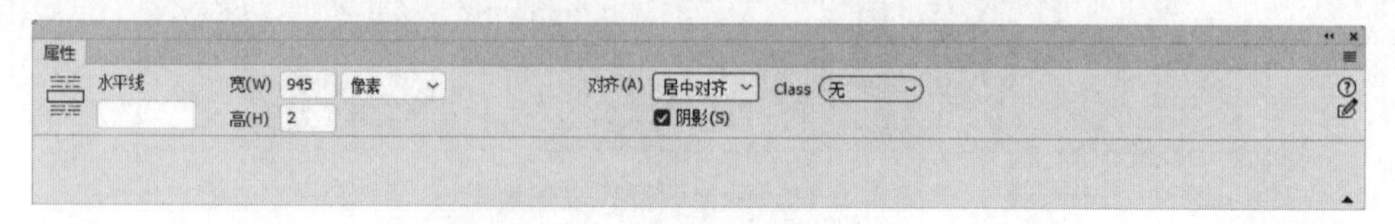

图8-1-17　水平线“属性”面板

（4）插入日期和特殊符号。

插入点置于表格第6行，选择“插入/HTML/日期”命令，或利用“插入”面板来插入日期，在弹出的图8-1-18所示的对话框中进行设置，单击“确定”按钮。

在日期右边按【Shift+Enter】组合键，输入软回车，然后输入文字“版权所有”，再选择“插入/HTML/字符/版权(C)”命令，输入“©”符号，如图8-1-19所示。

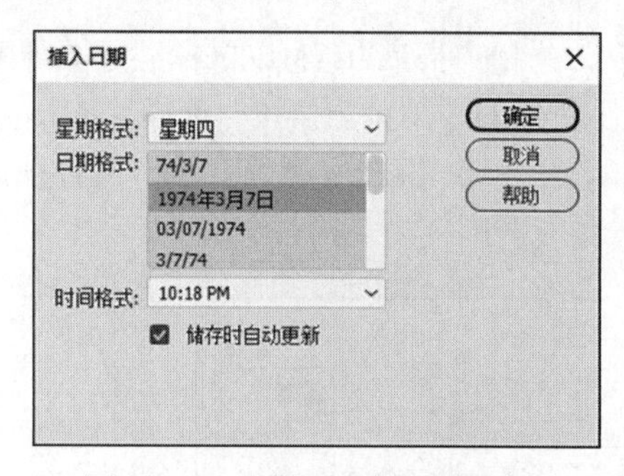

图8-1-18　“插入日期”对话框

2021年7月15日 星期四 10:01 AM
版权所有©

图8-1-19　插入“©”符号的效果

（5）插入背景音乐。

将插入点置于表格底部，选择“插入/HTML/插件(P)”命令，在弹出的对话框中选择“music\piano.mp3”音频文件，单击“确定”按钮。最终效果如图8-1-20所示。

图8-1-20　最终效果

四、实训拓展

首先在C盘上建立一个名为MyWeb的文件夹，然后将实训素材中“项目8\实训1\拓展”文件夹中的所有内容复制到MyWeb文件夹中。

（1）新建本地站点，站点名称为“端午佳节”，站点的根文件夹为C:\MyWeb。

（2）新建index.html主页，设置网页标题为“中国民俗-端午节”，设置图片bj.png为网页背景，设置链接颜色、已访问链接和活动链接的颜色为“#404040”，始终无下画线。

（3）在index.html页面中，插入一个5行2列的表格，设置表格宽度为1 000像素、边框粗细为0像素，整个表格居中对齐，将第2、3、5行中两个单元格合并，第5行的背景颜色设置为灰色（#CCCCCC）。

（4）在表格的第4行左侧单元格中插入一个3行1列的表格，在第4行右侧单元格中插入一个4行5列的表格，表格宽度均为100%，将右侧嵌套表格各列列宽设置为148，第1、4行的5个单元格合并，两个嵌套表格的第1行设置为绿色底纹（#05EE10）。

（5）按图8-1-21所示，从TEXT.txt文件中将相关的文字输入相应的单元格中，并设置相应单元格内容水平居中。

图8-1-21　“端午佳节”首页效果图

（6）按图8-1-21所示，在相应的单元格中插入图像，并通过“属性”面板将五张习俗图的宽度更改为130像素，高度自动调整。

（7）在左侧嵌套表格的第3行中插入视频文件“dwyl.mp4”，宽调整为225，高为128。

（8）将第3行行高设置为20，在其中插入水平线，宽为1 000、高为3，颜色为#CCCCCC（代码：<hr width="1000" size="3" color="#cccccc">）；在第5行“版权所有”后面插入特殊符号©和日期。

实训2　CSS样式和超链接

一、实训目的

1. 了解CSS样式的含义和基本操作。
2. 掌握利用CSS样式定义文本格式。
3. 熟练掌握各种超级链接的建立和设置。

二、实训内容

1. CSS样式的定义和应用。
2. 各种超链接的设置（文本链接、锚链接、图像热点链接、E-mail链接等）。

三、实训范例

准备工作：启动Dreamweaver 2018，打开实训1所建立的站点“节约粮食”，然后在“文件”面板的列表上双击打开index.html文件。

1. CSS样式的定义

定义CSS规则：打开“CSS设计器”面板，在“选择器”标签左侧单击“+”按钮，则新增一个选择器“.zw”（见图8-2-1）。

单击展开下方的“属性”列表，取消“显示集”的勾选即可列出所有的规则，如图8-2-2所示。然后根据要求分别设置各项规则。

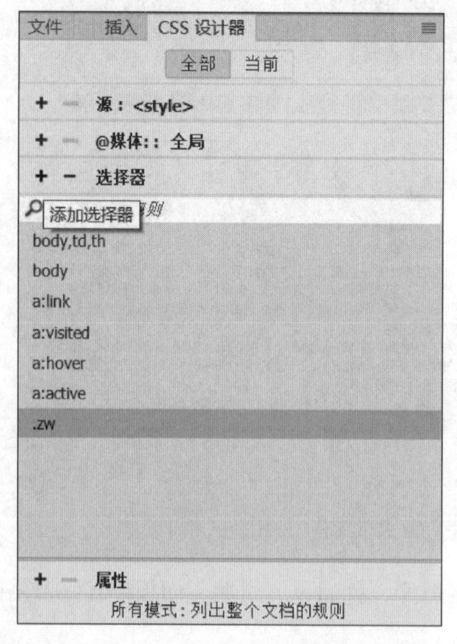

图8-2-1　CSS设计器面板

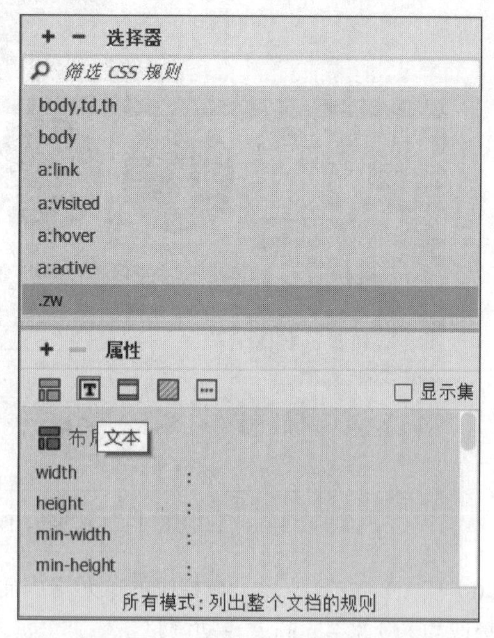

图8-2-2　.zw的CSS规则的定义

选择分类项中的“文本”，然后在“Font-family”中选择“黑体”，在“Font-size”中选择“16 px”，在“Color”中设置为“#FFFFFF”；再选择“背景”分类，设置“Background-color”为“#727272”。

用同样的方法再新建两个规则：

.bt规则：字体大小Font-size为16 px，字体宽度Font-weight为bold（加粗），行距Line-height为24 px。

.hj规则：行距Line-height为20 px。

2. CSS样式的应用

将“属性”面板切换到“HTML”，然后分别选取表格第2行第5个单元格，在“属性”面板上选择“类”下拉列表中的“.zw”样式，如图8-2-3所示。

分别选取“浪费粮食的现象”和“节约粮食的建议”两个单元格，在“属性”面板上选择“类”下拉列表中的“.bt”样式。

分别选取嵌套表格中的项目列表和编号列表文本，在HTML“属性”面板上选择“类”下拉列表中的“.hj”样式。

图8-2-3 CSS样式的应用

3. 建立超链接

（1）文本链接。选中表格第2行中的“首页”两个字，然后选择“插入/Hyperlink”命令，弹出图8-2-4所示的对话框，在链接栏中输入“index.html”，单击“确定”按钮。

也可以直接在“属性”面板的“链接”文本框中输入“index.html”。

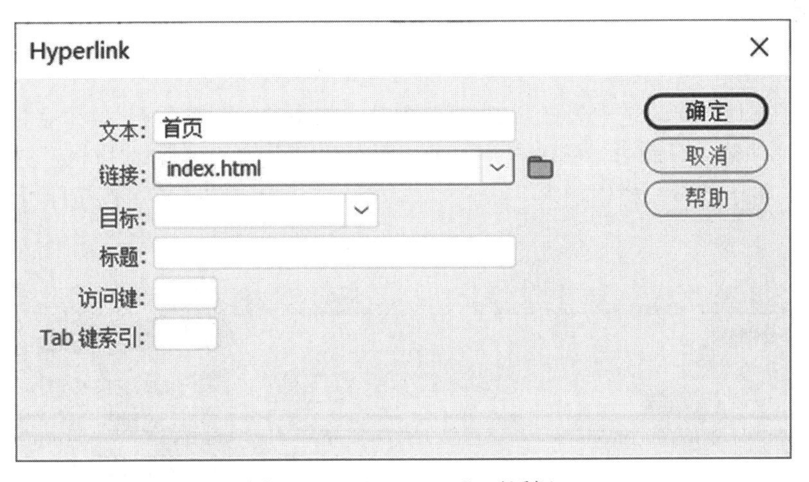

图8-2-4 “Hyperlink”对话框

（2）图像链接。选中表格第3行中的第1张图像，单击“属性”面板“链接”文本框右侧的“指向文件”按钮，拖动鼠标指针指向“文件”面板站点资源中的“jieyue.html”文件，在“替换”文本框中输入“更多最新动态”，在“目标”文本框中选择“_blank”，能使该页面在新窗口中打开，如图8-2-5所示。

图8-2-5 “指向文件”超链接的建立

（3）热点链接。选中表格第1行中的图像，在“属性”面板中单击“矩形热点工具”按钮，选取图像上“节约粮食”4个字所在区域，松开鼠标后，在“属性”面板中的“链接”文本框中输入“https://baike.so.com/doc/5411183-5649282.html”网址，在“目标”文本框中选择“_blank”，能使该页面在新窗口中打开，如图8-2-6所示。

图8-2-6 热点“属性”面板

（4）电子邮件链接。选中表格第2行第5列单元格中的“联系我们”4个字，选择“插入/HTML/电子邮件链接”命令，或单击“插入”面板列表中的“电子邮件链接”按钮，在弹出的对话框的“电子邮件”栏中输入“sicp_it@126.com”，单击“确定”按钮即可，如图8-2-7所示。

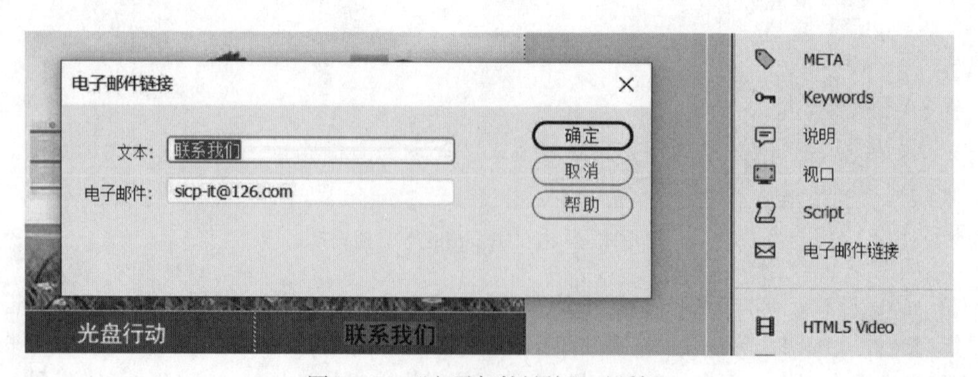

图8-2-7 “电子邮件链接”对话框

注意：电子邮件的链接也可以在“属性”面板的“链接”文本框中建立，格式为：“mailto:sicp_it@126.com”。

最终效果如图8–2–8所示。

图8–2–8　效果图

四、实训拓展

打开实训1拓展练习所建立的站点“端午佳节”，或者重新建立C:\MyWeb站点，然后在“文件”面板的列表上双击打开index.html文件。

1. 设置第1行第1列中的文本“端午佳节”格式（CSS目标规则名定为.bt），字体：华文行楷、大小：48、颜色：#5C7967，单元格内居中对齐。

2. 设置第1行第2列中的导航文本的格式（CSS目标规则名定为.dh），字体：黑体，大小16、颜色：#404040。

3. 为嵌套表格中的两个栏目标题“端午节由来”“端午习俗”和5张图片下的标题文字设置格式（CSS目标规则名定为.lm），字体大小14、行间距30。

4. 为两段正文和页脚文字设置格式（CSS目标规则名定为.zw），宋体、大小12、行间距20。各正文段落前插入2个不换行的空格。

5. 为导航中的“端午节由来”和“端午调研”分别创建文字链接，可在新窗口中分别打开“youlai.html”和“diaoyan.html”页面。

6. 为横幅图像中的龙舟所在的区域创建热点链接，链接目标为https://baike.so.com/doc/7050776-7273682.html，要求在新窗口打开。

7. 为页脚区的“联系我们”4个字创建电子邮件链接，能链接到sicp_it@126.com邮箱地址。效果如图8-2-9所示。

图8-2-9 页面的效果图

 实训3 网页中表单的制作

一、实训目的与要求

1. 掌握网页中的表单制作和表单的属性设置。
2. 了解各类表单对象的作用。
3. 熟练掌握表单中各表单对象的插入及属性设置。

二、实训内容

1. 插入表单和表单属性的设置。
2. 插入各类表单对象（文本域、单选按钮、复选框、列表、文件域、按钮等）。
3. 对各类表单对象的属性进行设置。

三、实训范例

准备工作：启动Dreamweaver 2018，打开实训2所建立的站点“节约粮食”，然后在“文件”面板的列表上双击打开index.html文件。

1. 插入表单及属性设置

操作步骤：

（1）插入表单。插入点定位在嵌套表格的第1行第5列单元格中，然后选择“插入/表单/表单”命令，即在该单元格中插入了一个红色虚线框的表单域，如图8-3-1所示。也可以通过“插入”面板列表中的“表单”项，然后在下拉列表中选择“表单”命令。

图8-3-1　插入表单

（2）表单属性设置。插入点定位在表单中，在“属性”面板上将“表单ID”更改为“diaocha”，如图8-3-2所示。

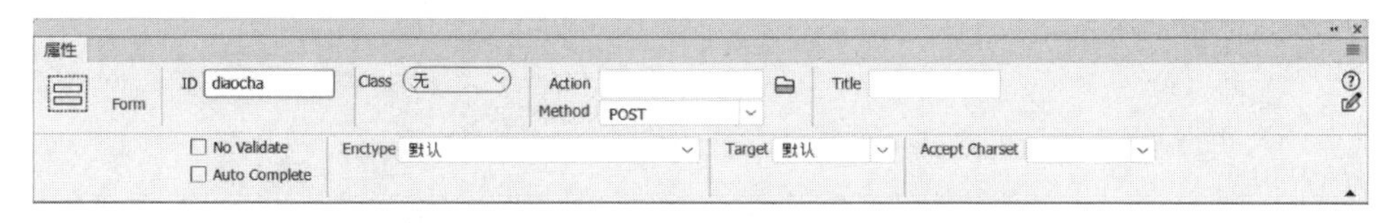

图8-3-2　表单“属性”面板

2. 插入表单对象

准备工作：插入点定位在表单中，首先插入一个7行1列的表格，表格宽度为90%，边框粗细为0，并使表格居中，在表格的第1行居中位置输入文字“调查表”，并应用.bt样式。

操作步骤：

（1）“列表/菜单”的插入和设置。

在表格的第2行中首先输入文字“您的年龄范围：”，然后选择“插入/表单/选择”命令，或者选择“插入”面板“表单”列表中的“选择”选项，即插入图8-3-3所示的“选择”域。

选中插入的“选择”域，在“属性”面板中选择“列表值”按钮，弹出“列表值”对话框，在该对话框中通过“+”按钮，在“项目标签”中分别输入图8-3-4所示的各个项目标签，单击“确定”按钮。最后在“属性”面板上将“初始化时选定”选定“19岁-30岁”，如图8-3-5所示。

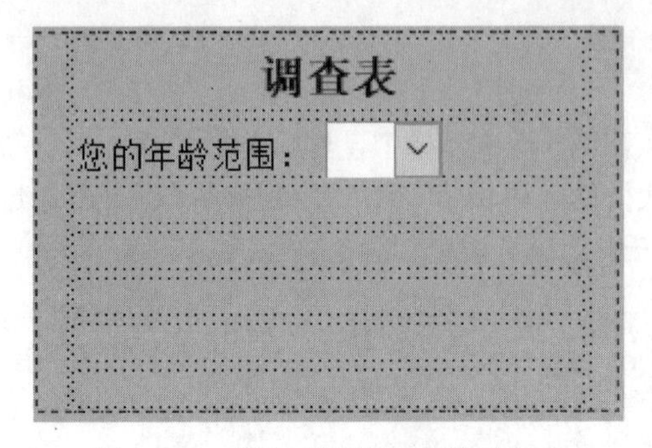

图8-3-3 插入“选择”表单对象

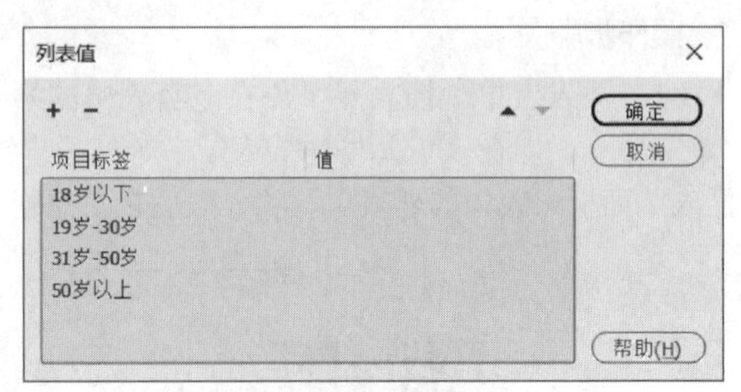

图8-3-4 设置“列表值”对话框

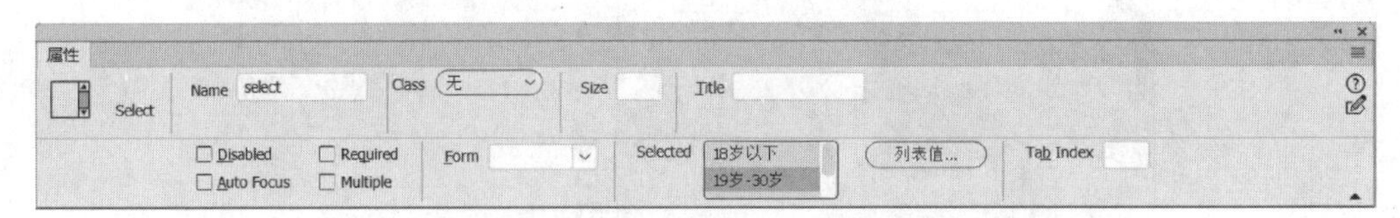

图8-3-5 列表“属性”面板

（2）“单选按钮”的插入和设置。

在表格的第3行中首先输入文字“性别：”，然后选择“插入/表单/单选按钮组”命令，或者选择“插入”面板“表单”列表中的“单选按钮组”选项，在弹出的“单选按钮组”对话框中的“名称”文本框中输入“XB”，在“标签”列表中分别输入“男”和“女”，如图8-3-6所示，单击“确定”按钮。

注意：默认每项占一行，可以利用【Delete】键，并在一行中。

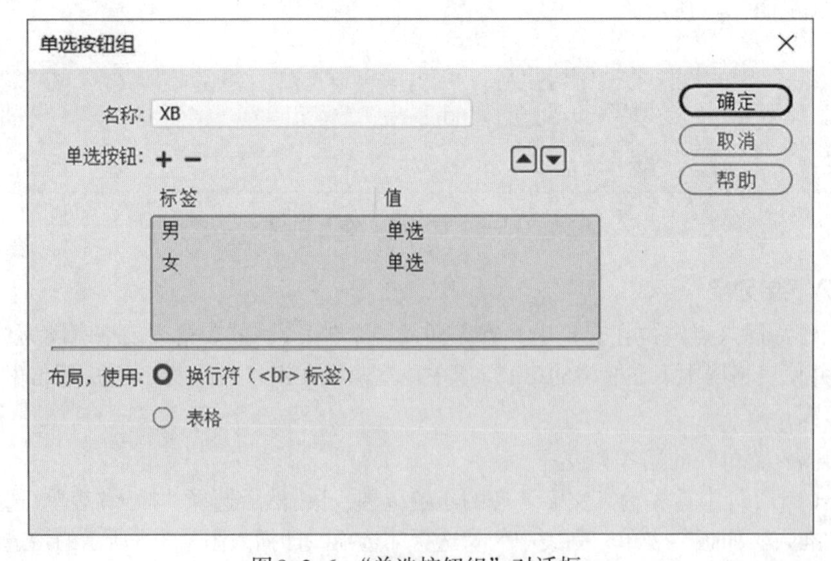

图8-3-6 “单选按钮组”对话框

选择“男”单选按钮，在“属性”面板上的勾选“Checked”，表示初始状态已勾选，如图8-3-7所示。

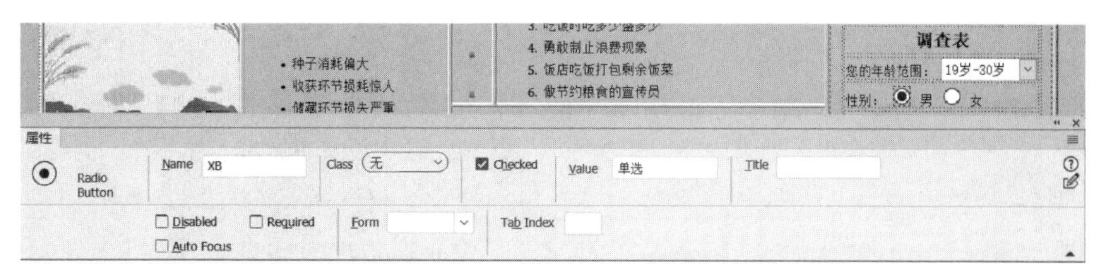

图8-3-7　“单选按钮”的属性面板

用同样的方法在表格第4行再建一组单选按钮组“你觉得有必要节约粮食吗？”，有3个单选项：有、没、无所谓，如图8-3-8所示。

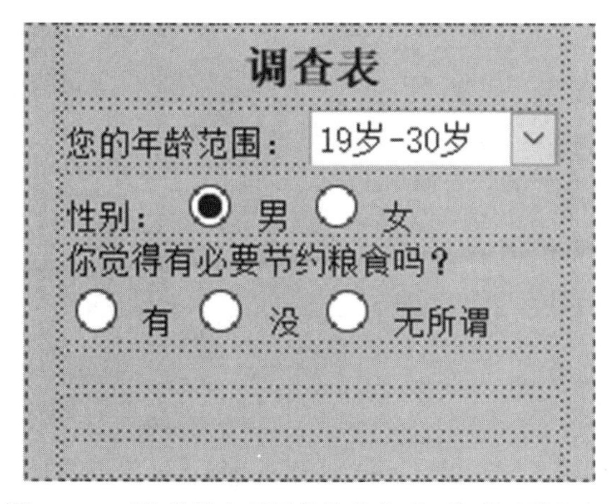

图8-3-8　“你觉得有必要节约粮食吗？”单选按钮组

（3）“复选框”的插入和设置。

在表格的第5行中首先输入文字“您觉得浪费粮食最多的场所：”，然后选择“插入/表单/复选框组”命令，或者选择“插入”面板“表单”列表中的“复选框组”选项，在弹出的“复选框组”对话框中的“名称”文本框中输入“CS”，在“标签”列表中分别输入“家”“食堂”“饭店”“外卖”“其他”，如图8-3-9所示，单击“确定”按钮。

注意： 默认每项占一行，可以利用【Delete】键，并在一行中。

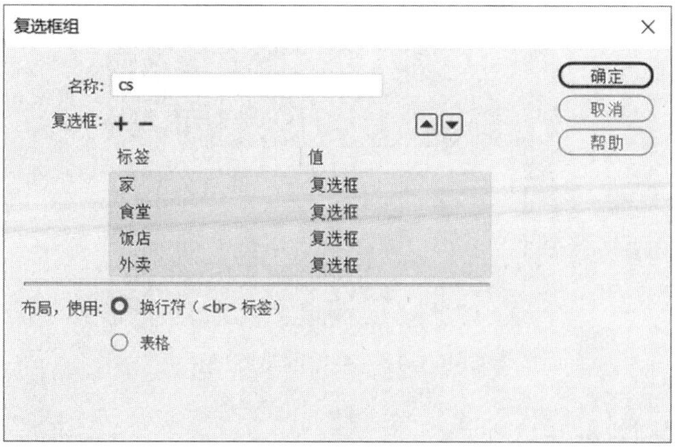

图8-3-9　“复选框组”对话框

（4）“文本”的插入和设置。

在表格的第6行中首先输入文字“您的建议：”，选择“插入/表单/文本区域”命令，或者选择“插入”面板“表单”列表中的“文本区域”选项；选中该文本区域，然后在“属性”面板上将“Rows”（行数）设置为4，“Cols”（字符宽度）设置为25，如图8-3-10所示。

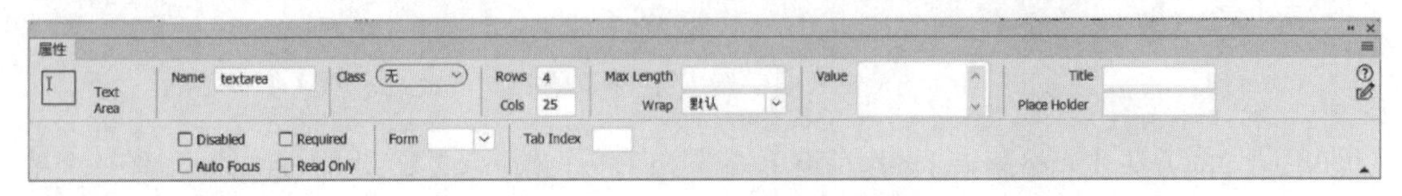

图8-3-10　“文本区域”属性面板

（5）“按钮”的插入和设置。

插入点定位在表格的第7行，在居中位置依次单击“插入/表单”中的“提交”按钮和“重置”按钮，也可以利用“插入”面板来插入这两个按钮。

选择“重置”按钮，在“属性”面板上将“Value”值改为“清除”，如图8-3-10所示，按钮的属性设置如图8-3-11所示。表单的最终效果如图8-3-12所示。

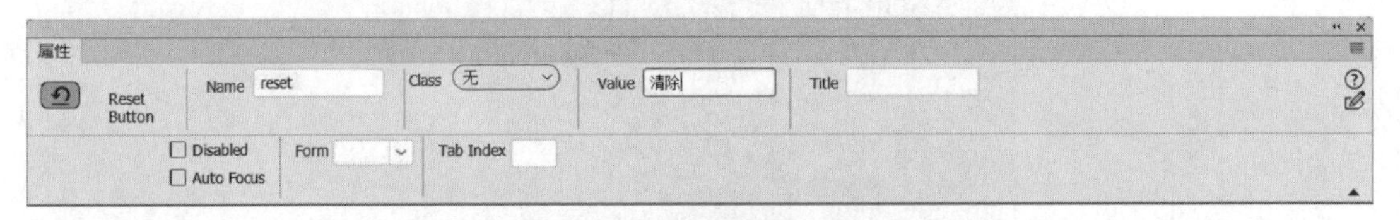

图8-3-11　按钮的属性面板

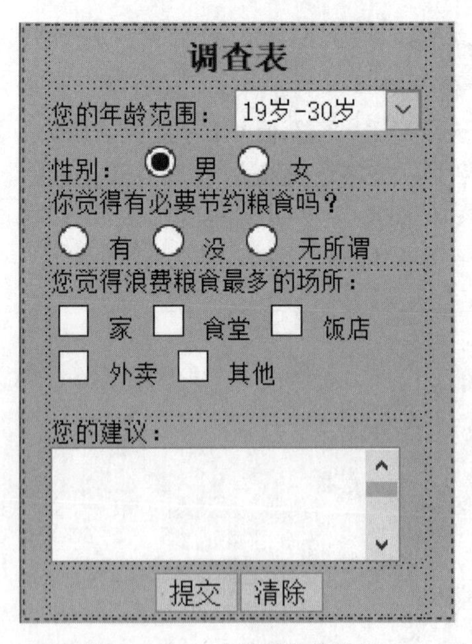

图8-3-12　表单的最终效果

最终页面的效果图如8-3-13所示。

图 8-3-13　页面最终效果

四、实训拓展

打开实训 2 拓展练习所建立的站点“端午佳节”，或者重新建立 C:\MyWeb 站点，然后在“文件”面板的列表上双击打开 diaoyan.html 文件。

具体要求如下：

1. 首先插入一个表单，然后在表单中插入一个 12 行 2 列的表格，宽度为 60%，居中，各行的行高为 36，单元格背景颜色为 #EDEDED，第 1 列列宽 300，单元格内容右对齐，第 2 列单元格内容左对齐。

2. 为所有单元格中的文字设置格式（CSS 目标规则名定为 .zw），宋体、大小 12、行间距 20。

3. 参照效果图插入表单对象：

（1）“您目前的身份：”为列表选择项，名称为“sf”，选择项有：学生、职员、企业主、自由职业、退休人员、其他，默认选中“学生”。

（2）“您了解端午节的起源吗？”为一组单选按钮组，名称为“qy”。

（3）“您知道端午节是哪一天吗？”为一组单选按钮组，名称为“rq”。

（4）“您觉得当今社会对端午节的态度如何？”为一组单选按钮组，名称为“td”。

（5）“您觉得端午节有必要举行纪念活动吗？”为一组单选按钮组，名称为“hd”。

（6）“您认为下列哪些节日，更受你的欢迎？”为一组复选框组，名称为“hy”。

（7）“您熟悉的端午节活动有哪些？”为一组复选框组，名称为“xs”。

（8）“您能背几首关于端午节的诗词吗？”为一组单选按钮组，名称为“sc”。
（9）“请问端午节的‘端’是什么意思？”为一组单选按钮组，名称为“hy”。
（10）“能留下您的联系方式吗？”为单行文本域，字符宽度为40。
（11）“请留下您的建议：”为文本区域，字符宽度为40，行数为5行。
（12）合并第12行两个单元格，在居中位置添加两个按钮，分别是“提交”和“重置”。

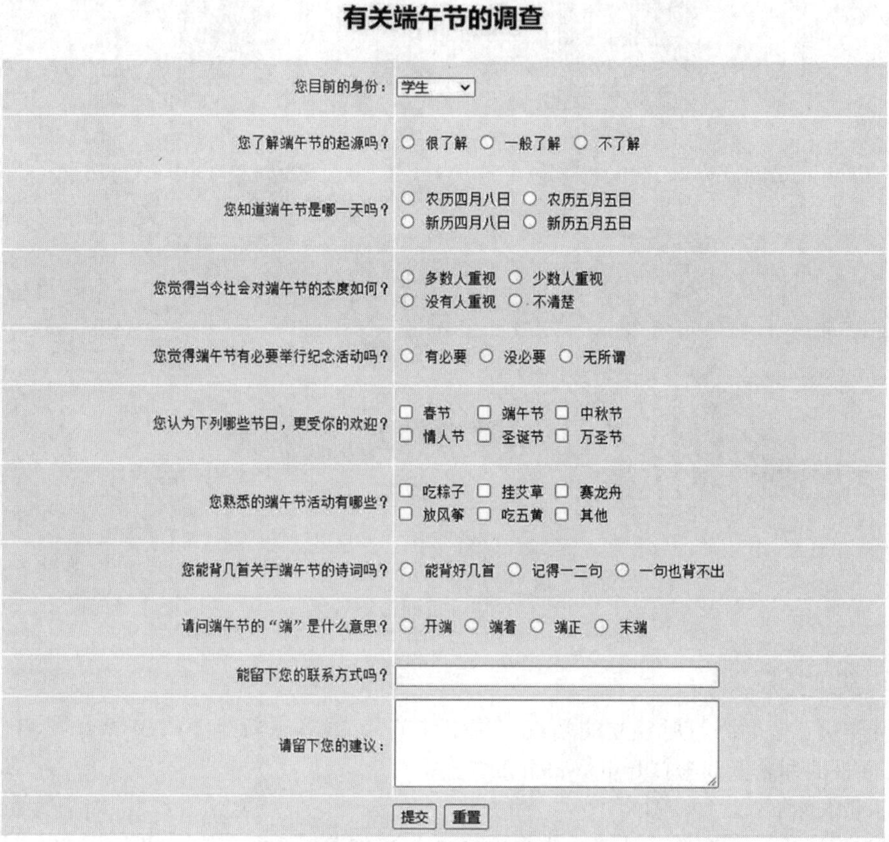

有关端午节的调查

您目前的身份：	学生
您了解端午节的起源吗？	○ 很了解 ○ 一般了解 ○ 不了解
您知道端午节是哪一天吗？	○ 农历四月八日 ○ 农历五月五日 ○ 新历四月八日 ○ 新历五月五日
您觉得当今社会对端午节的态度如何？	○ 多数人重视 ○ 少数人重视 ○ 没有人重视 ○ 不清楚
您觉得端午节有必要举行纪念活动吗？	○ 有必要 ○ 没必要 ○ 无所谓
您认为下列哪些节日，更受你的欢迎？	□ 春节 □ 端午节 □ 中秋节 □ 情人节 □ 圣诞节 □ 万圣节
您熟悉的端午节活动有哪些？	□ 吃粽子 □ 挂艾草 □ 赛龙舟 □ 放风筝 □ 吃五黄 □ 其他
您能背几首关于端午节的诗词吗？	○ 能背好几首 ○ 记得一二句 ○ 一句也背不出
请问端午节的“端”是什么意思？	○ 开端 ○ 端着 ○ 端正 ○ 末端
能留下您的联系方式吗？	
请留下您的建议：	
提交 重置	

图8-3-14 “调研问卷”表单

第 2 篇
应试指导

第 1 部分

基础理论练习

习题 1　信息技术基础

一、单选题

1. ________可以看作是代替、延伸、扩展人的感官和大脑信息处理功能的技术。

　　A. 人工智能　　　　B. 信息技术
　　C. 互联网　　　　　D. 云计算

2. 信息技术经历了语言的利用、文字的发明、印刷术的发明、________、电子计算机的诞生5次重大的变革。

　　A. 电信革命　　　　B. 炸药的发明
　　C. 互联网的发明　　D. 移动通信技术

3. 现代信息技术是以________为基础，以计算机技术、通信技术和控制技术为核心，以信息应用为目标的科学技术群。

　　A. 互联网技术　　　B. 云计算技术
　　C. 微电子技术　　　D. 人工智能技术

4. 现代信息技术包括信息的获取技术、传输技术、处理技术、控制技术、存储技术和________等。

　　A. 整理技术　　　　B. 通信技术
　　C. 集成技术　　　　D. 展示技术

5. 目前采用新型器件的新型计算机也在研制之中，如超级计算机、________、光子计算机、生物计算机、量子计算机等。

　　A. 纳米计算机　　　B. 微米计算机
　　C. 粒子计算机　　　D. 质子计算机

6. 信息技术的发展趋势有3个方面：信息技术向纵深化和融合化发展、信息处理向泛在化和云集化发展、________。

　　A. 信息需求向数据化和综合化发展　　B. 信息产业向智能化和整合化发展
　　C. 信息服务向个性化和共性化发展　　D. 信息应用向平台化和简约化发展

7. 冯•诺依曼在20世纪40年代后期提出了一些基本而又极其重要的计算机设计思想，如二进制、____________、五大组成部分等。

A. 程序设计和程序存储　　B. 程序存储和程序处理

C. 程序处理和程序控制　　D. 程序存储和程序控制

8. 计算机内部采用二进制编码的原因：一是____________，二是人类思维时“是”和“否”的判断最为简单和稳定。

A. 计算简单，不易出错　　B. 与十进制转换比较容易

C. 二值器件在物理上容易实现　　D. 受当时技术的限制

9. 二进制的单位是位（bit），存储容量的基本单位是字节（B,byte），一个字节由________位二进制组成。

A. 1　　B. 2　　C. 4　　D. 8

10. 用作存储器的器件需要满足3个条件：一是能表示两个状态，用来表示数字信息0和1；二是______________；三是能在一定的控制条件下实现状态的转换。

A. 存取速度快，且有一定的存储容量

B. 能保持稳定的状态，达到记忆目的

C. 集成度高、体积小、低功耗、低成本

D. 有高可靠性、高存储密度，且支持热插拔

11. 现代信息存储技术主要包括直接连接存储技术、______________和网络存储技术。

A. 间接连接存储技术　　B. 半导体闪存技术

C. 移动存储技术　　D. 存储区域网络

12. ___________是一种新型接口标准,由于其支持热插拔、传输速率高等特点，已成为目前各种外部设备与计算机相连的主流接口。

A. ISA和EISA总线　　B. PCI总线

C. PCMCIA总线　　D. 通用串行总线

13. 嵌入式系统一般包括____________、外围硬件设备以及特定的应用程序等几个部分，是集软、硬件为一体的可独立工作的器件。

A. 嵌入式微处理器　　B. 控制器

C. 运算器　　D. 存储器

14. 智能手机的硬件层主要由三大部分组成，分别是通信子系统、电源管理子系统和应用子系统，其中______________是核心。

A. 通信子系统　　B. 电源管理子系统

C. 应用子系统　　D. 移动通信网络

15. ASCII编码是计算机用来表示___________的编码。

A. 西文字符　　B. 汉字　　C. 图像　　D. 声音

16. “中国”两个汉字的区位码分别是3630H、195AH，则它们的GB 2312—1980国标码分别是______________。

A. 5650H、397AH　　B. 5650H、B9FAH

C. D6D0H、397AH　　D. D6D0H、B9FAH

17. “思政”两个汉字的采用32×32点阵输出，共需要________个字节来存储对应的点阵信息。

A. 4　　B. 64　　C. 128　　D. 256

18. 对于一幅 1 920×1 080 像素，24 位真彩色的图像，在没有压缩的情况下，其所占存储空间约为＿＿＿＿＿。

A. 49 MB　　B. 6 MB　　C. 2 MB　　D. 1 MB

19. 在空气中传播的声音，经麦克风转换成＿＿＿＿＿。

A. 模拟音频信号　　B. 数字音频信号

C. 离散音频信号　　D. 合成音频信号

20. 操作系统的基本功能是资源管理和用户界面管理，其中资源管理包括5部分：＿＿＿＿＿、作业管理、存储器管理、设备管理、文件管理。

A. 运算器管理　　B. 控制器管理

C. 进程与处理机管理　　D. 命令和程序接口管理

21. ＿＿＿＿＿的源代码完全向公众开放，有独特的开放许可证制度，赋予公众自由使用、分发、复制、修改软件的权利，通过法律形式保证了软件的自由开放形式。

A. 非开源软件　　B. 开源软件

C. 免费软件　　D. 付费软件

22. ＿＿＿＿＿是开源软件。

A. Windows　　B. Office　　C. Linux　　D. UNIX

23. ＿＿＿＿＿是相关学者在审视计算机科学所蕴含的思想和方法时被挖掘出来的，使之成为三种科学思维之一。

A. 理论思维　　B. 实验思维

C. 计算思维　　D. 理性思维

24. 计算思维的本质是＿＿＿＿＿。

A. 问题求解和系统设计　　B. 抽象和自动化

C. 建立模型和设计算法　　D. 理解问题和编程实现

25. 计算思维的本质是抽象和自动化，它反映了计算的根本问题，其中抽象超越物理的时空观，可以完全用＿＿＿＿＿来表示。

A. 符号　　B. 编码　　C. 公式　　D. 数据

26. 计算思维是一种解决问题的思维过程，利用计算手段求解问题的过程是＿＿＿＿＿。

A. 问题抽象、符号化、设计算法、编程实现

B. 理解问题、建立模型、存储、编程实现

C. 问题抽象、模型建立、设计算法、编程实现

D. 问题抽象、模型建立、编程实现、自动执行

27. 下列＿＿＿＿＿不属于云计算的服务类型。

A. 基础设施即服务　　B. 平台即服务

C. 软件即服务　　D. 数据即服务

28. 下列＿＿＿＿＿不属于云计算的主要技术。

A. 虚拟化技术　　B. 搜索技术

C. 分布式海量数据存储技术　　D. 海量数据管理技术

29. 大数据具有以下4个特征：数据体量巨大、＿＿＿＿＿、数据产生和变化速度快、价值密度低而应用价值高。

A. 数据类型多样　　B. 数据结构复杂

C. 数据模糊和随机　　D. 数据采集多样化

30. 数据挖掘的方法有______________、遗传算法、决策树方法、统计分析方法、模糊集方法等。

A. 批量计算方法　　B. 数据抽取方法
C. 神经网络方法　　D. 数据可视化方法

31. 人工智能的技术包括__________、知识图谱、自然语言处理、人机交互、计算机视觉、生物特征识别、人工神经网络、搜索技术等。

A. 可视化技术　　B. 机器学习
C. 编程模型　　D. 嵌入式技术

32. 数字媒体技术一般分为数字媒体的表示技术、______________、创建技术、显示应用技术和管理技术等。

A. 采集技术　　B. 处理技术
C. 存储技术　　D. 合成技术

33. ____________是通过计算机技术将虚拟的信息应用到真实世界。

A. 虚拟现实　　B. 增强现实
C. 混合现实　　D. 幻影成像

34. 下列________不属于物联网的主要技术。

A. RFID技术　　B. 传感技术
C. 嵌入式技术　　D. 虚拟现实技术

35. 物联网主要特征分别是互联网特征、____________、智能化特征。

A. 云计算特征　　B. 识别和通信特征
C. 区块链特征　　D. 嵌入式特征

36. 5G网络是数字蜂窝网络，蜂窝中的所有5G无线设备通过__________与蜂窝中的本地天线阵和低功率自动收发器（发射机和接收机）进行通信。

A. 光缆　　B. 蓝牙　　C. 无线电波　　D. 卫星

37. 以下__________应用不属于5G的主要应用。

A. VR全景直播　　B. 数字货币
C. 自动驾驶　　D. 智能电网

38. 区块链是指通过去中心化和去信任的方式集体维护一个可靠数据库的技术方案，实现从信息互联网到_____________的转变。

A. 数据互联网　　B. 货币互联网
C. 信用互联网　　D. 价值互联网

39. 区块链技术的模型是由自下而上的数据层、网络层、__________、激励层、合约层和应用层组成。

A. 传输层　　B. 表示层　　C. 会话层　　D. 共识层

40. __________是区块链的核心技术，主要包括：哈希算法、加密算法、数字签名等。

A. 网络安全技术　　B. 密集网络技术
C. 密码学技术　　D. 搜索技术

41. ___________是指信息网络的软件、硬件及其系统中的数据受到保护，不因偶然的或者恶意的原因而遭到破坏、更改、泄露，系统能连续、可靠、正常地运行，信息服务不中断。

A. 信息安全　　B. 计算机安全
C. 网络安全　　D. 通信安全

42. 目前常用的新型身份识别技术还有指纹识别、虹膜识别、人脸识别、__________等。

A. 语音识别　　B. 动作识别

C. 笔画识别　　D. 区块链

43. __________的作用是在某个内部网络和外部网络之间构建网络通信的监控系统，用于监控所有进、出网络的数据流和来访者，以达到保障网络安全的目的。

A. 数字签名　　B. 防火墙

C. 身份识别技术　　D. 加密技术

44. 不属于信息社会常见的道德问题有__________。

A. 道德意识的模糊　　B. 道德观念的混乱

C. 道德评价的缺失　　D. 道德行为的失范

45. 为了净化网络空间，规范网络行为，需要从技术监控、法律和道德规范、__________、网络监管等方面入手，构建网络伦理，树立正确的信息价值观。

A. 社会公民教育　　B. 倡导网络文明

C. 健全网络惩戒制度　　D. 伦理教育

46. 信息社会常见的道德问题不包括__________。

A. 各类网络数据的激增　　B. 发布各种虚假信息

C. 网络世界与现实世界界限模糊　　D. 滥用言论自由

47. 信息素养的构成要素包括__________、信息知识、信息的能力和信息伦理几个方面。

A，信息意识　　B. 身体素质

C. 信息收集　　D. 信息传递

48. 不属于信息素养能力的有__________。

A. 了解信息技术相关知识的能力

B. 对信息社会的适应能力

C. 信息获取、加工处理、传递创造等综合能力

D. 融合新一代信息技术解决专业领域问题的能力

49. 信息需求是创造性行为产生的必要条件，__________可以激发创新思维，信息技术应用能力为提升创新能力拓展了途径。

A. 获取信息　　B. 信息意识

C. 终身学习　　D. 信息再生

50. 当网络空间与现实空间发生相互作用的时候，衍生的各种道德问题都是与信息的产生、使用、传播、占有权力的行使有关，这些权利被称为__________。

A. 信息权力　　B. 信息关系

C. 信息义务　　D. 信息责任

二、是非题（请正确判断下列题目，正确的请打√，错误的请打 ×）

1. 信息技术的主体技术3C，指的是通信技术、计算机技术和电子技术。　（　　）

2. 把运算器和控制器制作在同一个芯片中，这个芯片称为“中央处理器”。　（　　）

3. 用来指挥硬件动作的命令称为“指令”，它是由运算符和运算数两部分组成。　（　　）

4. 计算机在使用内存时总是遇到两个矛盾：一是程序运行和存放信息资料的地方不够，即容量不够大；二是CPU处理指令的速度越来越快，内存存取指令的速度跟不上，即速度不够快。　（　　）

5. 接口是计算机中各个组成部件之间相互交换数据的公共通道，是计算机系统结构的重要组成部分。 ( )

6. 数据库系统是以应用为中心,以计算机技术为基础,软硬件可裁减的专用计算机系统。 ( )

7. 在计算机中,可以采用一定的编码方法来表示字母和文字形式的数字、符号等。( )

8. 应用软件是为了实现对各种资源的管理、基本的人机交互、高级语言的编译或解释以及基本的系统维护调试等工作。 ( )

9. 科学思维是运用计算机科学的基础概念进行问题求解、系统设计以及人类行为理解等涵盖计算机科学之广度的一系列思维活动。 ( )

10. 云计算中的“云”实质上就是一个网络，是一个能够提供有限资源，同时也是与信息技术、软件、互联网相关的一种服务。 ( )

11. 大数据安全一方面指的是如何保障大数据本身的安全，另一方面指的是如何利用大数据技术来提升安全。 ( )

12. 人工智能的发展历程经历了孕育期、形成期、低谷期、知识应用期、集成发展期。 ( )

13. 机器系统是一个具有大量专门知识与经验的智能计算机程序系统。 ( )

14. 目前掀起的人工智能热潮主要是因为数据分析技术取得了突破性的进展。 ( )

15. 合成媒体是指以计算机为工具，采用特定符号、语言或算法表示，由计算机生成（合成）的文本、音乐、语音、图像和动画等。 ( )

16. 流媒体技术发展的基础在于数据压缩技术和网络传输技术。 ( )

17. 物联网通过将射频识别（RFID）芯片、传感器、嵌入式系统、全球定位系统（GPS）等信息识别、跟踪、传感设备装备到各种物体上，实现对物品和过程的智能化感知、识别、定位、跟踪、监控和管理。 ( )

18. 访问控制技术是通过用户登录和对用户授权的方式实现的。 ( )

19. 信息道德教育是指通过全社会所遵循的价值取向和道德规范，有组织、有计划地对人的人格和道德形成产生影响的活动。 ( )

20. 信息时代的大学生只需要遵守现实社会的秩序。 ( )

习题 2 文件资料管理

一、单选题

1. ＿＿＿＿＿＿负责为用户建立文件，存入、读出、修改、转储文件，控制文件的存取等。

A. 资源管理器　　B. 文件管理器

C. 资源系统　　D. 文件系统

2. Windows 系统中常用的文件系统有 FAT 和＿＿＿＿＿＿。

A. FAT12　　B. FAT16　　C. FAT32　　D. NTFS

3. 文件在磁盘上存放以＿＿＿＿＿＿为基本单位。

A. 扇区　　B. 簇　　C. 位　　D. 字节

4. Linux 最常用的文件系统是＿＿＿＿＿＿。

A. FAT　　B. NTFS　　C. EXT　　D. APFS

5. 在Windows 10中，文件的管理是通过____________来进行的，其作用是管理计算机软、硬件资源，把软件和硬件统一用文件和文件夹的图标表示，对计算机上所有的文件和文件夹进行管理和操作。

A. 资源管理器　　B. 文件资源管理器
C. 文件管理器　　D. 控制面板

6. 在Windows 10的“文件资源管理器”中，它将计算机资源分为______。

A. 视频、图片、文档、音乐
B. 快速访问、OneDrive、此电脑、网络
C. 收藏夹、库、计算机、网络
D. 快速访问、库、此电脑、网络

7. 以下__________是文件的绝对路径。

A. jsj.txt　　B. ..\jsj.txt　　C. \ks\jsj.txt　　D. E:\ks\jsj.txt

8. 关于已知文件类型的说法中，正确的是_______。

A. 用户能够直接判断其类型的文件
B. 系统能够直接判断其类型的文件
C. 该类文件已与某个应用程序建立了某操作的关联，双击该文件能启动关联应用程序
D. 默认情况下，此类文件的扩展名不会自动隐藏

9. Windows中的回收站，往往是用来保护______中被删除的文件或文件夹。

A. 内存　　B. 硬盘　　C. U盘　　D. 光盘

10. 快捷方式是Windows提供的一种能快速启动程序、打开文件或文件夹所代表的项目的快速链接，其扩展名一般为____________。

A. .lnk　　B. .txt　　C. .log　　D. .ini

11. 下列_________不能实现在Windows环境下的截图。

A.【Alt+PrintScreen】组合键　　B. 附件组中的截图工具
C. QQ中的截图工具　　D. Photoshop

12. 利用Windows 10系统“控制面板”中的“程序”可以对应用程序进行____________。

A. 安装、查看、更新、修复　　B. 更新、修复、卸载
C. 安装、查看、修复、卸载　　D. 查看、更新、修复、卸载

13. 在Windows 10中，使用______功能可以建立多个桌面，让用户高效利用屏幕，极大地提高工作效率。

A. 多桌面　　B. 虚拟桌面
C. 自定义桌面　　D. 个性化桌面

14. Windows 10系统中的备份，除了能够备份文件和文件夹外，还能备份__________。

A. 硬件设备　　B. 桌面系统
C. 整个操作系统　　D. 某个应用软件

15. 要打印一份文稿，却没有打印机，拿到另一台机器上去打印，但那台机器没有安装相应软件，下列________是解决方法中的步骤。

A. 在本地机上安装另一台机器上的打印机驱动程序
B. 设置打印机端口为“打印到文件”
C. 设置打印机首选项
D. 打印测试页

16. 当在Windows操作系统中安装应用程序时，可通过“__________”来提高管理权限。

A. 增加内存　　B. 提升操作系统版本

C. 以管理员身份运行　　D. 安装在根目录

17. 关于安装应用程序，描述错误的是________。

A. 运行安装文件，启动安装向导　　B. 输入序列号（产品密钥）

C. 程序安装完成后务必重启计算机　　D. 接受软件许可证协议条款

18. 投影时，通过__________线连接，既可以传递图像，也可以传声音。

A. HDMI　　B. 网线　　C. 电线　　D. 数据线

19. 在Windows 10的默认设置下，用户按________组合键进行全角和半角的切换。

A.【Alt+Tab】　　B.【Shift+Space】

C.【Alt+F4】　　D.【Ctrl+Space】

20. 在Windows中，常见的文件通配符有“*”和__________。

A. %　　B. #　　C. !　　D. ?

二、是非题（请正确判断下列题目，正确的请打√，错误的请打 ×）

1. iOS系统是一个基于Linux 2.6内核的自由及开放源代码的操作系统。（　　）

2. Windows 10中的资源管理器可以收集存储在多个不同位置的文件夹和文件，将它们都汇聚在一起。（　　）

3. 文件名称是由文件名和扩展名组成的，文件名是标识文件类型的重要方式。（　　）

4. 剪贴板是Windows系统在内存区开辟的永久数据存储区。（　　）

5. 在安装软件时，需要了解应用软件的运行环境和硬件需求。（　　）

6. 激光打印机的传输线要和主机相连，目前最常用的端口是LPT。（　　）

7. 目前，很多应用程序为了保护自己的软件版权，通过注册机来鉴别用户合法性。（　　）

8. 桌面图标实质上是指向应用程序、文件或文件夹的快捷方式，按类型大致可分为Windows桌面通用图标和快捷方式图标。（　　）

9. 操作系统具有处理机管理、文件管理、存储器管理、设备管理和作业管理五大功能。（　　）

10. Windows是一个免费的操作系统，用户可以免费获得其源代码，并能够随意修改。（　　）

习题3　办公数据处理

一、单选题

1. 关于WPS Office 2019，以下说法__________是不正确的。

A. 是金山公司自主开发的针对文字处理的软件。

B. 支持Windows、Mac、Linux以及iOS和Android等系统

C. 速度快、内存占用少、跨平台和高兼容性

D. 体积小，且永久免费

2. 目前主流文字处理软件，除了Microsoft Office中的Word外，还有＿＿＿＿＿。

A. Lotus 1-2-3　　B. FineReport　　C. WPS　　D. Prezi

3. 在Word中，＿＿＿＿＿是指已经命名的字符和段落格式，直接套用可以减少重复操作，提高文档格式编排的一致性。

A. 格式　　B. 样式　　C. 模板　　D. 主题

4. 下列＿＿＿＿＿属于Word中的页面布局。

A. 首字下沉　　B. 目录　　C. 脚注/尾注　　D. 分栏

5. 在Word 2016中，制表位是一种类似表格的限制文本格式的工具，可通过＿＿＿＿键来插入制表位。

A.【Esc】　　B.【Tab】　　C.【Caps Lock】　　D.【Enter】

6. ＿＿＿＿＿是一种将文字和图片以某种逻辑关系组合在一起的文档对象。

A. SmartArt　　B. 剪贴画　　C. 图表　　D. 形状

7. Word 2016中提供了＿＿＿＿，支持手写公式的图像识别。

A. 手绘公式　　B. 鼠标公式

C. 墨迹公式　　D. 形状公式

8. 使用＿＿＿＿＿可以很方便地完成长文档中快速定位、重排结构、切换标题等操作。

A. 目录　　B. 文档导航

C. 样式　　D. 标签

9. 在长文档编辑中，经常需要在某个地方引用文档其他位置的内容，这种引用称为＿＿＿＿＿。

A. 相对引用　　B. 绝对引用

C. 混合引用　　D. 交叉引用

10. 在Word或WPS中进行邮件合并，可以先准备好主文档和数据源文件，其中数据源文件可以是＿＿＿＿＿。

A. Word文档、Excel表格和Access数据库

B. Word文档、Excel表格和PPT演示文稿

C. Excel表格、PPT演示文稿和Access数据库

D. Word文档、PPT演示文稿和Access数据库

11. 以下＿＿＿＿＿不是常用的电子表格软件。

A. WPS表格　　B. Lotus 1-2-3

C. Microsoft Excel　　D. Access

12. 建立电子表格的主要目的，不是简单地建一个表格，而是＿＿＿＿。

A. 为了整齐、美观，便于查阅　　B. 便于数据档案管理

C. 为了实现数据分析等比较复杂的运算　　D. 为了实现办公电子化

13. 在Excel中，＿＿＿＿函数可以返回一个数字在一组数据中的位次。

A. MEDIAN　　B. RANK　　C. RATE　　D. RAND

14. 在Excel中，假如B3单元格的值为“6”，在E3单元格中有如下函数：=IF(B3>=35,"高温，注意防暑",IF(B3>=20,"温度适宜",IF(B3>=5,"温度偏低","低温，注意保暖")))，则E3单元格的返回值是＿＿＿＿。

A. 高温，注意防暑　　B. 温度适宜

C. 温度偏低　　D. 低温，注意保暖

15. 常用的数据分析与处理方法包括对数据管理与数据挖掘的分析，其中数据管理包括__________。

A. 数据的排序、筛选、汇总和透视 B. 数据的可视化
C. 数据的计算 D. 数据的格式化

16. Excel中的排序方式有：__________________。

A. 简单排序、复合排序、自定义排序
B. 简单排序、复杂排序、自定义排序
C. 简单排序、复杂排序、混合排序
D. 直接排序、复杂排序、自定义排序

17. Excel中的________就是从数据表中显示符合条件的数据，隐藏不符合条件的数据。

A. 排序 B. 筛选
C. 分类汇总 D. 数据透视表

18. 关于数据透视表，以下说法错误的是__________。

A. 数据透视表是一种交互式的表
B. 可以动态地改变它们的版面布置，以便按照不同方式分析数据
C. 可以重新安排行号、列标和页字段
D. 如果原始数据发生更改，不会自动更新数据透视表

19. 数据透视图是针对_______显示的汇总数据而实行的一种图解表示方法。

A. 数据表 B. 工作表
C. 数据透视表 D. 分类汇总表

20. __________是指将表格中的数据以图形的形式表示出来，能使数据表现更加形象和可视化，方便用户了解数据的内容、走势和规律。

A. 剪贴画 B. 图示 C. 图表 D. 趋势图

21. 演示文稿的设计与制作要进行以下_________方面的工作。

A. 文稿结构设计、素材收集整理、内容编排美化
B. 目标群体分析、文稿结构设计、素材美化
C. 目标群体分析、文稿结构设计、素材收集整理
D. 目标群体分析、素材收集整理、内容编排美化

22. 在PowerPoint中有关动画效果的设置，说法错误的是__________。

A. 动画效果类型有：进入、退出、强调和自定义
B. 同一个对象可同时设置多个动画效果
C. 可设置各个动画效果的时间、顺序和播放控制
D. 通过设置触发器来实现人机交互

23. 关于PowerPoint中的主题样式，下列说法中错误的是__________。

A. 主题样式能够使演示文稿的整体效果更加美观
B. 用户一旦选择了主题样式，就不能自定义对象的颜色、字体等效果
C. 主题样式包括预设了颜色、字体、背景、效果样式等
D. 主题样式是针对整个演示文稿，而不是某张幻灯片

24. PowerPoint有3种母版类型，分别是______________。

A. 主题母版、幻灯片母版、备注母版
B. 主题母版、版式母版、幻灯片母版

C. 版式母版、幻灯片母版、讲义母版

D. 幻灯片母版、讲义母版、备注母版

25. 在PowerPoint中，可以使用多个________来组织大型幻灯片版面，方便导航，简化管理。

A. 母版　　B. 版式　　C. 节　　D. 定位

26. 在PowerPoint中，为了能预先统计出放映整个演示文稿和每张幻灯片所需的大致时间，我们可以采用设置______________。

A. 排练计时　　B. 自定义放映

C. 换片方式　　D. 放映类型

27. PowerPoint可导出的其他类型的文件有____________。

A. PDF、MP3、GIF、Word文档等　　B. PDF、GIF、JPG、Excel等

C. PDF、GIF、MP4、GIF等　　D. PDF、MP4、JPG、BMP等

二、是非题（请正确判断下列题目，正确的请打√，错误的请打 ×）

1. PSD是由Adobe公司开发的跨平台文档格式，又称为“可移植文档格式”。（　　）

2. 利用格式刷可以将选定文本的格式复制给其他文本，从而提高编辑格式的效率。（　　）

3. 在Excel中，单元格地址的引用，就是标识工作表上单元格或单元格区域，并指明公式中所使用数据的位置。（　　）

4. Authorware是一款最常用的演示文稿制作软件，也是一款多媒体集成工具。（　　）

5. 在Powerpoint中，设计是构成母版的元素，是预先设定好的幻灯片的版面格式。（　　）

习题 4　网络与通信技术

一、单选题

1. __________是一种通过公共交换机转接，为大量用户提供服务的信道。

A. 物理信道　　B. 逻辑信道

C. 专用信道　　D. 公共信道

2. 在数据通信系统模型中，下列_______不是构成数据通信网的要素。

A. 传输信道　　B. 干扰源

C. 计算机　　D. 发送/接收设备

3. 下列_____________不是数据通信的主要技术指标。

A. 完整率　　B. 传输速率　　C. 差错率　　D. 带宽

4. 卫星通信系统由卫星和地球站两部分组成，其中卫星在空中起__________作用。

A. 信号转换　　B. 中继站

C. 信号发生器　　D. 信号存储站

5. 计算机网络从功能结构上可分为资源子网和通信子网，其中通信子网主要提供_____________。

A. 共享资源　　B. 共享服务

C. 数据传输和交换　　D. 共享线路

6. 在按网络的交换功能分类中，__________既具有实时效应，又融合了存储转发机制。

A. 电路交换网　　B. 报文交换网
C. 报文分组交换网　　D. 混合交换网

7. 网络协议是网络通信的规则和约定，它有语义、语法和时序3个要素。其中语法__________。

A. 规定通信双方准备讲“什么”　　B. 规定通信双方“如何讲”
C. 规定事件出现和执行的先后顺序　　D. 规定协议元素的种类

8. 所有连接到互联网上的计算机都依据共同遵守的通信协议传递信息，称为__________协议。

A. TCP/IP　　B. OSI/RM　　C. HTTP　　D. Ethernet

9. __________负责在节点之间建立逻辑连接，一方面将信息进行存储转发，另一方面为连续传输大量数据提供有效的速度保证。

A. 集线器　　B. 网桥　　C. 交换机　　D. 路由器

10. 路由器是网络互联的核心设备，其工作在__________，一方面连通不同的网络，另一方面选择信息传送的线路。

A. 物理层　　B. 数据链路层　　C. 网络层　　D. 传输层

11. 以下__________不属于移动网络的主要技术。

A. 蜂窝式数字分组数据通信平台　　B. 无线局域网
C. 无线应用协议　　D. 压缩技术

12. 全光网络用光纤将光节点互连成网，采用__________完成信号的传输、交换功能。

A. 电波　　B. 电磁波　　C. 磁力波　　D. 光波

13. 以下__________不属于互联网的内涵。

A. 网络互联的主要功能和目的是资源共享和数据通信
B. 必须依据OSI/RM参考模型来实现互联
C. 有一定的通信设备和连接媒体，且遵循相同的通信规则
D. 互连系统是一个完整、独立的计算机系统

14. __________的设计思想成功地造就了目前的国际互联网。

A. TCP　　B. IP　　C. IPv4　　D. IPv6

15. 某主机的IP地址为92.102.6.206，说明该主机所在的网络属于__________。

A. 超大型网络　　B. 大型网络
C. 中型网络　　D. 小型网络

16. 在配置IP地址时，下列__________不是必须遵守的规则。

A. 网络号和主机号在互联网范围内统一分配
B. 主机号和网络号不能全为0或255
C. 网络号不能为127
D. 一个网络中的主机的IP地址是唯一的

17. 要访问一台互联网上服务器，必须要通过__________来实现。

A. 网络地址　　B. DNS地址　　C. IP地址　　D. 域名

18. __________是无线局域网的接入点。

A. 无线网卡　　B. 无线访问点
C. 无线路由器　　D. 无线天线

19. ________命令可用于查看本机的网络配置信息。

A. ipconfig　　B. ping　　C. arp　　D. netstat

20. ________命令可用来检查网络是否连通，分析和判定网络故障。

A. ipconfig　　B. ping　　C. arp　　D. netstat

21. ________是对可以从Internet上得到的资源位置和访问方法的一种简洁表示。

A. TCL　　B. IP　　C. URL　　D. DNS

22. 下列________不属于World Wide Web的核心部分的3个标准。

A. 统一资源标识符（URL）　　B. 超文本传输协议（HTTP）

C. 超文本标记语言（HTML）　　D. 脚本语言（JavaScript）

23. 在搜索引擎中默认的逻辑关系是________，即用空格隔开多个关键词。

A. AND（与）　　B. OR（或）

C. 包含（+）　　D. 不包含（-）

24. 在搜索引擎中，如要搜索指定的文件类型，可使用的搜索语法是________。

A. inurl　　B. intitle　　C. filetype　　D. site

25. 下列________不是常见的电子邮件协议。

A. SMTP　　B. POP3　　C. IMAP　　D. Telnet

26. 在物联网的体系框架中，________主要用于获取外部数据信息。

A. 感知层　　B. 网络层　　C. 传输层　　D. 应用层

27. 随着物联网的发展，传感器也越来越智能化，不仅可以采集外部信息，还能利用嵌入的________进行信息处理。

A. 运算器　　B. 感应器　　C. 微处理机　　D. 存储器

28. 射频识别系统（RFID）的组成中，________中保存着一个物体的属性、状态、编号等信息。

A. RFID标签　　B. RFID阅读器

C. 天线　　D. 蓝牙

29. ________是近距离无线通信技术，主要应用于手机支付、门禁卡、交通卡、信用卡等。

A. RFID　　B. NFC　　C. Bluetooth　　D. GSM

30. 以下________不是防火墙的主要功能。

A. 是安全策略的检查站，是网络安全的屏障

B. 能有效防止内部网络相互影响

C. 可以对网络存取和访问进行监控审计

D. 可以限制内部网络之间信息存取和传递

31. 计算机病毒是编制或者在计算机程序中插入的破坏计算机功能或者毁坏数据，影响计算机使用，并能自我复制的________。

A. 一组计算机指令或者程序代码　　B. 一个完整病毒软件

C. 有生物特征的病毒　　D. 文本文档

32. 计算机病毒产生的原因主要有：恶作剧型、报复心理型、________、特殊目的型。

A. 自娱自乐型　　B. 自我成就型

C. 版权保护型　　D. 盗窃型

33. 下列________不是计算机病毒的预防措施。
A. 安装防病毒软件，并及时更新操作系统、病毒库等
B. 留意机器异常情况，安装病毒监控软件
C. 建立网络安全管理制度，养成定期备份习惯
D. 对于外来文件可直接打开使用

34. 备份对象主要是系统备份和数据备份，其中数据备份包括对用户的数据文件、应用软件和________进行备份。
A. 操作系统　　B. 数据库
C. 存放数据的设备　　D. 技术文档资料

二、是非题（请正确判断下列题目，正确的请打√，错误的请打 ×）

1. 普通电话线上传输的是模拟信号，而局域网的传输线上传输的是数字信号。（　）
2. 在移动电话通信系统中，把通信覆盖的地理区域划分为多个单元，每个单元设置一个传送站，也称为基站。（　）
3. 光纤通信已成为全球信息高速公路的重要组成部分。（　）
4. 无线路由器是用于用户上网、带有无线覆盖功能的路由器。（　）
5. IPv6中规定了IP地址长度最多可达64位。（　）
6. 网站是指根据一定的策略，运用特定的计算机程序搜索互联网上的信息。（　）
7. 电子邮件采用存储转发机制。（　）
8. 移动支付将终端设备、互联网、应用提供商以及金融机构相融合，为用户提供货币支付等金融业务。（　）
9. 利用Windows 10系统中的Windows Defender防火墙来启用防火墙。（　）
10. 数据恢复技术是指为防止计算机系统出现故障或者人为操作失误导致数据丢失，而将数据从主机硬盘复制到其他存储介质的过程。（　）

习题5　数字媒体基础

一、单选题

1. 数字化的文字、图形、图像、声音、视频影像和动画等属于________。
A. 感觉媒体　　B. 表示媒体
C. 逻辑媒体　　D. 实物载体

2. 用于存储数字媒体的物理介质属于________。
A. 感觉媒体　　B. 表示媒体
C. 存储媒体　　D. 传输媒体

3. 根据媒体来源的不同，数字媒体可分成________。
A. 静止媒体和连续媒体　　B. 自然媒体和合成媒体
C. 单一媒体和多媒体　　D. 表示媒体和感觉媒体

4. 汉字可以通过________3种途径输入，然后转换为汉字机内代码进行存储和处理。
A. 键盘输入、鼠标输入、语音识别输入
B. 键盘输入、鼠标输入、文字扫描识别
C. 键盘输入、文字扫描识别、语音识别输入

D. 文字扫描识别、鼠标输入、语音识别输入

5. 图像是由像素组成的，通过不同的排列和着色以构成图样。因此也称为________。

A. 矢量图形　　B. 位图图像

C. 二值图像　　D. 灰阶图像

6. 如果位图图像的每个像素采用8位二进制来表示，则可称为________。

A. 单色位图　　B. 16色位图

C. 256色位图　　D. 真彩色位图

7. 关于图形，下列说法不正确的是________。

A. 由计算机绘制的直线、圆、矩形、曲线、图表等

B. 是用一组指令集合来描述内容

C. 描述对象不能任意缩放，易失真

D. 适用于轮廓不是很复杂、色彩不是很丰富的对象

8. 自然界中的声音是一种连续波形，经过计算机的声卡设备的________，转换为数字化的音频信号。

A. 采样、量化和编码　　B. 采样、转换和编码

C. 采集、量化和编码　　D. 采样、量化和压缩

9. 通过大量采集语音，事先存入语音库中，使用时进行相应的选取和拼接。这种语音合成方法称为________。

A. 波形合成　　B. 波形拼接

C. 数字FM合成　　D. 采样回放合成

10. MIDI存储和传输的不是波形声音，而是________，它指示MIDI音乐合成设备完成相应的操作。

A. 乐谱　　B. 控制信号

C. 音符、音量等参数　　D. 音符、控制参数等指令

11. ________将一些标识信息（即数字水印）直接嵌入数字载体中,用来保护信息安全、实现防伪溯源、版权保护等。

A. 嵌入式技术　　B. 安全防伪技术

C. 数字水印技术　　D. RFID技术

12. 下列________不属于数字媒体数据的主要特点。

A. 庞大的数据量　　B. 大量的数据冗余

C. 采用数据压缩技术　　D. 数据结构复杂多变

13. 如果一段2分钟的视频，其帧频为24 fps，每幅分辨率为640像素 ×480像素的真彩色图像，在不压缩的情况下，其数据量约为________。

A. 14.7 MB　　B. 884.7 MB

C. 2.7 GB　　D. 21 GB

14. 数据压缩技术可以分为有损压缩和无损压缩两种，下列说法正确的是________。

A. 游程长度编码是有损压缩　　B. GIF图像采用了有损压缩

C. MP3音乐采用的是有损压缩　　D. TIFF图像和PDF文档采用的是无损压缩

15. MP3技术利用人耳对一些高频声音不敏感的特点，抛弃了部分高频音频，从而使音频的数据量压缩比达到________。

A. 2:1　　B. 6:1　　C. 12:1　　D. 24:1

16. ________便利用人眼的这种特点，在压缩时丢掉了部分颜色高频成分，保留表示亮度的低频成分，使得图像的数据量变小。

A. JPEG压缩技术　B. MP3压缩技术
C. GIF压缩技术　D. MP4压缩技术

17. 流媒体技术的基础是数据压缩技术和________。

A. 解压缩技术　B. 传输技术
C. 缓存技术　D. 网络技术

18. 数字媒体硬件系统包括支持各种媒体信息的采集、存储、展现所需要的各种外部设备，下列________不属于数字媒体硬件设备。

A. 内置或外置声卡　B. 显示卡和显示器
C. 扫描仪、录音笔和投影仪等　D. 无线路由器

19. 下列关于声卡的说法，不正确的是________。

A. 声卡具有录制和播放音频文件的功能
B. 声卡是实现声音A/D、D/A转换的硬件电路
C. 声卡没有压缩和解压缩的功能
D. 外置声卡可以通过USB接口与计算机或其他智能设备相连

20. 数字媒体软件系统包括支持各种数字媒体设备的________，数字媒体采集、创作和处理的工具，数字媒体集成和使用的应用软件。

A. 操作系统　B. 驱动程序
C. 语言开发工具　D. 设备管理器

21. ________利用高速互联网，将3D模型传输到远程服务器集群中渲染，解决了在手机或其他计算能力受限的终端上进行3D渲染的时效问题。

A. 云传输　B. 云渲染　C. 云交互　D. 云存储

22. 虚拟现实VR中的模拟环境是指________。

A. 由计算机生成的、实时动态的三维立体逼真图像
B. 具有一切人所具有的感知能力
C. 由计算机来处理与参与者的动作相适应的数据
D. 三维交互设备

23. 虚拟现实VR中的自然技能是指________。

A. 由计算机生成的、实时动态的三维立体逼真图像
B. 具有一切人所具有的感知能力
C. 由计算机来处理与参与者的动作相适应的数据
D. 三维交互设备

24. 增强现实技术包含了多媒体、三维建模、实时视频显示及控制、________、实时跟踪及注册、场景融合等新技术。

A. 三维人机交互　B. 人机接口技术
C. 多感应器融合　D. 多传感器融合

25. 关于VR、AR、MR，下列说法不正确的是________。

A. VR是指虚拟现实，AR是指混合现实，MR是指增强现实
B. 如果一切事物都是虚拟的，那就是VR
C. 如果展现出来的虚拟信息只能简单叠加在现实事物上，那就是AR

D. 与现实世界进行交互和信息的及时获取,那就是MR

26. 金字塔式全息幻影成像、幻影环幕、幻影球幕、幻影沙盘、幻影翻书等都属于 ____________技术的应用。

A. 虚拟现实　　B. 增强现实

C. 混合现实　　D. 幻影成像

27. 3D打印是以计算机三维设计模型为蓝本，采用__________打印机来实现。

A. 粘合材料　　B. 数字技术材料

C. 粉末材料　　D. 金属材料

28. 数据可视化是指将一些抽象的数据以__________的方式来表示，并利用数据分析和开发工具发现其中未知信息的处理过程。

A. 图表　　B. 文本　　C. 图形图像　　D. 表格

29. ______可视化就是指将海量的结构或非结构数据转换成适当的可视化图表，将隐藏在数据中的信息直观展示在人们面前。

A. 数据　　B. 大数据

C. 文本　　D. 数据模型

30. 目前很多电商网站，利用_______将用户和信息联系到一起，一方面帮助消费者发现自己感兴趣的商品，另一方面让商品能够呈现在对它感兴趣的消费者面前。

A. 搜索技术　　B. 分析系统

C. 推荐系统　　D. 智能检索

31. 下列________软件可用来录制声音。

A. Adobe Audition　　B. Adobe Premiere

C. Adobe Animate　　D. Adobe After Effects

32. 下列从视频中获取声音的方法中，____________是不正确的。

A. Adobe Audition　　B. 录制立体声混音

C. 格式工厂　　D. Windows录音机

33. 虚拟变声软件的原理是改变输入音频__________。

A. 音色、音调、音效　　B. 音量

C. 特效　　D. 音源

34. 语音合成技术可将文本转换为自然语音流，让机器开口说话。_________软件可实现语音合成。

A. Adobe Audition　　B. Windows录音机

C. TTS　　D. Adobe Premiere

35. 在线语音合成云平台中，国内最具代表性的是_________开放平台和百度AI开放平台。

A. 华为　　B. 科大讯飞

C. 谷歌AI　　D. 小米

36. __________是一个多功能的音乐录音合成软件，提供音符编辑器、音效编辑器、音源输入等。

A. FL Studio　　B. Adobe Audition

C. Adobe Premiere　　D. TTS

37. 人的听觉频率范围为________。

A. 小于20 Hz　　B. 20 ~ 20 KHz

C. 大于20 KHz　　D. 300 ~ 3 000 Hz

38. 声音处理的基本过程包括采样、量化、________、编辑、存储、传输、解码、播放等环节。

A. 编码整形　　B. 编码整理

C. 编码压缩　　D. 压缩

39. 音频数据压缩编码方法可分为无损压缩和有损压缩两大类。其中有损压缩包括________。

A. 波形编码、参数编码、感知编码和混合编码

B. 波形编码、参数编码、感知编码和熵编码

C. Huffman编码、行程编码、算术编码

D. 行程编码、脉码调制、多脉冲线性预测等

40. ________是在模拟声音数字化过程中，根据人耳的听觉特性进行编码，并使编码后的音频信号与原始信号的波形尽可能匹配，实现数据的压缩。

A. 波形编码　　B. 参数编码

C. 感知编码　　D. 混合编码

41. 下列________不属于常见的音频文件格式。

A. WAV格式　　B. MP4格式

C. MIDI格式　　D. AAC格式

42. ________根据压缩质量和编码处理的不同可分为3层，对应MP1、MP2和MP3三种文件格式。

A. MIDI音频　　B. PCM编码

C. MPEG音频　　D. MPC编码

43. 关于MIDI文件，下列说法错误的是________。

A. MIDI文件中存储的是命令，而不是声音波形

B. MIDI称为计算机能理解的乐谱，易编辑

C. MIDI用音符的数字控制信号来记录音乐

D. MIDI就是乐器数字化接口，是一个硬件设备

44. 下列关于数字声音处理的说法，________是正确的。

A. 内容处理通过选择、裁剪、粘贴等操作实现声音内容的拼接、剪辑等

B. 效果处理主要是实现各种音频格式之间的转换

C. 格式处理则是对声音施加各种特效

D. 编码处理是对声音进行压缩处理

45. 关于混音，下列说法中错误的是________。

A. 混音是一项艺术，它将多个音轨组装成最终音乐

B. 将多音轨上数字音频混合在一起，并输出混合后的声音

C. 混音依赖相应的软件来实现，无需硬件介入

D. 混音是音乐制作中的一个步骤，是把多种来源的声音整合在一起

46. 声音编辑操作包括________、声音的复制和剪辑、音调调整、播放速度调整等。

A. 声音特效的调整　　B. 混音效果

C. 声音格式的转换　　D. 声音的淡入淡出

47. 降噪可以显著降低背景和__________，并且尽可能不影响信号的品质。

A. 宽频的噪声　　B. 窄频的噪声

C. 麦克风的噪声　　D. 耳机的噪声

48. 语音识别技术的目标是让机器能够“__________”人类的语言，将人类的语音数据转化为可读的文字信息。

A. 会说　　B. 听懂　　C. 分辨　　D. 合成

49. 语音识别系统主要包含__________、声学模型、语言模型以及字典与解码四大部分。

A. 声音提取　　B. 特征提取

C. 音效提取　　D. 语音提取

50. 百度翻译实际上是语音识别技术与其他__________技术相结合，从而实现语音到语音的翻译。

A. 机器学习　　B. 人工神经网络

C. 自然语言处理　　D. 知识图谱

51. 所谓数字化图像，就是将图像上的每个________的信息按某种规律编成一系列二进制数码，用数码来表示图像信息。

A. 颜色　　B. 线条　　C. 点　　D. 灰度

52. 获取图像数字化的手段主要有__________。

A. 扫描、数字摄影、计算机绘图、视频捕捉、网络下载、软件截屏等

B. 扫描、数字摄影、手工绘图、视频捕捉、网络下载、软件截屏等

C. 扫描、传统相机摄影、计算机绘图、视频捕捉、网络下载、软件截屏等

D. 扫描、摄影、绘图、视频播放、下载、截屏等

53. 使用截屏软件截取的数字图像的分辨率由__________决定。

A. 截屏软件分辨率　　B. 显示器分辨率

C. 打印机分辨率　　D. 图像分辨率

54. 关于RGB模型的说法，不正确的是__________。

A. RGB模型的图像中，每一种颜色都由红、绿、蓝3种原色成分组成

B. RGB色彩模型主要用于印刷和打印

C. RGB(0,0,0)表示黑色、RGB(255,255,255)表示白色

D. RGB模型属于24位真彩色模型

55. 色彩空间模型中的CMYK模型__________。

A. 适用于显示器、电视屏等　　B. 与设备无关的色彩模型

C. 适用于印刷和打印　　D. 模拟人眼感知色彩

56. 关于色彩空间模型，说法错误的是__________。

A. RGB模型由红、绿、蓝3种原色成分组成

B. CMYK模型表示青、洋红、黄、黑4种油墨颜色

C. Lab模型使用亮度分量、a色度分量和b色度分量来表示色彩

D. HSB模型用色调、饱和度和亮度来描述一种颜色

57. 数字图像通过计算机显示系统描述时，屏幕上呈现的横向与纵向像素点的总数，称为__________。

A. 屏幕分辨率　　B. 图像分辨率

C. 扫描分辨率　　D. 打印分辨率

58. 数字图像文件的大小取决于__________。

A. 图像分辨率、颜色深度　　B. 图像分辨率、色相、饱和度和亮度

C. 显示分辨率、颜色位数　　D. 显示分辨率、色相、饱和度和亮度

59. 下列__________软件可以用来制作平面矢量图形。

A. Photoshop　　B. Illustrator

C. 3ds Max　　D. Dreamweaver

60. GIF格式的图像文件采用的是无损压缩，最多支持_______种色彩。

A. 16　　B. 64　　C. 256　　D. 65 536

61. 下列图形图像文件中，__________是矢量图形。

A. .wmf　　B. .tif　　C. .gif　　D. .bmp

62. __________文件是一种未经压缩的Photoshop的源文件，可存储图层、蒙版、路径、通道、色彩模型等图像信息。

A. JPEG格式　　B. GIF格式

C. PNG格式　　D. PSD格式

63. 关于PNG格式的图像文件，下列说法中不正确的有__________。

A. 无损压缩的图像文件　　B. 可移植性网络图像

C. 支持24位和48位真彩色　　D. 几乎所有图像软件均支持

64. 在Photoshop中，图层的种类有__________5种。

A. 文字、图像、背景、路径、形状

B. 文字、图像、背景、调整、路径

C. 文字、图像、背景、调整、形状

D. 文字、图像、背景、通道、形状

65. 如果想将当前图层像素与下方图层像素进行像素颜色的混合，从而产生不同的叠加效果，可以设置__________。

A. 图层样式　　B. 图层混合模式

C. 剪贴蒙版　　D. 图层蒙版

66. 下列__________不是Photoshop提供的蒙版。

A. 图层蒙版　　B. 矢量蒙版

C. 剪贴蒙版　　D. 文字蒙版

67. 关于图层蒙版，下列说法正确的是__________。

A. 附着在图层上，但不破坏图层内容

B. 蒙版能控制图层像素的显示与隐藏

C. 蒙版上白色隐藏图层对应区域

D. 蒙版上的透明程度由灰色深浅决定

68. 关于滤镜，以下说法错误的是__________。

A. 滤镜可以应用在选区、图层、蒙版、通道上

B. 在Photoshop中不可以加载外挂的滤镜

C. 滤镜可以用来创建图像特效

D. 滤镜可对图像像素的位置、数量、颜色值等信息进行改变

69. 关于Photoshop中的通道，下列说法错误的是____________。

A. 颜色通道存储颜色信息，可以用来调整图像的颜色

B. Alpha通道存储选区信息，可利用绘图工具和滤镜来修改选区

C. 专色通道存储印刷用的专色

D. 图层通道存储图层样式，可用来调整图层的样式

70. 基于人工智能的数字图像识别过程中，需要进行A/D转换、二值化、平滑、变换、增强、灰度、滤波等，以得到图像的特征数据，此过程属于____________。

A. 采集图像　　B. 图像预处理

C. 特征抽取　　D. 训练与识别

71. 传统图像识别技术采用的是____________。

A. 文字标注　　B. 特征提取

C. 几何变换　　D. 特征分离

72. __________是人工智能视觉与图像识别中应用最广泛的。

A. 人脸识别　　B. 智能驾驶

C. 文字识别　　D. 三维图像视觉

73. 每当一幅图像从眼前消失的时候，留在视网膜上的图像还会延迟约_________。

A. 1/60 ~ 1/30 s　　B. 1/16 ~ 1/12 s

C. 1/2 ~ 1 s　　D. 1 ~ 2 s

74. 根据现代心理学的研究，动画产生的原因是由于画面和色彩的变化使人脑产生的___________而形成的。

A. 心理暗示　　B. 运动物体

C. 运动幻觉　　D. 视觉暂留

75. 我国传统动画，如小蝌蚪找妈妈等，均属于__________。

A. 二维动画　　B. 三维动画

C. 虚拟现实动画　　D. 真人动画

76. 制作三维动画的基础是静态三维透视画面的制作，即表面建模、____________、消隐处理等步骤。

A. 绘制框架　　B. 透视变换

C. 角色变换　　D. 立体建模

77. 下列___________不能用来制作二维动画。

A. Audition　　B. Photoshop CC　　C. Flash　　D. Animate

78. ___________不是Flash中的帧。

A. 普通帧　　B. 关键帧　　C. 空白帧　　D. 过渡帧

79. 关键帧指的是有关键内容的帧，在时间轴上显示为___________。

A. 空心的圆点　　B. 实心的圆点

C. 白色的小方格　　D. 灰色的小方格

80. 制作一幅国画从中间向两侧展开的动画，至少需要_________个图层。

A. 1　　B. 2　　C. 3　　D. 4

81. 整段动画中的画面都是通过编辑关键帧得到的，则制作的就是____________。

A. 传统补间动画　　B. 补间形状动画

C. 逐帧动画　　D. 补间动画

82. 要制作文字闪烁的动画效果，可以制作______。

A. 逐帧动画　　B. 动作补间动画

C. 补间形状动画　　D. 骨骼动画

83. 制作一个文字闪烁三次的动画，则至少需要设置______个关键帧。

A. 3　　B. 6　　C. 7　　D. 9

84. 制作一个要求逐字出现“欢迎大家光临！”的动画，则至少需要设置______个关键帧。

A. 2　　B. 6　　C. 7　　D. 9

85. ______是针对矢量图形对象的动画，是画面中点到点的位置、颜色的变化。

A. 逐帧动画　　B. 补间形状动画

C. 动作补间动画　　D. 骨骼动画

86. ______是针对对象、组合或元件等非矢量对象的移动、缩放、颜色、透明度等的变化。

A. 逐帧动画　　B. 补间形状动画

C. 动作补间动画　　D. 骨骼动画

87. 在Animate中，按住【Shift】键可以等比缩放对象大小，按住______可以单向调整对象的高或宽。

A.【Ctrl】　　B.【Alt】　　C.【Tab】　　D.【Shift】

88. Animate中的元件有______。

A. 图形、场景和按钮　　B. 图形、片段和按钮

C. 动画、影片剪辑和按钮　　D. 图形、影片剪辑和按钮

89. 关于元件，下列说法中错误的有______。

A. 修改库中的元件，对应于该元件的实例都会被统一修改

B. 元件主要用于动作补间动画，不能用于形状补间动画

C. 图像无须转换为元件，也能制作透明度渐变的补间动画

D. 对于元件可以调整其透明度、色调，甚至可以添加滤镜效果

90. 关于遮罩动画，下列说法错误的是______。

A. 遮罩动画至少有两个图层，上面为“遮罩层”，下面为“被遮罩层”

B. 遮罩动画可以有一个以上“被遮罩层”

C. 透过“遮罩层”对象形状可以看到“被遮罩层”中的画面

D. 遮罩层上有对象的地方是不透明的，没对象的地方是透明的

91. 对于人物行走的动画，可以制作______。

A. 逐帧动画　　B. 补间动画

C. 骨骼动画　　D. 顶点动画

92. 利用Animate的“______”，可以把影片剪辑元件的实例或矢量图形连接起来实现类似于关节骨骼运动的动画。

A. 骨骼工具　　B. 关节工具

C. 骨架工具　　D. 骨架关节

93. ______软件可以用来制作三维动画。

A. FL Studio　　B. Flash

C. Animate　　D. 3ds Max

94. 目前使用较为广泛的数字视频设备除了数码摄像机、数字摄像头、单反数码相机、3D摄像机外，还有＿＿＿＿＿＿等。

A. 智能手机　　B. 传统录像机

C. VHS摄像机　　D. 模拟电视机

95. 视频采集卡的作用是＿＿＿＿＿＿。

A. 用于采集和传输视频信息

B. 用于记录和传输视频信息

C. 将视频输入端的模拟信号转换成数字信号

D. 将视频输入端的数字信号转换成模拟信号

96. 一般情况下，视频尺寸的表述往往用＿＿＿＿＿＿的像素数来表示，如720 P、1 080 P等。

A. 水平和垂直方向　　B. 水平方向

C. 垂直方向　　D. 对角线方向

97. 4K标准的数字电影的分辨率为：＿＿＿＿＿＿。

A. 480 ~ 576 P　　B. 720 ~ 1 080 P

C. 2 048像素 ×1 365像素　　D. 4 096像素 ×2 730像素

98. 图像中同一景物表面采样点的颜色之间通常存在着空间相关性，相邻各点的取值往往相近或相同，这就是＿＿＿＿＿＿。

A. 空间冗余　　B. 时间冗余

C. 听觉冗余　　D. 视觉冗余

99. 图像序列中两幅相邻的图像，后一幅图像与前一幅图像之间在内容上具有高度相关性，这就是＿＿＿＿＿＿。

A. 空间冗余　　B. 时间冗余

C. 听觉冗余　　D. 视觉冗余

100. 目前主流的数码摄像机采用的视频编码有＿＿＿＿＿＿。

A. JPEG系列　　B. MPEG系列和H.26x系列

C. PCM编码　　D. MP3编码

101. 下列＿＿＿＿＿＿不属于数字视频格式的文件。

A. .3gp　　B. .asf　　C. .mov　　D. .wav

102. ＿＿＿＿＿＿格式是由苹果公司开发的一种标准视频文件格式，主要用于视频点播网站和各类移动设备。

A. MOV　　B. FLV　　C. M4V　　D. F4V

103. 以下＿＿＿＿＿＿不能用于视频格式转换。

A. 格式工厂　　B. 会声会影

C. Windows Media Player　　D. Windows Movie Maker

104. 关于视频格式转换的说法，正确的是＿＿＿＿＿＿。

A. 主要是为了减少视频数据的存储空间，提高传输速度

B. 不同格式的视频由于编码方式不同，不利于播放和编辑

C. 由于流媒体技术的要求，需要统一格式，便于网络传输

D. 格式工厂是一款较好的视频格式转换软件，并且能修复某些损坏的视频文件

105. Windows 10操作系统中内置的视频播放器是＿＿＿＿＿＿。

A. Apple Quick Time　　B. Windows Media Player

C. RealPlayer D. KMPlayer

106. 下列视频编辑软件中__________适合专业人员使用。

A. Windows Movie Maker B. 爱剪辑

C. Adobe After Effects D. 会声会影

107. 下列视频编辑软件中__________适合在智能手机上使用。

A. Windows Movie Maker B. 爱剪辑

C. Stitch D. 快剪辑

108. ________是一款侧重于剪辑的软件，用于视频段落的组合和拼接，并提供一定的特效和调色功能的非线性视频编辑软件。

A. Adobe After Effects B. Adobe Premiere

C. Windows Movie Maker D. Windows Media Player

109. ________是一款视频剪辑及设计的软件，用于制作动态影像设计，是视频后期合成处理的专业非线性编辑软件。

A. Adobe After Effects B. Adobe Premiere

C. Windows Movie Maker D. Windows Media Player

110. 关于数字视频编辑处理的说法中，错误的是________。

A. 首先要收集视频素材，然后选择适合自己使用的视频编辑软件

B. 编辑处理包括：导入、调速、裁剪、分割、静音、删除、音轨分离、叠加、滤镜等操作

C. 制作片头、片尾、转场特效、字幕等，最后导出相关格式的视频文件

D. 上传至相关网站进行视频分享

111. 关于获取视频素材，下列说法错误的是________。

A. 可用录屏软件自行录制的视频

B. 利用数字设备自行拍摄的视频

C. 直接下载网上的视频

D. 使用自己拍摄的照片

112. 视频经过编辑处理后，在导出时往往有个渲染的过程，下列说法______是正确的。

A. 对每帧图像重新优化，使视频在序列播放时更流畅

B. 美化视频的色彩

C. 视频导出时必须要进行渲染

D. 添加视频在分割、拼接、叠加后的特效

二、是非题（请正确判断下列题目，正确的请打√，错误的请打 ×）

1. 数字媒体是指以十六进制数的形式记录、处理、传播、获取过程的信息载体，这些载体包括数字化的文字、图形、图像、声音、视频影像和动画等。 （ ）

2. 语音合成是通过电子计算机或专门装置，将文字信息实时转化为标准流畅的语音朗读出来。 （ ）

3. 数据解压的实质是在确保还原信息质量的前提下，采用代码转换或消除信息冗余量的方法来实现对采样数据量的大幅缩减，从而减少数字媒体所占的存储空间或传输带宽。（ ）

4. 数据的超媒体传输技术是指声音、视频或动画等数字媒体由媒体服务器向用户计算机连续、实时地传送。 （ ）

5. 在媒体播放器中需要包含相应的编码功能，才能使媒体得以正常播放。 （　　）

6. 自媒体能够以文本、图像、音乐和视频等多种形式来发布相关信息，是人们交流和获取信息最重要的媒介，如社交网站、微博、微信、博客、论坛、播客等。 （　　）

7. 社交媒体也称个人媒体,是以现代化和电子化的手段，向不特定的大多数或者特定的个人传递规范性及非规范性信息的新媒体总称。 （　　）

8. 虚拟现实技术是指通过计算机输入、输出设备，以有效的方式实现人与计算机对话的技术。 （　　）

9. 利用无线技术把一个屏幕上的内容即时同步地投放到另一个屏幕上称为无线传屏。 （　　）

10. 声音有三个重要的物理量：即振幅、周期和采样。 （　　）

11. 声音具有三个要素：音调、音强和音色。 （　　）

12. 母带是将多音轨上的数字音频混合在一起，并输出混合后的声音。 （　　）

13. 音效处理包括：振幅与压限、延迟与回声、滤波与均衡、调制、降噪、混响、立体声声像、时间与变调等。 （　　）

14. Audition 只能编辑声音文件。 （　　）

15. 语音合成技术其目标是让机器能够“听懂”人类的语音，将人类的语音数据转化为可读的文字信息。 （　　）

16. 图像分辨率是数码照相机的一个重要技术指标，单位为点。 （　　）

17. 色彩空间模型是计算机表示、模拟和描述图像色彩的方法。常用的色彩空间模型有 RGB 模型、CMYK 模型、Lab 模型和 HSB 模型。 （　　）

18. 在计算机系统中，数字图像采用像素来表示其大小、质量等特征。 （　　）

19. JPEG 格式采用无损压缩，去除图像中的冗余数据，在获得极高的数据压缩率的同时保证了图像质量。 （　　）

20. 使用 Photoshop 编辑过的图像以 JPEG 格式保存时，Photoshop 提供了 10 级压缩级别。 （　　）

21. 图像特效指使用蒙版工具对图像像素的位置、数量、颜色值等信息进行改变，从而使图像瞬间产生各种各样的效果。 （　　）

22. 利用支付宝刷脸支付，这属于图像识别应用中的人脸识别。 （　　）

23. 电影、电视和动画都是利用了人眼的视觉角度特征。 （　　）

24. 二维动画的原理是基于人的两个眼睛观看同一物体时具有视觉差。 （　　）

25. 在 Flash 中，计算机根据某种规则插补的帧，称为关键帧。 （　　）

26. Flash 动画主要有两类，逐帧动画和补间动画。其中逐帧动画针对的是画面的变化有一定规律，可通过计算机的计算来插补中间画面。 （　　）

27. 遮罩动画至少有 1 个图层。 （　　）

28. 三维动画的一般制作流程为：动画角色建模、材质贴图、灯光和摄影机、创建动画、输出动画。 （　　）

29. 视频是多幅静止图像（图像帧）与连续的音频信息在时间轴上同步播放的混合媒体。

30. 在视频（或动画）中每一幅静态图像就称为一个画面。 （　　）

31. 那些太亮太暗的数据，色度变化不大的数据，人眼往往看不到或分辨不出，被人眼视为多余的，就是视觉冗余。 （　　）

32. MPEG 视频包括 MPEG-1（用于 VCD 制作）、MPEG-2（用于 DVD 制作）、MPEG-4（用

于流式媒体）3个主要的压缩标准。（　　）

33. 模拟视频要使用相应的解码器进行解码才能播放。（　　）

34. 视频信息的线性编辑是在计算机技术的支持下，使用合适的编辑软件，对数字视频素材在“时间线”上进行修改、剪接、渲染、特效等处理。（　　）

35. 视频经过编辑处理后，在导出时一般要经过渲染。（　　）

习题6　数字媒体Web集成

一、单选题

1. 下列文件类型中________无法集成多种数字媒体。

A. .mp3　　B. .docx　　C. .html　　D. .pptx

2. 使用________是为了在移动设备上支持多媒体。

A. HTML　　B. HTML 5　　C. CSS　　D. Java

3. 下列________不能用来制作网页。

A. 记事本　　B. Word

C. Photoshop　　D. Dreamweaver

4. 主页是网站中用户访问其他网页的入口，其文件名通常是________，以便服务器默认优先显示。

A. shouye.html　　B. index.html或default.html

C. zhuye.html　　D. homepage.html

5. Dreamweaver 2018界面显示方式中没有________。

A. 代码　　B. 拆分

C. 实时视图　　D. 页面视图

6. <table width="85%" border="1" cellspacing="2">的含义是________。

A. 定义一个宽度为85%的表格，其边框粗细为1，单元格间距为2

B. 定义一个宽度为85%的表格，其边框粗细为2，单元格间距为1

C. 定义一个宽度为85%的表格，其边框粗细为1，单元格边距为2

D. 定义一个宽度为85%的表格，其边框粗细为2，单元格边距为1

7. 使用CSS方式定义网页元素格式时，其格式设置代码出现在________标记组中。

A. <title></title>　　B. <head></head>

C. <body></body>　　D. <form></form>

8. 网页中的表单元素用________标记来表示，该标记放置在<form></form>标记中。

A. <label>　　B. <form>　　C. <input>　　D. <type>

9. 在微信公众号中，________是为媒体或个人提供一种新的数字媒体信息的传播方式，适用于个人或组织。

A. 订阅号　　B. 服务号　　C. 企业微信　　D. 朋友圈

10. 在微信公众号的类型中，________每月可以群发4次消息。

A. 订阅号　　B. 服务号　　C. 企业微信　　D. 朋友圈

11. 下列说法中________不是微信小程序的优势。

A. 无须下载和安装即可使用

B. 开发成本高，有一定的门槛

C. 可以节约硬件的限制

D. 能调用手机本身的一些功能

12. 有关iH5的说法，__________是错误的。

A. 是一个云计算平台，提供SaaS服务

B. 允许在线编辑网页交互内容，创作数字媒体集成网页

C. 基于云端的网页交互设计工具，无需代码基础

D. 基于HTML5的面向移动端的程序开发语言

13. 关于跨平台发布数字媒体集成内容的说法中，__________是不正确的。

A. 借助二维码等技术来发布和共享数字媒体集成文档

B. 利用专业平台，上传相关文档，经过格式转换后再发布

C. 直接将文档上传至相关网站即可发布

D. 上传的相关文档需经过内容审核后才能发布

二、是非题（请正确判断下列题目，正确的请打√，错误的请打 ×）

1. 网站是以HTML为基础，可以集成各种数字媒体，使页面丰富多彩并具有交互特色。（　）

2. 为了方便移动、复制和发布，在制作网页之前，可以先创建站点。（　）

3. 脚本是一种用来表现HTML等文件样式的计算机语言，能够对网页中的元素位置排版进行精确控制。（　）

4. 在微信公众号中，企业微信一般是企业内部使用，用于管理员工通信等，一般不用来对外宣传推广。（　）

5. 微信小程序不仅能够将各种数字媒体集成到一个应用中，还可以调用手机本身的功能，如位置信息，摄像头等。（　）

第2部分 模拟测试练习

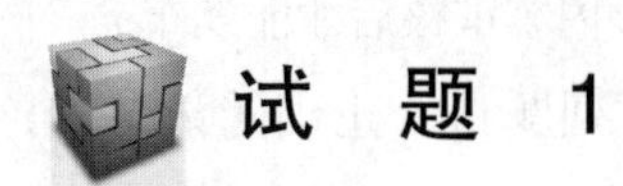

试 题 1

一、单选题（本大题25道小题，每小题1分，共25分，从下面题目给出的4个可供选择的答案中选择一个正确答案。）

1. 计算机的基本组成包括________。
   A. CPU、声卡、输入输出设备
   B. CPU、主机板、电源和输入输出设备
   C. CPU、硬盘和软盘、显示器和电源
   D. CPU、存储器、输入输出设备
2. 二进制数11111111B转换为十六进制数是________。
   A. FFH　　B. 4FH　　C. F4H　　D. 44H
3. ________是网络用户的身份证明。
   A. 防火墙　　B. 数字证书
   C. PKI技术　　D. 安全邮箱
4. 不属于计算机病毒特征的是________。
   A. 传染性　　B. 隐蔽性　　C. 时效性　　D. 潜伏性
5. 3C技术是指________。
   A. 电子技术、通信技术、计算机技术
   B. 电子技术、微电子技术、激光技术
   C. 计算机技术、通信技术、控制技术
   D. 计算机技术、通信技术、网络技术
6. ________不属于大数据的基本特征。
   A. 数据类型多样　　B. 数据价值高
   C. 数据体量大　　D. 价值密度高
7. 十进制数“-50”的原码是________。
   A. 00110010B　　B. 10110010B
   C. 00110100B　　D. 10110100B

8. ________不是存储单位。
   A. MB　　B. EB　　C. FB　　D. GB
9. 直接连接存储是常用的存储形式，主要存储部件有________。
   A. 硬盘　　B. 移动硬盘
   C. 网盘　　D. U盘
10. 当一个应用程序的窗口被最小化后，该应用程序将________。
   A. 继续运行　　B. 被终止运行
   C. 被暂停运行　　D. 被重新启动
11. 关于卫星通信的描述，不正确的是________。
   A. 卫星通信的中继站是绕地球轨道运行的卫星
   B. 卫星通信具有海量带宽
   C. 卫星通信不受地理环境和通信距离的限制
   D. 卫星通信目前实现和使用都非常廉价
12. ________不属于按网络的覆盖范围进行分类。
   A. 公用网　　B. 局域网　　C. 城域网　　D. 广域网
13. IP地址222.10.10.11属于________类IP地址。
   A. A　　B. B　　C. C　　D. D
14. 利用百度搜索信息时，要将检索范围限制在网页标题中，使用的语法是________。
   A. site　　B. inurl　　C. intitle　　D. filetype
15. 统计数据表明，网络和信息系统最大的人为安全威胁来自________。
   A. 恶意竞争对手　　B. 内部人员
   C. 互联网黑客　　D. 第三方人员
16. 防火墙的分类标准比较复杂，________不属于按软硬件形式来分类。
   A. 硬件防火墙　　B. 软件防火墙
   C. 芯片级防火墙　　D. 包过滤型防火墙
17. 射频识别技术（RFID）是________的关键技术。
   A. 三网合一　　B. 云计算　　C. 物联网　　D. IPv6
18. 帮助有视觉障碍的人阅读计算机上的文字信息，主要是使用了________技术。
   A. 语音识别　　B. 自然语言理解
   C. 增强现实　　D. 语音合成
19. 采集的波形声音质量最好的是________。
   A. 单声道、16位量化、22.05 kHz采样频率
   B. 双声道、16位量化、44.1 kHz采样频率
   C. 双声道、8位量化、44.1 kHz采样频率
   D. 单声道、8位量化、22.05 kHz采样频率
20. HTML中，表格单元格的标识是________。
   A. <tr>　　B. <colspan>　　C. <td>　　D. <tbody>
21. ________设备不能获取数字图像。
   A. 视频捕捉卡　　B. 数码照相机
   C. 显示器　　D. 扫描仪

22. 关于GIF格式的描述，正确的是＿＿＿＿＿。
A. GIF可用于存储矢量图　　B. GIF能够表现512种颜色
C. GIF能存储动画　　D. GIF是一种有损压缩格式

23. 汉字从录入到打印，至少涉及3种编码，即汉字输入码、＿＿＿＿＿和字形码。
A. BCD码　　B. ASCII码
C. 区位码　　D. 机内码

24. 流媒体技术发展的基础在于＿＿＿＿＿。
A. 数据传输技术　　B. 数据压缩与缓存技术
C. 数据压缩与解压缩技术　　D. 数据存储技术

25. 一般来说，数字水印的作用是＿＿＿＿＿。
A. 防伪和版权保护　　B. 美观
C. 信息加密　　D. 信息安全

二、是非题（本大题5道小题，每题1分，共5分，根据题目表述进行判断，正确请输入T，错误请输入F。）

1. 计算机总线可以分为数据总线、地址总线和控制总线3种。　（　）

2. Windows操作系统可以按名称、大小、类型和修改日期自动排列桌面图标，使桌面整洁美观。　（　）

3. 移动互联网将通信技术和互联网技术二者结合为一体。　（　）

4. 目前研究的动画产生理论已不再限于视觉暂留特征这一简单的解释，更进一步说就是画面和色彩的变化使人脑产生了运动幻觉，这才是动画产生的真正原因。　（　）

5. 借助硬盘空间来扩大内存的操作系统技术是缓存技术。　（　）

三、操作题

（一）文件管理（共6分）

1. 在C:\KS文件夹中创建名为“计算器”的快捷方式，指向Windows系统文件夹中的应用程序“calc.exe”，设置运行方式为最小化，并指定快捷键为【Ctrl+Alt+K】。

2. 将C:\素材\icon.rar压缩包中的文件book.jpg解压到C:\KS中，并设置为“只读”属性。

（二）数据处理（共20分）

1. 文字信息处理（10分）

打开C:\KS\word.docx文件，请参照样张，按要求进行编辑和排版，将结果以原文件名保存在C:\KS文件夹中。

（1）在页面下方居中插入“普通数字2”的简单页码，页码从数字“2”开始编号，设置纸张方向为横向。

（2）插入基本形状“折角形”，将正文所有文字内容剪切、粘贴放入折角形中，所有文字设置为居中、四号、黑体、白色。

（3）插入图片C:\素材\DZW.png，设置图片样式为“映象棱台，白色”，适当调整图片的位置和大小，水平翻转放置。

2. 电子表格处理（10分）

打开C:\KS\excel.xlsx文件，请对Sheet1和Sheet2中的表格按要求进行处理，将结果以原文件名保存在C:\KS文件夹中。（计算必须用公式，否则不计分）

（1）在Sheet1中，设置标题“国家统计局数据——近十年人口数据”在A1:L1区域合并居中，并设置字体为黑体、20、加粗，在L3单元格中计算近十年人口出生率平均值。

（2）在Sheet1中，设置“人口自然增长率”的条件格式：将近十年来最低的3个增长率数据设置为红色字体、黄色填充。将Sheet1中A2:L5区域的数据复制后转置粘贴到Sheet2中A1单元格起始的位置，使得行列互换。

（3）在Sheet1中B7:H20区域制作“人口自然增长率”的面积图，并设置图表布局的快速布局为“布局5”，如样张所示。

（三）网络应用基础（共4分）

1. 用浏览器打开C:\素材\网页A.htm，将该网页以PDF格式保存在C:\KS文件夹中，文件名为WYA.pdf。

2. 在C:\KS文件夹中创建IP.txt，将当前计算机任意一个以太网适配器的物理地址、DHCP是否已启用、自动配置是否已启用的信息粘贴在内，每个信息独占一行。

（四）图像处理（共15分）

请使用C:\素材文件夹中的资源，参考样张（“样张”文字除外），按要求完成图像制作，将结果以photo.jpg为文件名另存在C:\KS文件夹中。

（1）将素材中的图片合成到一起，注意大小和位置。

（2）水滴圈需呈现“斜面和浮雕效果”的图层样式。

（3）添加橙色（#ff7800）华文行楷文字。

（4）制作龟裂缝边框，需呈现外发光和投影效果。

（五）动画制作（共10分）

打开C:\素材\sc.fla文件，请根据要求参照样张（除“样张”文字外）制作动画（注意：添加并选择合适的图层），将操作结果以“donghua.swf”为文件名导出影片并保存在C:\KS文件夹中。

（1）利用库中人物图片设置舞台背景，与舞台对齐，并显示至100帧。利用库中元件3（将不透明度设置为50%）制作月亮闪烁的动画效果，闪烁后显示至100帧。

（2）利用库中元件1，在21～45帧制作左下角文字移动、淡入的动画，并显示至100帧。

（3）利用库中元件1、2，在55～70帧制作左下文字向右上文字的移动、变形动画，并显示至100帧；利用库中元件4，在1～100帧制作橙色光点沿弧线运动的动画。

（六）数字媒体集成（共15分）

利用C:\KS\wy文件夹下的素材（图片素材在wy\images文件夹下，动画素材在wy\flash文件夹下），按以下要求制作或编辑网页，结果保存在原文件夹下。

1. 打开主页index.html，设置网页标题为“文明出游”；设置网页背景图像为“bg.jpg”；设置表格属性：居中对齐，边框线粗细、单元格填充和单元格间距都设置为0。

2. 设置文字“文明出游倡议书”的格式（CSS目标规则命名为.f）：字体为隶书，字号为36像素，居中对齐；按样张为六个段落添加项目编号。

3. 在表格第1行第1列单元格中插入图片“logo.jpg”，图片大小为300像素 × 140像素（宽 × 高），图片超链接到“http://www.cnta.gov.cn/”，在新窗口中打开。合并第3行第1、2列的单元格，插入水平线。

试题 2

一、单选题（本大题 25 道小题，每小题 1 分，共 25 分，从下面题目给出的4个可供选择的答案中选择一个正确答案。）

1. 辅助存储器包括________等。
   A. 磁盘存储器、磁带存储器、光盘存储器
   B. 磁盘存储器、CMOS、Cache
   C. 磁盘存储器、BIOS、Cache
   D. U盘和寄存器
2. 二进制数1100110011B转换为十进制数是________。
   A. 817　B. 818　C. 819　D. 820
3. 信息安全是指计算机系统的硬件安全、软件安全和________。
   A. 操作安全　B. 运行安全
   C. 管理安全　D. 数据安全
4. 加强与改进网络法制教育的措施不包括________。
   A. 普及网络法律知识　B. 树立法制意识
   C. 培育法律技能　D. 安装防毒软件
5. 信息技术的硬件基础是________。
   A. 微电子技术　B. 信息推广技术
   C. 数据处理技术　D. 信息增值技术
6. 有关5G的描述，不正确的是________。
   A. 高速率　B. 高时延
   C. 低功耗　D. 高可靠性
7. 十进制数“-10”的补码是________。
   A. 11110101B　B. 11110110B
   C. 11111010B　D. 10001010B
8. 嵌入式系统的核心部件是________。
   A. 显示器　B. 微处理器
   C. 存储器　D. I/O接口
9. ________属于开源软件。
   A. Linux　B. Office　C. Photoshop　D. Windows
10. 要关闭没有响应的进程，可使用________窗口。
   A. 计算机管理　B. 事件管理器
   C. 资源管理器　D. 任务管理器
11. ________属于通信网络中无线传输媒介。
   A. 双绞线　B. 同轴电缆　C. 光纤　D. 红外线
12. 一个学校校区的计算机网络系统，属于________。
   A. TAN　B. LAN　C. MAN　D. WAN

13. 中继器的作用是可以将信号 ________，使其传播得更远。

A. 压缩　B. 缩小　C. 放大　D. 滤波

14. ________不是正确的IP地址。

A. 210.122.187.15　B. 159.128.23.15

C. 16.2.30.80　D. 128.256.33.78

15. 域名www.tsinghua.edu.cn的顶级域名是________。

A. tsinghua.edu.cn　B. edu.cn　C. edu　D. cn

16. 某公司网络系统防火墙主要实现________之间的隔断。

A. 公司内部各部门　B. 内网与外网

C. 计算机与服务器　D. 资源子网和通信子网

17. 关于选择防毒杀毒软件的描述，正确的是________。

A. 病毒代码库太占空间，所以应该选择病毒代码库尽量小的防毒杀毒软件

B. 防毒杀毒软件的版本更新无所谓，只要病毒库及时更新即可

C. 最好选择有在线实时监控功能和自身防毒功能的防毒杀毒软件

D. 选择杀毒软件就是选择防火墙

18. 立体声双声道采样频率为22.05 kHz，量化位数为16位，2分钟的音乐在不压缩时，所需要的存储量可按________公式计算。

A. $22.05 \times 1\,000 \times 16 \times 2 \times 60/8$字节

B. $2 \times 22.05 \times 1\,000 \times 8 \times 60/8$字节

C. $2 \times 22.05 \times 1\,000 \times 16 \times 2 \times 60/8$字节

D. $2 \times 22.05 \times 1\,000 \times 16 \times 2 \times 60/16$字节

19. 关于声音数字化的描述，错误的是________。

A. 声音数字化时，采样频率越低，则声音还原后失真越大

B. 采样得到的数据通常使用256位二进制进行量化

C. 声音的采样频率越高，占用的存储空间越大

D. 采样得到的离散音频数据需要经过量化才能进行编码保存，量化位数越大，量化精度越高。

20. ________不属于HTML5页面制作平台。

A. iH5　B. HTML　C. 秀米　D. MAKA

21. 关于图像识别的应用描述，错误的是________。

A. 图像识别可以用于图像检索

B. 图像识别可以用于图像处理

C. 图像识别可以用于安全防范

D. 图像识别可以用于自动驾驶

22. 一幅分辨率为1 024像素 × 768像素、颜色深度为24位的真色彩未经压缩的数据容量为________KB。

A. $1\,024 \times 768/1\,024$　B. $1\,024 \times 768 \times 24/1\,024$

C. $1\,024 \times 768 \times 24/8/1\,024$　D. $1\,024 \times 768 \times 24/8$

23. 在编码标准中，________不是视频编码标准。

A. H.260　B. H.263　C. H.264　D. H.265

24. DVD一般采用________压缩标准。

A. MPEG-1　B. MPEG-2　C. MPEG-4　D. MPEG-7

25. 将各种数字媒体的处理分布在网络不同地方进行渲染的技术属于________技术。

A. 网络渲染　　B. 动态模糊　　C. 分布式渲染　　D. HDR

二、是非题（本大题 5 道小题，每题 1 分，共 5 分，根据题目表述进行判断，正确请输入T，错误请输入F。）

1. 计算机是由运算器、存储器、寄存器、输入和输出设备5个基本部分组成的。（　　）

2. 在Windows操作系统中，每个文件都有一个属于自己的文件名，文件名的格式一般为“主文件名.扩展名”。（　　）

3. 网络拓扑结构是计算机网络中通信实体之间为进行数据通信而建立的规则、标准和约定。（　　）

4. 语音合成技术让人们丢掉键盘，通过语音命令进行操作。（　　）

5. 人类视觉系统的分辨能力一般分为26个灰度等级，而一般图像量化采用的是28个灰度等级，这种冗余就称为视觉冗余。（　　）

三、操作题

（一）文件管理（共6分）

1. 在C:\KS文件夹下创建MYTXT子文件夹，在该子文件夹中新建一个名为zh.txt的文本文件，其内容为“智慧城市 智慧社区”。

2. 查找系统文件夹C:\Windows中名为write.exe的应用程序文件，复制该文件到C:\KS文件夹下，并将文件名修改为“写字板.exe”。

（二）数据处理（共20分）

1. 文字信息处理（10分）

打开C:\KS\word.docx文件，请参照样张，按要求进行编辑和排版，将结果以原文件名保存在C:\KS文件夹中。

（1）设置页眉距离顶端4 cm，将脚注文字改为尾注。

（2）设置表格内的文字居中、四号、白色。设置表格第一个单元格填充色为红色。

（3）设置SmartArt颜色为“彩色范围-个性色4至5”，环绕方式为“紧密型环绕”。设置“爱心饮品”艺术字样式的文本轮廓为红色、填充色为黄色。

2. 电子表格处理（10分）

打开C:\KS\excel.xlsx文件，请对Sheet1和Sheet2中的表格按要求进行处理，将结果以原文件名保存在C:\KS文件夹中。（计算必须用公式，否则不计分）

（1）在Sheet1中，设置B2:G13区域内数据显示为货币格式，在G13单元格中计算每一年的差值总和。设置Sheet1表格中所有内容自动调整列宽。

（2）在Sheet1中B5:F12区域内，设置渐变填充“蓝色数据条”条件格式。在Sheet2中利用自动筛选，筛选出毕业地区为北京并且分数高于700分的人员信息。

（3）在Sheet1中的H2:K16区域使用A5:B12内数据制作圆环图，设置图表的快速布局为“布局6”，图表标题为“消费占比图”，如样张所示。

（三）网络应用基础（共4分）

1. 用浏览器打开C:\素材\网页B.htm，将该网页以PDF格式保存在C:\KS文件夹中，文件名为WYB.pdf。

2. 在C:\KS文件夹中创建IP.txt，将当前计算机的主机名、节点类型、IP路由是否已启用的信息粘贴在内，每个信息独占一行。

（四）图像处理（共15分）

请使用C:\素材文件夹中pic1.jpg、pic2.jpg、pic3.jpg资源，参考样张（“样张”文字除外），按要求完成图像制作，将结果以photo.jpg为文件名另存在C:\KS文件夹中。

（1）将素材中的图片合成到一起，注意大小、位置和边缘。

（2）5G时代图层需呈现内发光效果，地球图层有外发光效果

（3）添加淡蓝色（#50d0ff）、华文琥珀文字，文字需呈现图层样式的斜面和浮雕效果。

（4）制作马赛克拼贴的边框，并呈现内发光、斜面和浮雕效果。

（五）动画制作（共10分）

打开C:\素材\sc.fla文件，请根据要求参照样张（除“样张”文字外）制作动画（注意：添加并选择合适的图层），将操作结果以“donghua.swf”为文件名导出影片并保存在C:\KS文件夹中。

（1）将舞台大小修改为350像素 × 500像素。利用库中元件1，制作手机在1 ~ 15帧旋转2圈同时放大出现的动画，并显示至100帧。

（2）利用库中图片素材，从25帧开始制作人物交替出现的动画，每次出现占用10帧，图片只能调整位置，不要缩放，使用遮罩层将人物图片的显示范围控制在手机屏幕内，并显示至100帧。

（3）利用库中元件1和元件2，在61 ~ 75帧制作手机图形到文字的变形动画，并显示至100帧。

（六）网页设计（共15分）

利用C:\KS\wy文件夹下的素材（图片素材在wy\images文件夹下，动画素材在wy\flash文件夹下），按以下要求制作或编辑网页，结果保存在原文件夹下。

1. 打开主页index.html，设置网页标题为“智慧城市”，设置网页背景图片为“city_bj1.jpg”，并设置背景图片不重复；修改表格的间距为10，边框为0，第3列列宽为120。

2. 合并表格第1列第2 ~ 4行单元格，在合并后的单元格内插入鼠标经过图像，原始图像为"pic1.jpg"，鼠标经过图像为"pic2.jpg"，图像大小为150像素 × 150像素（宽 × 高），按下时可链接到“https://www.zhihuichengshi.cn/”。

3. 在表格第2列第3行中插入“文本.txt”中的文字，并设置文字格式（CSS目标规则命名为.A02）：字体为隶书，字号为18，颜色为#B956D1；在表格的第2列第4行单元格中插入一条水平线，颜色为#996600，高度为4像素，无阴影。

 试　题　3

一、单选题（本大题 25 道小题，每小题 1 分，共 25 分，从下面题目给出的4个可供选择的答案中选择一个正确答案。）

1. 信息技术的基础是________。

   A. 微电子技术　　　　B. 数据存储技术

   C. 数据传输技术　　　D. 数据控制技术

2. 集成电路出现后，把________制作在同一个芯片上，这个芯片称为“中央处理器”。

   A. 存储器和控制器　　B. 计数器和控制器

   C. 存储器和运算器　　D. 运算器和控制器

3. 系统软件中最重要的软件是________。
   A. 操作系统　　B. 数据库管理系统
   C. 编程语言的解释程序　　D. 故障诊断程序
4. 计算思维的本质是________。
   A. 问题求解和系统设计　　B. 抽象和自动化
   C. 建立模型和设计算法　　D. 理解问题和编程实现
5. 利用计算手段求解问题的过程是________。
   A. 问题抽象、符号化、设计算法、编程实现
   B. 理解问题、建立模型、存储、编程实现
   C. 问题抽象、模型建立、设计算法、编程实现
   D. 问题抽象、模型建立、编程实现、自动执行
6. 5G具有高速度、低时延、________、泛在网、高可靠等特点。
   A. 高信号穿透力　　B. 强单基站覆盖能力
   C. 低功耗　　D. 大信号传输距离
7. ________不属于常用信息安全技术。
   A. 访问控制技术　　B. 防火墙技术
   C. 加密技术　　D. 电子商务技术
8. 信息社会常见的道德问题不包括________。
   A. 发布各种虚假信息　　B. 网络数据的激增
   C. 网络世界与现实世界界限模糊　　D. 滥用言论自由
9. Linux属于________文件系统。
   A. 根目录　　B. 多根目录
   C. 双根目录　　D. 无根目录
10. 操作系统中负责管理和存储文件信息的软件系统称为________管理系统。
    A. 文件　　B. 存储　　C. 设备　　D. 数据
11. 计算机网络组成包括________。
    A. 用户计算机和终端
    B. 主机和通信处理机
    C. 通信子网和资源子网
    D. 传输介质和通信设备
12. 从本质上讲，计算机病毒是一种________。
    A. 微生物　　B. 文本
    C. 细菌　　D. 指令或程序代码
13. ________不是合法的IP地址。
    A. 202.118.256.103
    B. 10001000 00001111 00000011 00011111
    C. 11111011 11111111 11110111 11110111
    D. 202.118.224.241
14. 互联网上广泛使用的标准网络通信协议是________。
    A. TCP/IP　　B. NETBEUI
    C. IPX/SPX　　D. APPLETALK

15. 在百度中查找网页标题中含有“云计算”文字的网页，检索式表示为__________。
    A. inurl: 云计算
    B. insite: 云计算
    C. intitle: 云计算
    D. inweb: 云计算
16. 物联网的体系框架包括__________、网络层、应用层。
    A. 数据层
    B. 传输层
    C. 物理层
    D. 感知层
17. 有关防火墙技术，描述正确的是__________。
    A. 防火墙可以防止受病毒感染文件的传输
    B. 防火墙可以解决来自内部网络的攻击
    C. 防火墙可以防止错误配置引起的安全威胁
    D. 防火墙会减弱计算机网络系统的性能
18. 流媒体技术发展的基础在于__________关键技术。
    A. 数据传输
    B. 数据压缩与缓存
    C. 数据压缩与解压缩
    D. 数据存储
19. 帮助有视觉障碍的人阅读计算机上的文字信息，主要是使用了__________技术。
    A. 语音识别
    B. 自然语言理解
    C. 增强现实
    D. 语音合成
20. __________是正确的描述。
    A. 图形属于图像的一种，是计算机绘制的画面
    B. 经扫描仪输入计算机后，可以得到由像素组成的图像
    C. 经摄像机输入计算机后，可转换成由像素组成的图形
    D. 图像经数字压缩处理后可得到图形
21. __________是图像识别与检索的关键技术。
    A. 数据压缩
    B. 特征提取
    C. 文字标注
    D. 色彩提取
22. __________是Animate的标准脚本语言。
    A. C语言
    B. Java
    C. VB
    D. ActionScript
23. 在Flash中，使用“文档设置”对话框不能更改的属性是__________。
    A. 舞台大小
    B. 帧速率
    C. 显示比例
    D. 背景颜色
24. __________是视频编码标准。
    A. H.263
    B. H.264
    C. H.265
    D. 全都是
25. 关于微信小程序，描述正确的是__________。
    A. 微信小程序属于微信公众号
    B. 微信小程序的制作一定要登录微信，并通过 WXML 代码实现
    C. 微信小程序的开发技术是 WXML+WXSS+JS
    D. WXML 相当于 CSS

二、是非题（本大题 5 道小题，每题 1 分，共 5 分，根据题目表述进行判断，正确请输入T，错误请输入F。）

1. 2016年，我国研制成功“神威 太湖之光”超级计算机。 ( )
2. 信息素养是信息化社会成员必须具备的基本素养。 ( )

3. 计算机网络是计算机技术和现代互联网技术相结合的产物。（　　）

4. 在Animate中，将一个元件拖动到舞台上，这个元件就变成了实例。（　　）

5. 在HTML标识中，表示表格单元格的标识是<form>。（　　）

三、操作题

（一）文件管理（共6分）

1. 将 C:\素材文件夹中的 mytest.rar 中的所有文件解压到 C:\KS 文件夹中，解压密码为mytest。

2. 在 C:\KS 文件夹中创建画图应用程序（%windir%\system32\mspaint.exe）的快捷方式，命名为“画图”，运行方式为最大化，快捷键为【Ctrl+Alt+T】。

（二）数据处理（共20分）

1. 演示文稿制作（10分）

使用 C:\素材文件夹提供的资源，创建一个介绍“古田会议”的演示文稿并保存在 C:\KS 文件夹中，文件名为 POWER.pptx，内容排版自定，需符合以下要求：

（1）至少包含4张幻灯片，第1张为标题幻灯片，其余幻灯片为景点介绍（包含相对应的文字和图片）。

（2）景点介绍幻灯片采用3种不同的版式，所有幻灯片之间的切换方式为百叶窗。

（3）标题幻灯片需包含1个动作按钮，单击该按钮可链接到最后1张幻灯片。

（4）设置标题幻灯片中对象的动画效果，动画形式自由选择。

2. 电子表格处理（10分）

使用 C:\素材文件夹提供的资源，创建一个统计中国景点的数据文件并保存在 C:\KS 文件夹中，文件名为 EXCEL.xlsx，内容排版自定，需符合以下要求：

（1）将 test.txt 中的数据导入并统计每个景点的收益（要求用公式）。

（2）将收益大于平均收益的单元格以“浅红填充色、深红色文本”显示。

（3）制作饼图图表，显示每个景点的人数在总人数中的占比，要求显示图例。

（三）网络应用基础（共4分）

1. 打开 C:\素材\百度.htm，将该网页保存至 C:\KS 文件夹，文件名为 BAIDU.pdf。

2. 在 C:\KS 文件夹中创建 IP.txt，内容为当前计算机的 IP 地址、子网掩码和 IP 地址的网络号（含子网号），每个地址独占一行。

（四）图像处理（共15分）

请使用C:\素材文件夹中NO1.jpg、NO2.jpg、NO3.jpg资源，参考样张（“样张”文字除外），按要求完成图像制作，将结果以photo.jpg为文件名另存在C:\KS文件夹中。

利用选择、变换、滤镜、蒙版、图层混合模式、文字、图层样式等，设计如样张所示的图像效果，将结果以photo.jpg 为文件名保存在 C:\KS 文件夹中。

（五）动画制作（共10分）

使用 C:\素材\sc.fla文件夹中的资源，参照样张制作动画，要求舞台大小和图片素材大小相同；帧频为12 fps；动画总长度80帧。

将结果以 donghua.swf 为文件名导出影片并保存在 C:\KS 文件夹中。（样张参见 C:\样张\动画样例.swf，“样张”文字除外）

（六）网页设计（共15分）

利用C:\KS\wy文件夹中的素材（图片素材在wy\images文件夹中，动画素材在wy\flash文件夹中），按以下要求制作或编辑网页，结果保存在原文件夹下。

1. 打开主页index.html，设置网页标题为“电动汽车”；设置网页背景色为“#C4F1F4”，在表格的第1行内输入字符串“电动汽车简介”，设置文字格式（CSS目标规则命名为.A02）字体为隶书，字号为36。

2. 在表格的第2行第1列单元格中插入图片“car1.jpg”，图片大小为280像素 × 150像素（宽 × 高），单击图片中的车牌可超链接到http://www.ddqc.com，并在新窗口中打开网页；将表格的第2行第2列单元格中蓝色文字设置为编号列表。

3. 在表格的第3行第2列单元格中插入一条水平线，高度为5像素，无阴影。如样张所示，在表格的第4行第2列单元格中依次插入以下字符：版权符号“©”、两个全角空格、文字“电动汽车公司”；单元格对齐方式为水平居中。

附　　录

附录 A　高等职业教育专科信息技术课程标准（2021 年版）[1]

一、课程性质与任务

（一）课程性质

信息技术涵盖信息的获取、表示、传输、存储、加工、应用等各种技术。信息技术已成为经济社会转型发展的主要驱动力，是建设创新型国家、制造强国、网络强国、数字中国、智慧社会的基础支撑。提升国民信息素养，增强个体在信息社会的适应力与创造力，对个人的生活、学习和工作，对全面建设社会主义现代化国家具有重大意义。

高等职业教育专科信息技术课程是各专业学生必修或限定选修的公共基础课程。学生通过学习本课程，能够增强信息意识、提升计算思维、促进数字化创新与发展能力、树立正确的信息社会价值观和责任感，为其职业发展、终身学习和服务社会奠定基础。

（二）课程任务

全面贯彻党的教育方针，落实立德树人根本任务，满足国家信息化发展战略对人才培养的要求，围绕高等职业教育专科各专业对信息技术学科核心素养的培养需求，吸纳信息技术领域的前沿技术，通过理实一体化教学，提升学生应用信息技术解决问题的综合能力，使学生成为德智体美劳全面发展的高素质技术技能人才。

二、学科核心素养与课程目标

（一）学科核心素养

学科核心素养是学科育人价值的集中体现，是学生通过课程学习与实践所掌握的相关知识和技能，以及逐步形成的正确价值观、必备品格和关键能力。高等职业教育专科信息技术课程学科核心素养主要包括信息意识、计算思维、数字化创新与发展、信息社会责任四个方面。

1. 信息意识

信息意识是指个体对信息的敏感度和对信息价值的判断力。具备信息意识的学生，能了解信息及信息素养在现代社会中的作用与价值，主动地寻求恰当的方式捕获、提取和分析信息，

1　本课程标准由教育部于2021年4月9日正式颁布。

以有效的方法和手段判断信息的可靠性、真实性、准确性和目的性，对信息可能产生的影响进行预期分析，自觉地充分利用信息解决生活、学习和工作中的实际问题，具有团队协作精神，善于与他人合作、共享信息，实现信息的更大价值。

2. 计算思维

计算思维是指个体在问题求解、系统设计的过程中，运用计算机科学领域的思想与实践方法所产生的一系列思维活动。具备计算思维的学生，能采用计算机等智能化工具可以处理的方式界定问题、抽象特征、建立模型、组织数据，能综合利用各种信息资源、科学方法和信息技术工具解决问题，能将这种解决问题的思维方式迁移运用到职业岗位与生活情境的相关问题解决过程中。

3. 数字化创新与发展

数字化创新与发展是指个体综合利用相关数字化资源与工具，完成学习任务并具备创造性地解决问题的能力。具备数字化创新与发展素养的学生，能理解数字化学习环境的优势和局限，能从信息化角度分析问题的解决路径，并将信息技术与所学专业相融合，通过创新思维、具体实践使问题得以解决；能合理运用数字化资源与工具，养成数字化学习与实践创新的习惯，开展自主学习、协同工作、知识分享与创新创业实践，形成可持续发展能力。

4. 信息社会责任

信息社会责任是指在信息社会中，个体在文化修养、道德规范和行为自律等方面应尽的责任。具备信息社会责任的学生，在现实世界和虚拟空间中都能遵守相关法律法规，信守信息社会的道德与伦理准则；具备较强的信息安全意识与防护能力，能有效维护信息活动中个人、他人的合法权益和公共信息安全；关注信息技术创新所带来的社会问题，对信息技术创新所产生的新观念和新事物，能从社会发展、职业发展的视角进行理性的判断和负责的行动。

（二）课程目标

高等职业教育专科信息技术课程目标是通过理论知识学习、技能训练和综合应用实践，使高等职业教育专科学生的信息素养和信息技术应用能力得到全面提升。

本课程通过丰富的教学内容和多样化的教学形式，帮助学生认识信息技术对人类生产、生活的重要作用，了解现代社会信息技术发展趋势，理解信息社会特征并遵循信息社会规范；使学生掌握常用的工具软件和信息化办公技术，了解大数据、人工智能、区块链等新兴信息技术，具备支撑专业学习的能力，能在日常生活、学习和工作中综合运用信息技术解决问题；使学生拥有团队意识和职业精神，具备独立思考和主动探究能力，为学生职业能力的持续发展奠定基础。

三、课程结构

根据高等职业教育专科信息技术课程目标，确定课程结构与学时安排。

（一）课程模块

信息技术课程由基础模块和拓展模块两部分构成。

基础模块是必修或限定选修内容，是高等职业教育专科学生提升其信息素养的基础，包含文档处理、电子表格处理、演示文稿制作、信息检索、新一代信息技术概述、信息素养与社会责任六部分内容。

拓展模块是选修内容，是高等职业教育专科学生深化其对信息技术的理解，拓展其职业能力的基础，包含信息安全、项目管理、机器人流程自动化、程序设计基础、大数据、人工智能、云计算、现代通信技术、物联网、数字媒体、虚拟现实、区块链等内容。各地区、各学校可根据国家有关规定，结合地方资源、学校特色、专业需要和学生实际情况，自主确定拓展模块教学内容。

（二）学时安排

基础模块建议学时为 48~72 学时，拓展模块建议学时为32~80 学时，如表A–1所示。各模块具体学时，由各地区、各学校根据国家有关要求，结合实际情况自主确定。

表 A–1　学时安排

模　块	主　题	建议学时
基础模块	文档处理	48~72
	电子表格处理	
	演示文稿制作	
	信息检索	
	新一代信息技术概述	
	信息素养与社会责任	
拓展模块	信息安全	32~80
	项目管理	
	机器人流程自动化	
	程序设计基础	
	大数据	
	人工智能	
	云计算	
	现代通信技术	
	物联网	
	数字媒体	
	虚拟现实	
	区块链	

四、课程内容

（一）基础模块

1. 文档处理

文档处理是信息化办公的重要组成部分，广泛应用于人们日常生活、学习和工作的方方面面。本主题包含文档的基本编辑、图片的插入和编辑、表格的插入和编辑、样式与模板的创建和使用、多人协同编辑文档等内容。

【内容要求】

（1）掌握文档的基本操作，如打开、复制、保存等，熟悉自动保存文档、联机文档、保护文档、检查文档、将文档发布为PDF 格式、加密发布PDF 格式文档等操作；

（2）掌握文本编辑、文本查找和替换、段落的格式设置等操作；

（3）掌握图片、图形、艺术字等对象的插入、编辑和美化等操作；

（4）掌握在文档中插入和编辑表格、对表格进行美化、灵活应用公式对表格中数据进行处理等操作；

（5）熟悉分页符和分节符的插入，掌握页眉、页脚、页码的插入和编辑等操作；

（6）掌握样式与模板的创建和使用，掌握目录的制作和编辑操作；

（7）熟悉文档不同视图和导航任务窗格的使用，掌握页面设置操作；

（8）掌握打印预览和打印操作的相关设置；

（9）掌握多人协同编辑文档的方法和技巧。

【教学提示】

本主题的教学建议与实际案例相结合，案例的选取应贴近生活、贴近学习、贴近工作，在教学中注重使学生掌握操作过程和技巧，可采用“任务描述→技术分析→示例演示→任务实现→能力拓展”的形式组织教学。

关于文档的基本编辑，可通过制作个人简介、学习报告、调研报告等案例，实施文本的输入编辑、文本格式设置、文本查找和替换、段落格式设置、打印预览和打印设置等内容的教学。

关于图片的插入和编辑，可通过编制产品说明书、企业规划书、公司宣传海报和公司组织结构图等案例，实施自选图形、图片编辑、图文混排等内容的教学。

关于表格的插入和编辑，可通过制作个人简历、毕业生推荐表、产品订购单、产品销售业绩表等案例，分析、演示并使学生动手实践表格的插入、编辑、美化等操作，以及灵活应用公式处理表格中的数据等。

关于文档的目录、样式、模板等内容，可通过对毕业论文、用户手册等长文档进行排版等案例，分析、演示并使学生动手实践页眉、页脚、页码的插入，样式与模板的创建和编辑，目录的制作和编辑等操作。

关于多人协同编辑文档，可通过编制产品说明书、企业年终报告等案例，分析、演示并使学生动手实践将主文档快速拆分成多个子文档、多个子文档合并成一个文档，使用协同编辑工具进行多人在线编辑等操作。

2. 电子表格处理

电子表格处理是信息化办公的重要组成部分，在数据分析和处理中发挥着重要的作用，广泛应用于财务、管理、统计、金融等领域。本主题包含工作表和工作簿操作、公式和函数的使用、图表分析展示数据、数据处理等内容。

【内容要求】

（1）了解电子表格的应用场景，熟悉相关工具的功能和操作界面；

（2）掌握新建、保存、打开和关闭工作簿，切换、插入、删除、重命名、移动、复制、冻结、显示及隐藏工作表等操作；

（3）掌握单元格、行和列的相关操作，掌握使用控制句柄、设置数据有效性和设置单元格格式的方法；

（4）掌握数据录入的技巧，如快速输入特殊数据、使用自定义序列填充单元格、快速填充和导入数据，掌握格式刷、边框、对齐等常用格式设置；

（5）熟悉工作簿的保护、撤销保护和共享，工作表的保护、撤销保护，工作表的背景、样式、主题设定；

（6）理解单元格绝对地址、相对地址的概念和区别，掌握相对引用、绝对引用、混合引用及工作表外单元格的引用方法；

（7）熟悉公式和函数的使用，掌握平均值、最大/最小值、求和、计数等常见函数的使用；

（8）了解常见的图表类型及电子表格处理工具提供的图表类型，掌握利用表数据制作常用图表的方法；

（9）掌握自动筛选、自定义筛选、高级筛选、排序和分类汇总等操作；

（10）理解数据透视表的概念，掌握数据透视表的创建、更新数据、添加和删除字段、查看明细数据等操作，能利用数据透视表创建数据透视图；

（11）掌握页面布局、打印预览和打印操作的相关设置。

【教学提示】

本主题的教学建议与实际案例相结合，案例的选取应贴近生活、贴近学习、贴近工作，在教学中注重使学生掌握操作过程和技巧，可采用“任务描述→技术分析→示例演示→任务实现→能力拓展”的形式组织教学。

关于工作表和工作簿操作，可通过制作财务报表等案例，分析、演示并使学生动手实践工作表和工作簿的基本操作。

关于公式和函数的使用，可通过在财务报表中输入工资信息等案例，分析、演示并使学生动手实践按指定要求对数据进行粘贴，使用公式和函数统计应发工资、实发工资、扣款项等信息，灵活运用公式和函数处理电子表格中的数据等操作。

关于图表分析展示数据，可通过制作财务报表分析图表，分析、演示并使学生动手实践快速创建图表，调整已创建好的图表中的数据，更换图表布局，对图表进行格式化处理等操作。

关于排序、筛选、分类汇总等数据处理内容，可通过在财务报表中查询和管理工资数据等案例，分析、演示并使学生动手实践筛选出满足复杂条件的数据，按指定要求对数据区域进行排序，对数据进行一级或多级分类汇总，创建和设置一维或多维数据透视表等操作。

3. 演示文稿制作

演示文稿制作是信息化办公的重要组成部分。借助演示文稿制作工具，可快速制作出图文并茂、富有感染力的演示文稿，并且可通过图片、视频和动画等多媒体形式展现复杂的内容，从而使表达的内容更容易理解。本主题包含演示文稿制作、动画设计、母版制作和使用、演示文稿放映和导出等内容。

【内容要求】

（1）了解演示文稿的应用场景，熟悉相关工具的功能、操作界面和制作流程；

（2）掌握演示文稿的创建、打开、保存、退出等基本操作；

（3）熟悉演示文稿不同视图方式的应用；

（4）掌握幻灯片的创建、复制、删除、移动等基本操作；

（5）理解幻灯片的设计及布局原则；

（6）掌握在幻灯片中插入各类对象的方法，如文本框、图形、图片、表格、音频、视频等对象；

（7）理解幻灯片母版的概念，掌握幻灯片母版、备注母版的编辑及应用方法；

（8）掌握幻灯片切换动画、对象动画的设置方法及超链接、动作按钮的应用方法；

（9）了解幻灯片的放映类型，会使用排练计时进行放映；

（10）掌握幻灯片不同格式的导出方法。

【教学提示】

本主题的教学建议与实际案例相结合，案例的选取应贴近生活、贴近学习、贴近工作，在教学中注重使学生掌握操作过程和技巧，可采用“任务描述→技术分析→示例演示→任务实现→能力拓展”的形式组织教学。

关于演示文稿制作，可通过完成工作总结演示文稿等案例，讲解在新建幻灯片中输入文本、使用文本框、复制移动幻灯片、编辑文本、删除占位符等操作，对幻灯片中文本格式的设置，以及艺术字、图形图片、形状、表格、媒体文件的使用等内容组织教学。

关于演示文稿动画设计，可通过实际案例进行切换动画和对象动画的教学，分析、演示并使学生动手实践幻灯片切换的效果、持续时间、使用范围、换片方式、自动换片时间等；通过对案例中对象动画的分析和演示，使学生完成标题、文本动画及其他各类对象进入、强调、退出、路径等动画效果的设计。

关于演示文稿母版制作和使用，可通过实际案例，对演示文稿母版视图、在母版中插入对象、设置母版格式、插入页眉和页脚等内容进行讲解，使学生理解母版和模板的不同，并学会讲义母版、备注母板的设置及使用方法。

关于演示文稿放映和导出，可通过在演示文稿中引用各类实际案例，分析、演示并使学生动手实践创建超链接及动作按钮、幻灯片放映、墨迹注释、排练计时、打印演示文稿、打包演示文稿等。

4. 信息检索

信息检索是人们进行信息查询和获取的主要方式，是查找信息的方法和手段。掌握网络信息的高效检索方法，是现代信息社会对高素质技术技能人才的基本要求。本主题包含信息检索基础知识、搜索引擎使用技巧、专用平台信息检索等内容。

【内容要求】

（1）理解信息检索的基本概念，了解信息检索的基本流程；

（2）掌握常用搜索引擎的自定义搜索方法，掌握布尔逻辑检索、截词检索、位置检索、限制检索等检索方法；

（3）掌握通过网页、社交媒体等不同信息平台进行信息检索的方法；

（4）掌握通过期刊、论文、专利、商标、数字信息资源平台等专用平台进行信息检索的方法。

【教学提示】

关于信息检索基础知识，可采用知识讲解等形式，让学生理解信息是按一定的方式进行加工、整理、组织并存储起来的，信息检索则是人们根据特定的需要将相关信息准确地查找出来的过程。

关于搜索引擎使用技巧，可通过多个案例，将搜索引擎中常用的信息检索技术穿插其中，促进学生对不同检索技术的理解与应用。

关于专用平台信息检索，可以以期刊、论文、专利、商标、数字信息资源平台等专用平台为例，分析、演示并使学生动手实践垂直细分领域专用平台的检索操作。

5. 新一代信息技术概述

新一代信息技术是以人工智能、量子信息、移动通信、物联网、区块链等为代表的新兴技术。它既是信息技术的纵向升级，也是信息技术之间及其与相关产业的横向融合。本主题包含新一代信息技术的基本概念、技术特点、典型应用、技术融合等内容。

【内容要求】

（1）理解新一代信息技术及其主要代表技术的基本概念；

（2）了解新一代信息技术各主要代表技术的技术特点；

（3）了解新一代信息技术各主要代表技术的典型应用；

（4）了解新一代信息技术与制造业等产业的融合发展方式。

【教学提示】

关于新一代信息技术的基本概念，可采用知识讲解、小组讨论等形式，配合图片、视频等教学资源，使学生理解新一代信息技术及主要代表技术的概念、产生原因和发展历程。

关于新一代信息技术的技术特点和典型应用，应按不同技术领域分别进行专题介绍。可采用知识讲解、案例教学等形式，配合图片、视频等教学资源，使学生了解各主要代表技术的核心技术特点和产业应用领域。

关于新一代信息技术与其他产业融合，可选取新一代信息技术不同技术领域与制造业等产业相互融合的案例进行教学，配合图片、视频等教学资源，使学生了解新一代信息技术对其他产业和人们日常生活的影响。

6. 信息素养与社会责任

信息素养与社会责任是指在信息技术领域，通过对信息行业相关知识的了解，内化形成的职业素养和行为自律能力。信息素养与社会责任对个人在各自行业内的发展起着重要作用。本主题包含信息素养、信息技术发展史、信息伦理与职业行为自律等内容。

【内容要求】

（1）了解信息素养的基本概念及主要要素；

（2）了解信息技术发展史及知名企业的兴衰变化过程，树立正确的职业理念；

（3）了解信息安全及自主可控的要求；

（4）掌握信息伦理知识并能有效辨别虚假信息，了解相关法律法规与职业行为自律的要求；

（5）了解个人在不同行业内发展的共性途径和工作方法。

【教学提示】

关于信息素养，可采用知识讲解、小组讨论等形式，配合图片、视频等教学资源，使学生了解信息素养的基本概念及主要要素。

关于信息技术发展史，可选择介绍知名创新型信息技术企业的初创和成功发展历程，以及后期衰退原因，展示信息技术的发展和品牌培育脉络，使学生树立正确的职业理念。

关于信息伦理与职业行为自律，可通过案例介绍，从坚守健康的生活情趣、培养良好的职业态度、秉承端正的职业操守、维护核心的商业利益、规避产生个人不良记录等方面展开，使学生了解相关法律法规、信息伦理与职业行为自律的要求，从而明晰不同行业内职业发展的共性策略、途径和方法。

（二）拓展模块

1. 信息安全

信息安全是指信息产生、制作、传播、收集、处理、选取等信息使用过程中的信息资源安全。建立信息安全意识，了解信息安全相关技术，掌握常用的信息安全应用，是现代信息社会对高素质技术技能人才的基本要求。本主题包含信息安全意识、信息安全技术、信息安全应用等内容。

【内容要求】

（1）建立信息安全意识，能识别常见的网络欺诈行为；

（2）了解信息安全的基本概念，包括信息安全基本要素、网络安全等级保护等内容；

（3）了解信息安全相关技术，了解信息安全面临的常见威胁和常用的安全防御技术；

（4）了解常用网络安全设备的功能和部署方式；

（5）了解网络信息安全保障的一般思路；

（6）掌握利用系统安全中心配置防火墙的方法；

（7）掌握利用系统安全中心配置病毒防护的方法；

（8）掌握常用的第三方信息安全工具的使用方法，并能解决常见的安全问题。

【教学提示】

关于信息安全意识，可采用知识讲解、案例教学、小组讨论等形式，配合图片、视频等教学资源，使学生具备较强的信息安全意识和防护能力，能识别常见的网络欺诈行为，能有效维护信息活动中个人、他人的合法权益和公共信息安全。

关于信息安全技术，可采用知识讲解、案例教学等形式，配合图片、视频等教学资源，使学生对信息安全基本要素、网络安全等级保护等内容有准确的认识，并了解计算机病毒、木马、拒绝服务攻击、网络非法入侵等信息安全常见威胁以及对应的安全防御措施。

关于信息安全应用，可采用知识讲解、案例教学、项目实践等形式，通过引入网络安全案例和操作系统安全案例，使学生了解常用信息安全设备的功能，掌握系统安全中心的常用功能，包括防火墙管理和病毒防护等；可选择常用的第三方信息安全工具，通过模拟并解决常见的安全问题，拓展学生技能。

2. 项目管理

项目管理是指项目管理者在有限的资源约束下，运用系统理论、观点和方法，对项目涉及的全部工作进行有效管理，即从项目的投资决策开始到项目结束的全过程进行计划、组织、指挥、协调、控制和评价，以实现项目的目标。项目管理作为一种通用技术已应用于各行各业，获得了广泛的认可。本主题包含项目管理基础知识和项目管理工具应用等内容。

【内容要求】

（1）理解项目管理的基本概念，了解项目范围管理，了解项目管理的四个阶段和五个过程；

（2）理解信息技术及项目管理工具在现代项目管理中的重要作用；

（3）了解项目管理相关工具的功能及使用流程，能通过项目管理工具创建和管理项目及任务；

（4）掌握项目工作分解结构的编制方法，能利用项目管理工具对项目进行工作分解和进度计划编制；

（5）了解项目管理中各项资源的约束条件，能利用项目管理工具进行资源平衡，优化进度计划；

（6）了解项目质量监控，掌握项目管理工具在项目质量监控中的应用；

（7）了解项目风险控制，掌握项目管理工具在项目风险控制中的应用。

【教学提示】

本主题的教学建议将知识讲解、小组讨论、案例教学、项目实践相结合，同时借助图片、视频等教学资源丰富教学内容。

关于项目管理基础知识，可通过引入日常生活、学习和工作中的案例，采用知识讲解等形式，配合图片、视频等教学资源，加深学生对项目管理的认识，理解项目管理工具在现代管理中的作用。

关于项目管理工具应用，可通过案例教学、多元互动等方式，紧密结合项目管理工具，配合图片、视频等教学资源，完成项目管理工具基本功能的教学。可采用小组讨论方式完成项目各个阶段分析（工作分解结构编制、资源约束和成本管理、进度计划、跟踪控制等），并使学生利用项目管理工具完成项目结构分解、项目资源平衡、成本管理、进度优化、质量监控等操作。

3. 机器人流程自动化

机器人流程自动化是以软件机器人和人工智能为基础，通过模仿用户手动操作的过程，让软件机器人自动执行大量重复的、基于规则的任务，将手动操作自动化的技术。如在企业的业务流程中，纸质文件录入、证件票据验证、从电子邮件和文档中提取数据、跨系统数据迁移、企业IT应用自动操作等工作，可通过机器人流程自动化技术准确、快速地完成，减少人工错误、提高效率并大幅降低运营成本。本主题包含机器人流程自动化基础知识、技术框架和功能、工具应用、软件机器人的创建和实施等内容。

【内容要求】

（1）理解机器人流程自动化的基本概念，了解机器人流程自动化的发展历程和主流工具；

（2）了解机器人流程自动化的技术框架、功能及部署模式等；

（3）熟悉机器人流程自动化工具的使用过程；

（4）掌握在机器人流程自动化工具中录制和播放、流程控制、数据操作、控件操控、部署和维护等操作；

（5）掌握简单的软件机器人的创建，实施自动化任务。

【教学提示】

本主题的教学建议将知识讲解、小组讨论、案例教学、项目实践相结合，同时借助图片、视频等教学资源丰富教学内容。

关于机器人流程自动化基础知识，可通过引入日常生活、学习和工作中的案例，采用讲解等形式，配合图片、视频等教学资源，使学生对信息化时代互联网、大数据、人工智能等技术对工作带来的变革有直观认识，加深对机器人流程自动化的基本概念、发展历程的理解和对主流工具的认知。

关于机器人流程自动化技术框架和功能，可采用知识讲解等形式，配合图片、视频等教学资源，让学生对机器人流程自动化整体框架有初步的认知。

关于机器人流程自动化工具应用，可通过综合项目案例，分析、演示并使学生动手实践录制和播放、流程控制、数据操作、控件操控、部署和维护等，使学生掌握一款主流机器人流程自动化工具的简单应用。

关于软件机器人的创建和实施，可通过引入日常生活、学习和工作中需要解决的实际问题，引导学生动手实践，使学生能使用相关工具创建所需的软件机器人并实施自动化任务。

4. 程序设计基础

程序设计是设计和构建可执行的程序以完成特定计算结果的过程，是软件构造活动的重要组成部分，一般包含分析、设计、编码、调试、测试等阶段。熟悉和掌握程序设计的基础知识，是在现代信息社会中生存和发展的基本技能之一。本主题包含程序设计基础知识、程序设计语言和工具、程序设计方法和实践等内容。

【内容要求】

（1）理解程序设计的基本概念；

（2）了解程序设计的发展历程和未来趋势；

（3）掌握典型程序设计的基本思路与流程；

（4）了解主流程序设计语言的特点和适用场景；

（5）掌握一种主流编程工具的安装、环境配置和基本使用方法；

（6）掌握一种主流程序设计语言的基本语法、流程控制、数据类型、函数、模块、文件操作、异常处理等；

（7）能完成简单程序的编写和调测任务，为相关领域应用开发提供支持。

【教学提示】

关于程序设计基础知识，可采用知识讲解、小组讨论等形式，配合图片、视频等教学资源，加深学生对程序设计的直观认识。内容可以以程序设计的发展历程为基础，分阶段阐述程序设计的特点，带领学生共同归纳和总结程序设计的概念，介绍程序设计的发展趋势，使学生基本理解程序设计的思想和价值。

关于程序设计语言和工具，可采用知识讲解、小组讨论、案例教学等形式，配合图片、视频等教学资源，加深学生对程序设计的理解。内容可根据程序设计语言的发展历史和当前流行情况，介绍主流程序设计语言及工具的特点和适用场景。可选择一种主流程序设计语言，和其他语言进行对比，使学生基本了解不同程序设计语言的适用范围。

关于程序设计方法和实践，可采用案例教学、小组讨论、项目实践等形式，选用一种主流编程工具并辅以详细的编程案例，增强学生对程序设计语言和工具的实际运用能力。通过项目实践覆盖编程工具安装、问题分析、程序设计、程序编码、程序调试、程序测试等过程，使学生系统化掌握程序设计的基本技能和方法。

5. 大数据

大数据是指无法在一定时间范围内用常规软件工具获取、存储、管理和处理的数据集合，具有数据规模大、数据变化快、数据类型多样和价值密度低四大特征。熟悉和掌握大数据相关技能，将会更有力地推动国家数字经济建设。本主题包含大数据基础知识、大数据系统架构、大数据分析算法、大数据应用及发展趋势等内容。

【内容要求】

（1）理解大数据的基本概念、结构类型和核心特征；

（2）了解大数据的时代背景、应用场景和发展趋势；

（3）熟悉大数据在获取、存储和管理方面的技术架构，熟悉大数据系统架构基础知识；

（4）掌握大数据工具与传统数据库工具在应用场景上的区别，初步具备搭建简单大数据环境的能力；

（5）了解大数据分析算法模式，初步建立数据分析概念；

（6）了解基本的数据挖掘算法，熟悉大数据处理的基本流程；

（7）熟悉典型的大数据可视化工具及其基本使用方法；

（8）了解大数据应用中面临的常见安全问题和风险，以及大数据安全防护的基本方法，自觉遵守和维护相关法律法规。

【教学提示】

关于大数据基础知识，可采用知识讲解、小组讨论等形式，配合图片、视频等教学资源，使学生对大数据技术有直观的认识。阐述互联网的发展催生了大数据，使学生了解大数据具有数据规模越来越大，内容越来越复杂，更新速度越来越快，数据类型多样及价值密度低的特征。

关于大数据系统架构，可采用知识讲解等形式，配合图片、视频等教学资源，建议采用开源系统框架，介绍各组件在大数据系统架构方面的应用，使学生了解大数据系统架构与传统数据库之间的差异。介绍分布式文件系统的设计理念，使学生理解分布式文件系统在容量和存储格式方面的拓展性。

关于大数据分析算法，可采用知识讲解、案例教学、小组讨论等形式，介绍数据分析在大数据应用中的重要性，重点介绍常用的数据挖掘算法。使学生理解数据分析是以商业目标为导向，通过对准备好的数据进行探索、分析，从中发现因果关系、内部联系和业务规律，为商业决策提供参考。

关于大数据应用及发展趋势，可采用知识讲解、案例教学、项目实践等形式，讲解企业的大数据应用项目，帮助学生了解大数据从获取、存储、分析到应用及安全这一实践流程，从而熟悉大数据技术的整体轮廓。

6. 人工智能

人工智能是研究、开发用于模拟、延伸和扩展人的智能的理论、方法、技术及应用系统的一门新的技术科学。熟悉和掌握人工智能相关技能，是建设未来智能社会的必要条件。本主题包含人工智能基础知识、人工智能核心技术、人工智能技术应用等内容。

【内容要求】

（1）了解人工智能的定义、基本特征和社会价值；

（2）了解人工智能的发展历程，及其在互联网及各传统行业中的典型应用和发展趋势；

（3）熟悉人工智能技术应用的常用开发平台、框架和工具，了解其特点和适用范围；

（4）熟悉人工智能技术应用的基本流程和步骤；

（5）了解人工智能涉及的核心技术及部分算法，能使用人工智能相关应用解决实际问题；

（6）能辨析人工智能在社会应用中面临的伦理、道德和法律问题。

【教学提示】

关于人工智能基础知识，可采用知识讲解、小组讨论等形式，配合图片、视频等教学资源，内容可包括人工智能的含义、基本特征、发展历程、社会价值、常用开发平台、框架和工具等，加深学生对人工智能技术的直观认识。

关于人工智能核心技术，可引入具体的人工智能项目案例，采用案例教学、知识讲解等形式，涉及的技术领域可包括计算机视觉、语音识别、自然语言处理等，具体算法可包括决策树、贝叶斯、神经网络等，使学生对人工智能核心技术及原理有初步的了解。

关于人工智能技术应用，可采用知识讲解、案例教学、项目实践等形式，在学生对人工智能技术有初步了解的情况下，引入企业的人工智能应用项目，帮助学生熟悉人工智能技术应用的流程和步骤。

7. 云计算

云计算是一种利用互联网实现随时随地、按需、便捷地使用和共享计算设施、存储设备、应用程序等资源的计算模式。熟悉和掌握云计算技术及关键应用，是助力新基建、推动产业数字化升级、构建现代数字社会、实现数字强国的关键技能之一。本主题包含云计算基础知识和模式、技术原理和架构、主流产品和应用等内容。

【内容要求】

（1）理解云计算的基本概念，了解云计算的主要应用行业和典型场景；

（2）熟悉云计算的服务交付模式，包括基础设施即服务、平台即服务和软件即服务等；

（3）熟悉云计算的部署模式，包括公有云、私有云、混合云等；

（4）了解分布式计算的原理，熟悉云计算的技术架构；

（5）了解云计算的关键技术，包括网络技术、数据中心技术、虚拟化技术、分布式存储技术、安全技术等；

（6）了解主流云服务商的业务情况，熟悉主流云产品及解决方案，包括云主机、云网络、云存储、云数据库、云安全、云开发等；

（7）能合理选择云服务，熟悉典型云服务的配置、操作和运维。

【教学提示】

关于云计算基础知识和模式，可采用知识讲解、小组讨论等形式，配合图片、视频等教学资源，结合云计算的发展历程介绍云计算的基本概念、主要应用行业和典型场景，帮助学生建立对云计算的整体认知，并重点让学生熟悉云计算的服务交付模式和部署模式。

关于技术原理与架构，可采用知识讲解等形式，配合图片、视频等教学资源，结合典型技术应用案例分析，帮助学生梳理云计算技术脉络和核心要点，使学生理解云计算的核心技术与思想。

关于主流产品及应用，可采用知识讲解、案例教学、项目实践等形式，通过云端部署应用程序，使学生熟悉操作过程中涉及的云主机、云网络、云存储、云数据库、云安全、云开发等知识和技能。

8. 现代通信技术

通信技术是实现人与人之间、人与物之间、物与物之间信息传递的一种技术。现代通信技术将通信技术与计算机技术、数字信号处理技术等新技术相结合，其发展具有数字化、综合化、宽带化、智能化和个人化的特点。现代通信技术是大数据、云计算、人工智能、物联网、虚拟现实等信息技术发展的基础，以5G为代表的现代通信技术是中国新型基础设施建设的重要领域。本主题包含现代通信技术基础、5G技术、其他现代通信技术等内容。

【内容要求】

（1）理解通信技术、现代通信技术、移动通信技术、5G技术等概念，掌握相关的基础知识；

（2）了解现代通信技术的发展历程及未来趋势；

（3）熟悉移动通信技术中的传输技术、组网技术等；

（4）了解5G的应用场景、基本特点和关键技术；

（5）掌握5G网络架构和部署特点，掌握5G网络建设流程；

（6）了解蓝牙、Wi-Fi、ZigBee、射频识别、卫星通信、光纤通信等现代通信技术的特点和应用场景；

（7）了解现代通信技术与其他信息技术的融合发展。

【教学提示】

关于现代通信技术基础，可采用知识讲解、小组讨论等形式，配合图片、视频等教学资源，介绍基本概念、发展历程、基础知识和未来趋势，加深学生对现代通信技术的直观认识。

关于5G技术，可采用知识讲解、案例教学、项目实践等形式，配合图片、视频等教学资源，可通过虚拟仿真软件结合具体案例进行5G网络的勘察、站点选择、网络搭建和优化的教学，使学生在完成案例的过程中学习移动通信技术和5G的关键技术，教师再带领学生进行梳理总结，巩固知识技能。

关于蓝牙、Wi-Fi、ZigBee、射频识别、卫星通信、光纤通信等现代通信技术，可采用知识讲解、案例教学等形式，通过人们日常生活、学习和工作的案例，让学生分析应用场景，根据不同通信技术的技术特点选择合适的通信技术。

9. 物联网

物联网是指通过信息传感设备，按约定的协议，将物体与网络相连接，物体通过信息传播媒介进行信息交换和通信，实现智能化识别、定位、跟踪、监管等功能的技术。物联网是继计算机、互联网和移动通信之后的新一轮信息技术革命。本主题包含物联网基础知识、物联网体系结构和关键技术、物联网系统应用等内容。

【内容要求】

（1）了解物联网的概念、应用领域和发展趋势；

（2）了解物联网和其他技术的融合，如物联网与5G技术、物联网与人工智能技术等；

（3）熟悉物联网感知层、网络层和应用层的三层体系结构，了解每层在物联网中的作用；

（4）熟悉物联网感知层关键技术，包括传感器、自动识别、智能设备等；

（5）熟悉物联网网络层关键技术，包括无线通信网络、互联网、卫星通信网等；

（6）熟悉物联网应用层关键技术，包括云计算、中间件、应用系统等；

（7）熟悉典型物联网应用系统的安装与配置。

【教学提示】

关于物联网基础知识，可采用知识讲解、小组讨论等形式，配合图片、视频等教学资源，介绍物联网的概念、应用领域和发展趋势，以及物联网和其他技术的融合，使学生对物联网技术有直观的认识，并了解未来物联网将会给人们日常生活、学习和工作带来哪些改变。

关于物联网体系结构和关键技术，可结合学生所学专业，引入相关领域的物联网应用项目案例，采用知识讲解、案例教学等形式，使学生对物联网感知层、网络层和应用层的关键技术有全面的认知。

关于物联网系统应用，可引入一个简单物联网应用系统（如智能家居）搭建项目，采用小组讨论、项目实践等形式，要求学生安装、配置一个完整的物联网应用系统，使学生初步掌握综合应用物联网各层技术的技能。

10. 数字媒体

数字媒体是指以二进制数的形式记录、处理、传播、获取过程的信息载体，包括数字化的文字、图形、图像、声音、视频影像和动画等感觉媒体及其表示媒体等（统称逻辑媒体），以及存储、传输、显示逻辑媒体的实物媒体。理解数字媒体的概念，掌握数字媒体技术是现代信息传播的通用技能之一。本主题包含数字媒体基础知识、数字文本、数字图像、数字声音、数字视频、HTML5 应用制作和发布等内容。

【内容要求】

（1）理解数字媒体和数字媒体技术的概念；

（2）了解数字媒体技术的发展趋势，如虚拟现实技术、融媒体技术等；

（3）了解数字文本处理的技术过程，掌握文本准备、文本编辑、文本处理、文本存储和传输、文本展现等操作；

（4）了解数字图像处理的技术过程，掌握对数字图像进行去噪、增强、复制、分割、提取特征、压缩、存储、检索等操作；

（5）了解数字声音的特点，熟悉处理、存储和传输声音的数字化过程，掌握通过移动端应用程序进行声音录制、剪辑与发布等操作；

（6）了解数字视频的特点，熟悉数字视频处理的技术过程，掌握通过移动端应用程序进行视频制作、剪辑与发布等操作；

（7）了解 HTML5 应用的新特性，掌握 HTML5 应用的制作和发布。

【教学提示】

关于数字媒体基础知识，可采用知识讲解、小组讨论等形式，配合图片、视频等教学资源，加深学生对于数字媒体的认识，了解数字媒体的发展趋势，展望未来数字媒体将给人们日常生活、学习和工作带来的改变。

关于数字文本、数字图像、数字声音、数字视频等，可采用知识讲解、案例教学、项目实践等形式，配合图片、视频等教学资源，通过引入相关案例，介绍文本编辑、文本存储和传输、文本展现，各种图片格式的优势及应用范围，数字声音和数字视频的特点及操作。

关于 HTML5 应用制作和发布，可引入 HTML5 应用项目，采用小组讨论、项目实践等形式，配合图片、视频等教学资源，要求学生完成 HTML5 应用的制作和发布，使学生掌握 HTML5 应用制作和发布的全过程。

11. 虚拟现实

虚拟现实是一种可创建和体验虚拟世界的计算机仿真系统，其利用高性能计算机生成一种模拟环境，是一种多源信息融合的、交互式的三维动态视景和实体行为的系统仿真。虚拟现实具有浸沉感、交互性和构想性三大特点，已广泛应用于娱乐、教育、设计、医学、军事等多个领域。本主题包含虚拟现实技术基础知识、虚拟现实应用开发流程和工具、简单虚拟现实应用程序开发等内容。

【内容要求】

（1）理解虚拟现实技术的基本概念；

（2）了解虚拟现实技术的发展历程、应用场景和未来趋势；

（3）了解虚拟现实应用开发的流程和相关工具；

（4）了解不同虚拟现实引擎开发工具的特点和差异；

（5）熟悉一种主流虚拟现实引擎开发工具的简单使用方法；

（6）能使用虚拟现实引擎开发工具完成简单虚拟现实应用程序的开发。

【教学提示】

关于虚拟现实技术基础知识，可采用知识讲解、小组讨论、案例教学等形式，配合图片、视频等教学资源，介绍虚拟现实的基本概念、发展历程、应用场景、未来趋势等，并可通过使用虚拟现实设备体验虚拟现实应用，加深学生对虚拟现实技术的直观认识，了解虚拟现实的应用场景和价值。

关于虚拟现实应用开发流程和工具，可采用知识讲解、小组讨论等形式，配合图片、视频等教学资源，使学生了解虚拟现实应用开发的整个流程，包括策划设计、美术素材设计与制作、交互功能开发、应用程序发布等，并了解各阶段的常用工具。

关于简单虚拟现实应用程序开发，可采用案例教学、小组讨论、项目实践等形式，采用一种主流虚拟现实引擎开发工具并辅以详细的项目辅助资料，要求学生完成一个简单虚拟现实应用程序的开发，通过实际项目的开发，使学生进一步熟悉虚拟现实应用开发的整个流程，并掌握虚拟现实引擎开发工具的使用方法。

12. 区块链

区块链是分布式数据存储、点对点传输、共识机制、加密算法等计算机技术的新型应用模式。从本质上说，区块链是一个分布式的共享账本和数据库，具有去中心化、不可篡改、全程留痕、可以追溯、集体维护、公开透明等特点，已被逐步应用于金融、供应链、公共服务、数字版权等领域。本主题包含区块链基础知识、区块链应用领域、区块链核心技术等内容。

【内容要求】

（1）了解区块链的概念、发展历史、技术基础、特性等；

（2）了解区块链的分类，包括公有链、联盟链、私有链；

（3）了解区块链技术在金融、供应链、公共服务、数字版权等领域的应用；

（4）了解区块链技术的价值和未来发展趋势；

（5）了解比特币等典型区块链项目的机制和特点；

（6）了解分布式账本、非对称加密算法、智能合约、共识机制的技术原理。

【教学提示】

关于区块链基础知识，可采用知识讲解、案例教学、小组讨论等形式，配合图片、视频等教学资源，介绍区块链的概念、发展历史、技术基础、特性、分类等，使学生认识到区块链的重要性，并对公有链、联盟链、私有链有初步的了解。

关于区块链应用领域，可采用知识讲解、案例教学、项目实践等形式，在学生对区块链技术有初步了解的情况下，介绍比特币等典型区块链项目，引入区块链实际应用，使学生能将区块链技术与现实生活关联起来，体会区块链技术的价值。

关于区块链核心技术，可引入具体项目案例，采用案例教学、知识讲解等形式，具体介绍分布式账本、非对称加密算法、智能合约、共识机制等，让学生对相关核心技术的原理有初步的了解。

五、学业质量

（一）学业质量内涵

学业质量是学生在完成本课程学习后的学业成就表现。高等职业教育专科学生学业质量标准是以本课程学科核心素养内涵及具体表现为主要维度（见表A-2），结合课程内容，对学生学业成就表现的总体刻画。

表 A-2　信息技术学科核心素养及表现

核心素养	内　　涵	具体表现
信息意识	了解信息及信息素养在现代社会中的作用与价值，主动地寻求恰当的方式捕获、提取和分析信息，以有效的方法和手段判断信息的可靠性、真实性、准确性和目的性，对信息可能产生的影响进行预期分析，自觉地充分利用信息解决生活、学习和工作中的实际问题，具有团队协作精神，善于与他人合作、共享信息，实现信息的更大价值	● 理解信息的概念和意义，对信息具有敏感度； ● 能定义和描述信息需求； ● 掌握信息的常用表达方式和处理方法，并将其与具体问题相联系； ● 能对信息的价值及其可能的影响进行判断
计算思维	能采用计算机等智能化工具可以处理的方式界定问题、抽象特征、建立模型、组织数据，能综合利用各种信息资源、科学方法和信息技术工具解决问题，能将这种解决问题的思维方式迁移运用到职业岗位与生活情境的相关问题解决过程中	● 掌握计算思维的基本概念，并能用来思考问题； ● 具备解决问题过程中的形式化、模型化、自动化、系统化抽象能力； ● 能使用信息技术工具，结合所学专业知识，运用计算思维形成生产、生活情境中的融合应用解决方案
数字化创新与发展	能理解数字化学习环境的优势和局限，能从信息化角度分析问题的解决路径，并将信息技术与所学专业相融合，通过创新思维、具体实践使问题得以解决；能合理运用数字化资源与工具，养成数字化学习与实践创新的习惯，开展自主学习、协同工作、知识分享与创新创业实践，形成可持续发展能力	● 能进行数字化的信息获取（学习）环境创设； ● 能进行信息资源的获取、加工和处理； ● 能以多种数字化方式对信息、知识进行展示交流； ● 能创造性地运用数字化资源和工具解决实际问题； ● 能清晰描述信息技术在本专业领域的典型应用案例
信息社会责任	在现实世界和虚拟空间中都能遵守相关法律法规，信守信息社会的道德与伦理准则；具备较高的信息安全意识与防护能力，能有效维护信息活动中个人、他人的合法权益和公共信息安全；关注信息技术创新所带来的社会问题，对信息技术创新所产生的新观念和新事物，能从社会发展、职业发展的视角进行理性的判断和负责的行动	● 了解相关法律法规并自觉遵守； ● 了解伦理道德准则，规范日常信息行为； ● 具备信息安全意识和相关防护能力

（二）学业质量水平

高等职业教育专科信息技术课程学业质量水平分为两级，每级水平主要表现为学生整合信息技术学科核心素养，在不同复杂程度的情境中运用各种重要概念、思维、方法和技能解决问题的关键特征。具体表述见表A-3。

水平一：掌握基础模块的信息技术基本知识和基本技能，对新一代信息技术发展与应用有一定的了解，能使用相关工具软件完成简单的办公任务。

水平二：在水平一的基础上，进一步掌握拓展模块的知识技能，能用信息技术较好地支持专业学习，对于信息技术在本专业领域的应用有比较深入的理解和熟练的操作。

表 A-3　学业质量标准

水　平　一	水　平　二
1-1［信息意识］ ● 理解信息、信息社会的基本概念，了解数据与信息的关系； ● 针对简单任务需求，能确定所需信息的形式和内容，知道信息获取渠道； ● 能初步掌握信息的常用表达方式和处理方法，并能针对具体问题选择恰当的信息表达方式和处理方法； ● 对信息系统在人们生活、学习和工作中的重要作用、优势及局限性有一定认识； ● 了解新一代信息技术，对信息技术促进经济社会现代化发展有一定认识	2-1［信息意识］ ● 理解数据、信息、情报等概念，了解知识管理体系，对信息具有较强的敏感度； ● 针对具体任务需求，能准确定义所需信息，并能描述信息需求； ● 能依据不同的任务需求，主动地比较不同的信息源，确定合适的信息获取渠道； ● 能自觉地对所获信息的真伪和价值进行判断，对信息进行处理； ● 能针对具体问题，确定恰当的信息表达方式和处理方法，选择合适的工具辅助解决问题； ● 充分认识信息系统在人们生活、学习和工作中的重要性，在信息系统构建与应用过程中，能利用已有经验判断系统可能存在的风险并进行主动规避； ● 在了解新一代信息技术的基础上，对新一代信息技术在所从事专业领域的应用有一定认识
1-2［计算思维］ ● 掌握计算机的基础知识，了解用计算机进行信息处理的基本过程，理解程序和算法的基本概念； ● 能理解计算思维的基本概念，初步掌握用计算思维求解问题的基本思想； ● 初步了解解决问题过程中的形式化、模型化、自动化、系统化概念和方法； ● 能针对简单任务需求，初步具备运用计算思维方式解决问题的能力，并能运用流程图的方式进行描述	2-2［计算思维］ ● 了解信息系统的组成与功能，能清晰描述计算机系统工作原理，了解计算机系统软件和应用软件的运行过程； ● 对计算思维的概念、求解问题的思想及必要条件有清晰的认识，并能迁移到具体问题解决过程中； ● 初步具备结合生活情境、本专业领域实际问题，运用计算思维设计信息化解决方案的能力； ● 能针对具体任务需求，选择合适的算法，并运用一种程序设计语言（或流程图）加以实现，最终解决实际问题
1-3［数字化创新与发展］ ● 了解数字化学习基本方法，对信息系统在完成学习任务中的作用有一定认识，能利用信息系统在数字化学习环境下进行自主学习、协作学习； ● 了解信息化办公系统的组成和功能、软硬件的安装和配置，掌握相关操作技能； ● 能比较不同信息获取方法的优势及局限性，并掌握信息获取的基本技能； ● 能使用文档处理、电子表格处理、演示文稿制作等软件工具对信息进行加工、处理； ● 在数据分析的基础上，能利用合适的统计图表呈现数据分析结果； ● 能以多种数字化方式对信息、知识进行简单的展示交流； ● 针对具体任务需求，初步具备创新意识，能运用数字化资源和工具，设计工作流程，支持任务的完成； ● 能清晰描述通过信息技术解决实际问题的典型案例，以及解决问题的具体过程	2-3［数字化创新与发展］ ● 理解数字化学习基本方法，能利用信息系统进行数字化的学习环境创设，开展自主学习、协作学习、探究学习，并进行分享与合作； ● 能主动了解和学习不同的信息系统，通过具体实践解决问题； ● 能根据信息获取需求进行数字化的信息获取环境创设，并熟练掌握信息获取的相关技能； ● 能针对具体任务需求，综合运用各种软件工具，对信息进行加工、处理和展示交流，并根据需要通过技术方法对数据进行保护； ● 针对本专业领域的具体任务需求，具备创新意识和实践能力，能创造性地运用数字化资源和工具构建信息系统，支持任务的完成； ● 能清晰描述运用新一代信息技术解决本专业领域问题的典型应用案例，并能正确分析应用价值
1-4［信息社会责任］ ● 了解信息活动相关的法律法规、伦理道德准则，尊重知识产权，能遵纪守法、自我约束，识别和抵制不良行为； ● 具备信息安全意识，在信息系统应用过程中，能遵守保密要求，注意保护信息安全，不侵犯他人隐私； ● 了解人们日常生活、学习和工作中常见的信息安全问题，并具备一定的防护能力	2-4［信息社会责任］ ● 理解人类信息活动需要法律法规、伦理道德进行管理与调节，在现实世界和虚拟空间中都能遵纪守法，承担信息社会责任； ● 具备较强的信息安全意识和防护能力，能利用常用的信息安全防御技术维护信息系统安全； ● 能运用加密技术对重要信息进行保密处理，有效维护信息活动中个人、他人的合法权益和公共信息安全； ● 了解信息安全面临的常见威胁和常用的安全防护技术，并能有效防护

六、课程实施

（一）教学要求

高等职业教育专科信息技术课程教学要紧扣学科核心素养和课程目标，在全面贯彻党的教育方针，落实立德树人根本任务的基础上，突出职业教育特色，提升学生的信息素养，培养学生的数字化学习能力和利用信息技术解决实际问题的能力。

1. 立德树人，加强对学生的情感态度和社会责任的教育

信息技术课程教学要落实立德树人根本任务，贯彻课程思政要求，使学生在纷繁复杂的信息社会环境中能站稳立场、明辨是非、行为自律、知晓责任。

各主题的教学要有意识地引导学生关注信息、发现信息的价值，提高对信息的敏感度，培养学生的信息意识，形成健康的信息行为。教师在教学过程中要通过实际事例、教学案例培养学生的信息敏感度和对信息价值的判断力，通过具体教学任务使学生学会定义和描述信息需求，并能规划解决问题的信息处理过程。本课程还要使学生对信息系统的组成及其在生活、学习和工作中发挥的作用具有清晰的认识，了解新一代信息技术促进经济社会现代化发展的作用。

教师要引导学生直面问题，在思考、辨析、解决问题的过程中逐渐形成良好的信息社会责任意识。教师可在教学过程中通过引入典型信息事件，使学生认识相关法律法规的重要性和必要性，鼓励学生在面对信息困境时，能基于相关法律法规和伦理道德准则，做出理性的判断和负责的行动。

2. 突出技能，提升学生的信息技术技能和综合应用能力

信息技术课程要重点培养学生的信息技术实际操作能力。通过课程学习使学生理解数字化学习环境、数字化资源和工具、信息系统的特点，能熟练使用各种软件工具、信息系统对信息进行加工、处理和展示交流，为学生的信息技术技能与专业能力融合发展奠定基础。通过本课程学习，学生应具备在数字化环境下解决生活、学习和工作中的实际问题的能力。在课堂教学中，教师要采用理论与实践相结合的教学方式，让学生在做中学、学中做，使学生通过完成具体任务熟练掌握信息技术实际操作技能，并不断提高操作效率。

信息技术课程要培养学生的综合应用能力。教师在教学设计时，要以计算思维为内在线索，通过综合教学案例和项目实践，使学生反复亲历计算思维的全过程，将知识、技能、意识、经验等融会贯通，体会从信息化角度分析问题的方法和解决问题的具体路径，逐渐形成运用信息技术解决问题的综合能力。

3. 创新发展，培养学生的数字化学习能力和创新意识

在教学过程中，教师要根据学生的学习基础，创设适合学生的数字化环境与活动，引导学生开展自主学习、协作学习、探究学习，并进行分享和合作；使学生能够利用数字化资源与工具，完成学习任务。教师要引导学生学会根据自身需要，自主选择学习平台，创设学习环境，形成自主开展数字化学习的能力和习惯。教师要培养学生的创新意识，使学生能将信息技术创新应用于日常生活、学习和工作中。

（二）学业水平评价

高等职业教育专科信息技术课程的学业水平评价，应从情感态度与社会责任、数字化学习能力、解决问题能力等方面考察学生的信息素养水平。通过评价激发学生的学习兴趣，促进学生信息素养的提升。

情感态度与社会责任方面的评价主要包括对学生在信息技术领域的思想认识和行为表现，对信息活动相关法律法规和伦理道德准则的了解，对具有的信息安全意识和防护能力，对信息社会责任的认知等方面进行评价。数字化学习能力方面的评价主要包括对学生运用数字化资源和工具

进行自主学习、协作学习、探究学习的能力，根据需要自主选择学习平台并创设数字化学习环境的能力，掌握常用信息检索工具和方法开展学习的能力等方面进行评价。解决问题能力方面的评价主要包括对学生使用各种软件工具、信息系统对信息进行加工、处理和展示交流的实际操作能力和熟练程度，在数字化环境下解决生活、学习和工作中实际问题的能力，解决复杂问题时运用计算思维的能力，在本专业领域创造性地运用数字化资源和工具解决问题的能力等方面进行评价。

学业水平评价采用过程性评价与总结性评价相结合的方式，全面、客观地评价学生的学业状况。过程性评价应基于学科核心素养，在考查学生相关知识与技能掌握程度和应用能力的基础上，关注信息意识、计算思维、数字化创新与发展、信息社会责任四个学科核心素养的发展，评价要体现出学生在学习过程中各方面能力的提升情况。总结性评价应基于学生适应职业发展需要的信息能力和学习迁移能力的培养要求，创设基于职业情境的项目案例，考查学生信息技术的综合运用能力和学科核心素养的发展水平，以及自我创新和团队协作等方面的表现。

（三）教材编写要求

高等职业教育专科信息技术课程教学内容由基础模块和拓展模块两部分构成，其中基础模块是必修或限定选修内容，是高等职业教育专科学生提升其信息素养的基础。基础模块的教学内容是国家信息化发展战略对人才培养的基本要求，是高等职业教育专科人才培养目标在信息技术领域的反映，基础模块的教材编写应严格遵从本课程标准要求。

教材编写要落实课程思政要求并突出职业教育特点，教材内容要优先选择适应我国经济发展需要、技术先进、应用广泛、自主可控的软硬件平台、工具和项目案例。教材设计要与高等职业教育专科的教学组织形式及教学方法相适应，突出理实一体、项目导向、任务驱动等有利于学生综合能力培养的教学模式。教材形式要落实职业教育改革要求，倡导开发新型活页式、工作手册式教材和新形态立体化教材。

（四）课程资源开发与学习环境创设

课程资源主要是指支持课程教学的数字化教学资源，学习环境主要是指教学设备设施，以及支持学生开展数字化学习的条件。

在课程资源方面，有条件的学校可依据本课程标准，充分运用各种信息技术手段，开发信息技术课程数字化教学资源库，实现优质数字化课程资源的共建共享，提升高等职业教育专科信息技术课程的教学效果。教师应通过互联网等途径广泛搜集与信息技术课程相关的数字化教学资源，积极参与和课程教学相关的资源建设。

在学习环境方面，学校要根据实际情况建设满足教学需要的信息技术教学机房和综合实训室等设施，配备数量合理、配置适当的信息技术设备，提供相应的软件和互联网访问带宽。有条件的地区及学校应选配信息技术综合实训设备，为拓展模块的教学创造条件。学校要建设并有效利用在线学习平台，支持传统教学模式向混合学习、移动学习等信息化教学模式转型升级，引导学生进行数字化学习环境创设，开展自主学习、协作学习和探究学习。

（五）教师团队建设

高等职业教育专科信息技术教师要牢固树立良好的师德师风，符合教师专业标准要求，具有一定的信息技术实践经验和良好的课程教学能力。信息技术课程教师的数量应按照国家有关标准配备。

学校应重视信息技术课程教师队伍建设，优化师资队伍年龄、性别、职称与学历结构，增强信息技术课程教师队伍的整体实力和竞争力。应建立课程负责人制度，组建教师创新团队，积极组织开展各类教研活动，促进青年教师成长。要注重信息技术课程教师的双师素质培养，建立教师定期到企事业单位实践的制度，与时俱进地提升教师的技术水平和实践经验。以专任教师为主，开展校企合作，组建双师结构教学团队。鼓励和支持教师进行信息技术课程教学改革创新，使课程教学更好地适应学生全面发展和个性化发展的需要，满足经济社会发展需求。

（六）对学校实施本课程的要求

高等职业教育专科学校要落实国家关于教育信息化的最新要求，加快实现信息化应用水平和师生信息素养普遍提高的发展目标。学校要重视落实本课程标准，关注学生信息素养的发展水平，开展学业质量水平测试，对课程教学效果开展监测，确保实现人才培养目标。

学校要为信息技术课程教学提供必要的设备设施，保障基本教学条件，满足本课程标准的实施要求，支持学生开展数字化学习。学校应结合本地区产业发展和专业教学的需要，立足学生实际，精选拓展模块内容，打造信息技术精品课程。学校可依据各专业的特点，将信息技术应用到专业实际教学，支持高水平、有特色的高素质技术技能人才培养。

附：教学设备设施配备要求

一、信息技术教学机房设备设施配备要求（基础模块教学必配，见表A-4）

表 A-4 信息技术教学机房设备设施配备要求

项　目	技术参数与要求	数　量
学生用计算机	计算机配置满足安装主流教学软件要求 支持网络同传和硬盘保护 可选配多媒体教学支持系统	保证上课时每工位1台（套）
教师用计算机	配置优于学生用计算机	≥1台（套）
教学投影显示设备	投影机或电子白板教学一体机	≥1台（套）
软件配置	桌面操作系统及相关设备驱动程序，中英文输入法，常用工具软件，常用办公和图文编辑软件，信息安全防护软件，互联网应用软件，课堂管理软件等	根据教学需要选用
网络连接	网络交换机，网络接入带宽≥100 Mbit/s	

二、信息技术综合实训室设备设施配备要求（可根据拓展模块教学需要选配，见表A-5）

表 A-5 信息技术综合实训室设备设施配备要求

项　目	技术参数与要求	数　量
学生用计算机	计算机配置满足安装主流教学软件要求 支持网络同传和硬盘保护 可选配多媒体教学支持系统	保证上课时每工位1台（套）
教师用计算机	配置优于学生用计算机	≥1台（套）
教学投影显示设备	投影机或电子白板教学一体机	≥1台（套）
软件配置	桌面操作系统及相关设备驱动程序，中英文输入法，常用工具软件，常用办公和图文编辑软件，信息安全防护软件，互联网应用软件，课堂管理软件等	根据教学需要选用
网络连接	网络交换机，网络接入带宽≥100 Mbit/s	
相关拓展模块实训和体验设备	实训设备及配件	不少于每4工位1套
	实训配套软件	根据教学需要选用
	体验设备	≥1台（套）
	安全防护设施	满足相关规范要求

附录B　基础理论练习答案

习题1　信息技术基础

一、单选题

1. B	2. A	3. C	4. D	5. A
6. C	7. D	8. C	9. D	10. B
11. C	12. D	13. A	14. C	15. A
16. A	17. D	18. B	19. A	20. C
21. B	22. C	23. C	24. B	25. A
26. C	27. D	28. B	29. A	30. C
31. B	32. C	33. B	34. D	35. B
36. C	37. B	38. D	39. D	40. C
41. A	42. D	43. B	44. C	45. D
46. A	47. A	48. A	49. B	50. A

二、是非题

1. × 解析：信息技术的主体技术3C，指的是通信技术、计算机技术和控制技术。

2. √

3. × 解析：用来指挥硬件动作的命令称为“指令”，它是由操作码和操作数地址码两部分组成。

4. √

5. × 解析：总线是计算机中各个组成部件之间相互交换数据的公共通道，是计算机系统结构的重要组成部分。

6. × 解析：嵌入式系统是以应用为中心，以计算机技术为基础，软硬件可裁减的专用计算机系统。

7. √

8. × 解析：系统软件是为了实现对各种资源的管理、基本的人机交互、高级语言的编译或解释以及基本的系统维护调试等工作。

9. × 解析：计算思维是运用计算机科学的基础概念进行问题求解、系统设计以及人类行为理解等涵盖计算机科学之广度的一系列思维活动。

10. × 解析：云计算中的“云”实质上就是一个网络，是一个能够提供无限资源，同时也是与信息技术、软件、互联网相关的一种服务。

11. √

12. √

13. × 解析：专家系统是一个具有大量专门知识与经验的智能计算机程序系统。

14. × 解析：目前掀起的人工智能热潮主要是因为深度学习技术取得了突破性的进展。

15. √

16. × 解析：流媒体技术发展的基础在于数据压缩技术和缓存技术。

17. √

18. √

19. √

20. × 解析：信息时代的大学生不仅要遵守现实社会的秩序，而且还应该遵守网络社会的秩序。

习题2　文件资料管理

一、单选题

1. D	2. D	3. B	4. C	5. B
6. B	7. D	8. C	9. B	10. A
11. D	12. D	13. B	14. C	15. B
16. C	17. C	18. A	19. B	20. A

二、是非题

1. × 解析：Android（安卓）系统是一个基于Linux2.6内核的自由及开放源代码的操作系统。

2. × 解析：Windows 10中的库可以收集存储在多个不同位置的文件夹和文件，将它们都汇聚在一起。

3. × 解析：文件名称是由文件名和扩展名组成的，扩展名是标识文件类型的重要方式。

4. × 解析：剪贴板是Windows系统在内存区开辟的临时数据存储区。

5. √

6. × 解析：激光打印机的传输线要和主机相连，目前最常用的端口是USB。

7. × 解析：目前，很多应用程序为了保护自己的软件版权，通过序列号来鉴别用户合法性。

8. √

9. √

10. × 解析：Linux是一个免费的操作系统，用户可以免费获得其源代码，并能够随意修改。

习题3　办公数据处理

一、单选题

1. A	2. C	3. B	4. D	5. B
6. A	7. C	8. B	9. D	10. A
11. D	12. C	13. B	14. C	15. A
16. B	17. B	18. D	19. C	20. C
21. B	22. A	23. B	24. D	25. C
26. A	27. C			

二、是非题

1. × 解析：PSD是由Adobe公司开发的跨平台文档格式，又称为“可移植文档格式”。

2. √

3. √

4. × 解析：Powerpoint是一款最常用的演示文稿制作软件，也是一款数字媒体集成工具。

5. × 解析：Powerpoint中，版式是构成母版的元素，是预先设定好的幻灯片的版面格式。

习题4　网络与通信技术

一、单选题

1. D	2. C	3. A	4. B	5. C
6. D	7. B	8. A	9. C	10. C

11. D　12. D　13. B　14. C　15. A
16. A　17. C　18. B　19. A　20. B
21. C　22. D　23. A　24. C　25. D
26. A　27. C　28. A　29. B　30. D
31. A　32. C　33. D　34. B

二、是非题

1. √
2. √
3. × 解析：卫星通信已成为全球信息高速公路的重要组成部分。
4. √
5. × 解析：IPv6中规定了IP地址长度最多可达128位。
6. × 解析：搜索引擎是指根据一定的策略，运用特定的计算机程序搜索互联网上的信息。
7. √
8. √
9. √
10. × 解析：备份技术是指为防止计算机系统出现故障或者人为操作失误导致数据丢失，而将数据从主机硬盘复制到其他存储介质的过程。

习题5　数字媒体基础

一、单选题

1. A　2. C　3. B　4. C　5. B
6. C　7. C　8. A　9. B　10. D
11. C　12. D　13. C　14. D　15. C
16. A　17. C　18. D　19. C　20. A
21. B　22. A　23. C　24. D　25. A
26. D　27. B　28. C　29. B　30. C
31. A　32. D　33. A　34. C　35. B
36. A　37. B　38. C　39. A　40. A
41. B　42. C　43. D　44. A　45. C
46. D　47. A　48. B　49. B　50. C
51. C　52. A　53. B　54. B　55. C
56. D　57. A　58. A　59. B　60. C
61. A　62. D　63. D　64. C　65. B
66. D　67. C　68. B　69. D　70. B
71. A　72. A　73. B　74. C　75. A
76. B　77. A　78. C　79. B　80. C
81. C　82. A　83. C　84. C　85. B
86. C　87. B　88. D　89. C　90. D
91. C　92. A　93. D　94. A　95. C
96. C　97. D　98. A　99. B　100. B
101. D　102. C　103. C　104. A　105. B

106. C　107. C　108. B　109. A　110. D
111. C　112. A

二、是非题

1. × 解析：数字媒体是指以二进制数的形式记录、处理、传播、获取过程的信息载体，这些载体包括数字化的文字、图形、图像、声音、视频影像和动画等。

2. √

3. × 解析：数据压缩的实质是在确保还原信息质量的前提下，采用代码转换或消除信息冗余量的方法来实现对采样数据量的大幅缩减，从而减少数字媒体所占的存储空间或传输带宽。

4. × 解析：所谓数据的流媒体传输技术，是指声音、视频或动画等数字媒体由媒体服务器向用户计算机连续、实时地传送。

5. × 解析：在媒体播放器中需要包含相应的解码功能，才能使媒体得以正常播放。

6. × 解析：社交媒体能够以文本、图像、音乐和视频等多种形式来发布相关信息，是人们交流和获取信息最重要的媒介，如社交网站、微博、微信、博客、论坛、播客等。

7. × 解析：自媒体也称个人媒体,是以现代化和电子化的手段，向不特定的大多数或者特定的个人传递规范性及非规范性信息的新媒体总称。

8. × 解析：人机交互技术是指通过计算机输入、输出设备，以有效的方式实现人与计算机对话的技术。

9. √

10. × 解析：声音有3个重要的物理量，即振幅、周期和频率。

11. √

12. × 解析：混音是将多音轨上的数字音频混合在一起，并输出混合后的声音。

13. √

14. × 解析：Audition不仅能编辑声音文件，还能在多轨编辑视图中导入视频，方便用户为视频配音。

15. × 解析：语音识别技术其目标是让机器能够“听懂”人类的语音，将人类的语音数据转化为可读的文字信息。

16. × 解析：图像分辨率是数码照相机的一个重要技术指标，单位为像素。

17. √

18. × 解析：在计算机系统中，数字图像采用分辨率来表示其大小、质量等特征。

19. × 解析：JPEG格式采用有损压缩，去除图像中的冗余数据，在获得极高的数据压缩率的同时保证了图像质量。

20. × 解析：使用Photoshop编辑过的图像以JPEG格式保存时，Photoshop提供了12级压缩级别。

21. × 解析：图像特效指使用滤镜工具对图像像素的位置、数量、颜色值等信息进行改变，从而使图像瞬间产生各种各样的效果。

22. √

23. × 解析：电影、电视和动画都是利用了人眼的视觉暂留特征。

24. × 解析：三维动画的原理是基于人的两个眼睛观看同一物体时具有视觉差。

25. × 解析：在Flash中，计算机根据某种规则插补的帧，称为过渡帧。

26. × 解析：Flash动画主要有两类，逐帧动画和补间动画。其中补间动画针对的是画面的变化有一定规律，可通过计算机的计算来插补中间画面。

27. × 解析：遮罩动画至少有2个图层。

28. √

29. √

30. × 解析：在视频（或动画）中每一幅静态图像就称为一帧。

31. √

32. √

33. × 解析：数字视频要使用相应的解码器进行解码才能播放。

34. × 解析：视频信息的非线性编辑是在计算机技术的支持下，使用合适的编辑软件，对数字视频素材在“时间线”上进行修改、剪接、渲染、特效等处理。

35. √

习题6　数字媒体Web集成

一、单选题

1. A	2. B	3. C	4. B	5. D
6. A	7. B	8. C	9. A	10. B
11. B	12. D	14. C		

二、是非题

1. × 解析：网页是以HTML为基础，可以集成各种数字媒体，使页面丰富多彩并具有交互特色。

2. √

3. × 解析：CSS是一种用来表现HTML等文件样式的计算机语言，能够对网页中的元素位置排版进行精确控制。

4. √

5. √

附录C　模拟测试练习答案

试题1

一、单选题(本大题25道小题，每小题1分，共25分)

1. D	2. A	3. B	4. C	5. C
6. D	7. B	8. C	9. A	10. A
11. D	12. A	13. C	14. C	15. B
16. D	17. C	18. D	19. B	20. C
21. C	22. C	23. D	24. B	25. A

二、是非题(本大题5道小题，每题1分，共5分)

1. T	2. F	3. F	4. T	5. F

三、操作题(略)

试题2

一、单选题(本大题25道小题，每小题1分，共25分)

1. A	2. C	3. D	4. D	5. A

6. B	7. B	8. A	9. A	10. D
11. D	12. B	13. C	14. D	15. D
16. B	17. C	18. C	19. B	20. B
21. B	22. C	23. A	24. B	25. C

二、是非题(本大题 5 道小题，每题 1 分，共 5 分)

1. F	2. T	3. F	4. F	5. F

三、操作题(略)

试题3

一、单选题(本大题 25 道小题，每小题 1 分，共 25 分)

1. A	2. D	3. A	4. B	5. C
6. C	7. D	8. B	9. A	10. A
11. C	12. D	13. A	14. A	15. C
16. D	17. A	18. B	19. D	20. B
21. B	22. D	23. C	24. D	25. C

二、是非题(本大题 5 道小题，每题 1 分，共 5 分)

1. T	2. T	3. F	4. T	5. F

三、操作题(略)

参考文献

[1] 高建华，徐方勤，朱敏. 大学信息技术[M]. 2版. 上海：华东师范大学出版社，2020.
[2] 高建华，陈志云. 数字媒体基础与实践[M]. 2版. 上海：华东师范大学出版社，2020.
[3] 高建华，朱敏. 数据分析与可视化实践[M]. 2版. 上海：华东师范大学出版社，2020.
[4] 高建华，刘垚. 人工智能基础[M]. 上海：华东师范大学出版社，2021.
[5] 程雷. 计算机应用基础[M]. 北京：中国铁道出版社，2016.
[6] 程雷. 计算机应用基础实践指导[M]. 北京：中国铁道出版社，2016.